新时代乡村振兴丛书

# 牛现代生态养殖技术

NIU
XIANDAI SHENGTAI
YANGZHI JISHU

肖正中 吴柱月 主编

广西科学技术出版社
·南宁·

**图书在版编目（CIP）数据**

牛现代生态养殖技术 / 肖正中，吴柱月主编. 南宁 ：广西科学技术出版社，2024. 12. -- ISBN 978-7-5551-2248-7

Ⅰ. S823

中国国家版本馆 CIP 数据核字第 2024N9Y786 号

牛现代生态养殖技术

肖正中　吴柱月　主编

---

责任编辑：张　珂　盘美辰　　封面设计：梁　良

责任印制：陆　弟　　责任校对：夏晓雯

出 版 人：岑　刚

出版发行：广西科学技术出版社　　社　　址：广西南宁市东葛路66号

网　　址：http://www.gxkjs.com　　邮政编码：530023

经　　销：全国各地新华书店

印　　刷：广西万泰印务有限公司

开　　本：787 mm × 1092 mm　1/16

字　　数：380千字　　印　　张：20

版　　次：2024年12月第1版　　印　　次：2024年12月第1次印刷

书　　号：ISBN 978-7-5551-2248-7

定　　价：58.00元

---

# 《牛现代生态养殖技术》

## 编委会

**主　编：** 肖正中　吴柱月

**编　委：** 滕少花　周晓情　周俊华　梁金逢　贾银海

刘　征　梁永良　李秀良　彭夏云　卢慧林

周剑辉　黄光云　李绍波　温斌华　王自豪

韦锦益　莫　锋

# 前　言

在中华农耕历史中，牛因其役用功能，几千年来作为一种劳动工具被广泛饲养。随着科学技术的发展、农耕机械的普及，役用牛逐渐被取代，养殖量急剧下降，目前仅有少量不发达地区还把牛当作役畜饲养。

近几十年来，随着人们生活水平逐渐提高，牛副产品市场需求增长，依托脱贫攻坚、乡村振兴等工作的开展，肉牛、奶牛产业得到快速发展。新出现的牛规模养殖，与传统养殖存在着较大的差异，同时也带来了环境污染、疾病增多、秸秆利用效率低、畜禽与人争粮、养殖效益低等一系列问题，制约了牛产业的发展。畜禽生产中产生的环境污染问题主要表现为规模养殖带来的粪便等过于集中，养殖场难以处理，导致局部地区粪污堆积、污水横流，严重污染当地的环境。畜禽养殖还存在空气污染问题，很多养殖场周边 2 千米内都能闻到臭气。产生此类问题的主要原因是种植和养殖未能有效结合起来，畜禽养殖产生的粪尿资源因无法被种植户利用而变成污染物。

为了解决以上问题，《牛现代生态养殖技术》编写组先后承担广西壮族自治区科学技术厅“畜禽生态养殖模式及关键技术创新示范项目”“广西特色农牧废弃物资源化循环利用关键技术研究与应用示范项目”“肉牛生态养殖循环关键技术研究集成示范项目”“肉牛现代生态养殖技术研究创新推广示范项目”等一系列研究课题。在此基础上编写了本书，并对“十四五”国家肉牛牦牛产业技术体系来宾综合试验站的建设推广、广西畜牧产业科技先锋队开展的活动、广西区内外多批相关技术的调研进行总结。编写组通过对相关科技项目进行调研，先后针对牛生物饲料、生态栏舍与养殖模式、粪污处理等开展了系统研究，取得大量研究数据、技术规范、专利成果等，初步形成了相对完善的牛现代生态养殖技术体系。

本书中提及的与牛现代生态养殖相关的技术和以一部分养殖企业作为原型所进行的举例说明等，均得到畜牧专家与相关企业的支持，同时本书也收获了很多宝贵意见，在此一并表示感谢。受限于专业水平和编写时的资源条件，书中难免有疏漏之处，敬请读者不吝指正和赐教。

# 目　录

# 第一章　现代生态养殖原理

## 第一节　现代生态养殖概念

生态养殖的特点是合理利用生态环境，与生态环境保持良好的可持续发展关系。传统生态养殖更多的是指在自然环境下放牧畜禽的一种养殖方式。这种方式只适用于具备相应生态资源条件下的养殖。常见的传统生态养殖形式有草地放牧牛羊、简单的林地放养等。但在特殊自然资源条件下进行的传统生态养殖，其生态循环过程异常脆弱，往往受到养殖量、养殖效率等方面影响，稍不注意就会出现生态环境问题。特别是近年来，随着畜禽产业规模不断壮大，传统生态养殖的环境保护压力逐渐增大。

现代农业技术快速发展，传统的简单生态放牧显然无法满足市场对产品的需求。现代生态养殖技术在长期的生产实践与探索中逐步清晰和完善。现代生态养殖技术是指运用生态学原理，以生态设计及生物技术为核心、集约化为基础、现代化装备为手段，利用动物产生的废弃物，使“动物、有益微生物、植物”三者之间达到平衡、和谐共生，实现养殖过程生态、产品生态和环境生态，提高经济效益、社会效益和生态效益。总的来说，现代生态养殖是一种既能解决生态环境保护存在的问题，又能满足现代化高效养殖需求的生产模式。

## 第二节　现代生态养殖主要特征

现代生态养殖处于不断完善的状态中，没有完全固定的形式，模式也是千差万别。现代生态养殖主要具备哪些特征，或者有哪些特征的养殖模式可以算是现代生态养殖？综合近年来的研究与实践，发现现代生态养殖区别于传统生态养殖的特征有以下几个。

## 一、环境改善

现代生态养殖的提出，目的是解决养殖对环境造成的不良影响。现代生态养殖能实现养殖过程对周边环境造成的污染较少或者基本没有，动物生存环境得到较大的改善的目标。

### （一）没有气体污染（臭味较低或者基本没有）

传统生态养殖给人们的第一印象就是“臭”。臭味主要来自动物的粪便以及没有及时处理的各种污染物所散发的味道，其主要成分是氨气、硫化氢等。这些味道严重时能影响周边 2 千米以外区域的环境。现代生态养殖其中之一的目的是利用一切技术，减少或消除养殖过程的各种臭气污染。

### （二）没有固体污染

养殖过程中产生的粪便、垫料、尸体等固体废物得到有效利用或处理。传统生态养殖，有限区域内大量的粪便等固体废物得不到很好的处理，这些原本很好的农业资源堆积后成为废弃物或污染物。现代生态养殖技术的应用实现了将粪便等固体废物转变成无污染或可资源化利用的物质。

### （三）没有液体污染

污水产生较少并得到有效利用或处理。传统生态养殖产生的污水保存困难又极易造成污染物扩散，成为最难治理的污染物，对周边水体、江河甚至地下水都产生较大的威胁。现代生态养殖要实现养殖全程没有污水排出养殖场区，产生的污水能有效综合利用或处理。

### （四）动物生存环境改善

现代生态养殖使养殖动物的生存环境得到较大改善，舒适度得到提高，尽可能提升动物的福利，提高动物生产性能。

## 二、养殖高效

现代生态养殖是在传统生态养殖的基础上创新发展而来。它作为新的模式，在实现生态环保的同时，通过系列技术的创新，养殖效率要基本等同于或高于传统生态养殖技术。

### （一）养殖密度

畜禽舍养殖密度直接反映了该模式或栏舍的利用效率。很多养殖场在核算养殖成本时通常容易忽略固定资产折旧的成本。现代生态养殖为实现高效生产，会根据具体的工艺技术要求，配套设计并建设生态养殖栏舍、应用益生菌技术降低环境中氨气的比例，提高畜禽的舒适度。其养殖密度可以基本等同于传统生态养殖，或者饲养单位畜禽占用的基础设施的投资要小于或等同于传统生态养殖。在少数情况下，为达到某种技术需求，现代生态养殖的养殖密度可以略低于传统生态养殖。

（二）人工成本

随着经济的发展，人工成本越来越高，养殖环节要尽可能降低对人工的需求。现代生态养殖采用粪便原地发酵、现代化设施辅助等方法，逐步减少各个环节对人工的需求，如清粪、喂料等环节。现代生态养殖所需要的人工基本等同于或少于传统生态养殖。

（三）健康状况

传统生态养殖使动物处于养殖密度高、栏舍氨气浓度高的环境中，容易使动物处于亚健康状态，导致疫病传播风险增大，更易暴发群体传染病。现代生态养殖从环境、生物饲料、肠道健康、动物群体健康等方面入手，显著改善了动物整体的健康状况。现代生态养殖的动物健康状况优于传统生态养殖。

（四）饲料利用

现代生态养殖应用益生菌等技术，通过饲料发酵处理、添加益生菌饲喂动物、控制环境污染等手段，对饲料进行发酵预处理，改善动物肠道健康和生活环境。最终实现提高畜禽消化率、降低料肉比，且通过发酵技术实现延长农副产品保存时间的目的。

（五）生长情况

现代生态养殖通过应用生物饲料技术，改善动物群体健康状况，特别是肠道健康，同时，在饲料预消化处理、养殖环节、养殖环境等综合作用下，现代生态养殖的动物生长情况显著优于传统生态养殖。

（六）经济效益

经过生产实践，现代生态养殖在生产实践中能提高动物的生长速度、改善饲料消化率、提升动物整体健康等指标。同时现代生态养殖中的不少模式还能通过生产有机肥、种养循环等产生新的经济增长点，对广西 563 家企业调研发现，采用现代生态养殖后，经济效益平均提升了 16.4%。可见，现代生态养殖效益显著高于传统生态养殖。

### 三、产品安全优质

传统生态养殖中由于畜禽容易患病等，饲料中超量超期添加抗生素、重金属、非营养性物质等情况经常发生，导致出现畜禽产品安全问题，而该问题一直制约着产业高质量发展。现代生态养殖采取改善养殖环境、促进肠道健康、增强群体免疫力等措施，降低了畜禽疾病的发生、提高畜禽的生长速度等，避免了传统模式的饲料中含有超量超期抗生素、重金属、非营养性物质等情况，极大地提高了畜禽产品的安全性。同时在实践研究中发现，应用生物饲料等技术可明显改善畜禽产品风味、物理性状等。

## 第三节　现代生态养殖理论基础与方案

### 一、生态循环与畜牧养殖

人类的各种农业生产活动其实也是自然界物质循环的一个过程，最终都可以看作“动物—土壤—植物”三者之间的循环，一旦打破这个循环，就会导致各种生态失衡问题的出现。在中国几千年的传统畜禽养殖中，农户种植作物会获得作物原料，可当成饲料用于养殖畜禽，畜禽粪尿还田用于种植，实现了较好的循环，甚至在部分时期畜禽粪尿作为肥料还成为稀缺资源。当我国出现严重的畜牧养殖环境污染问题时，主要原因就是“动物—土壤—植物”中“动物—土壤”环节被打破，循环平衡遭到破坏，大量的粪污堆积无法正常处理还田。

畜禽生产中产生的环境保护问题主要表现为规模养殖带来的粪污等污染物过于集中，养殖场处理困难，导致局部地区粪污堆积、污水横流，严重污染当地的环境，部分地区出现地下水都是畜禽粪便味道的现象。出现问题的主要原因是种植和养殖未能有效结合起来，养殖中产生的畜禽粪尿资源无法被种植户利用而堆积变成污染物。因此，“动物—土地”环节被阻断。

## 二、传统规模养殖存在的主要问题

### （一）环境污染

传统规模养殖，由于养殖过度集中，且无有效地处理和利用粪污的方法，存在严重的气体、液体、固体污染问题。虽然部分企业投资大量经费用于后端处理，但是很多企业在实际生产中还是没有很好地对环境污染进行处理，经常出现违规排放等情况。因此，环保问题成为很多企业发展的制约因素。

### （二）养殖疾病

传统规模养殖存在环境差、饲料差（出现霉菌、难消化等）、动物健康度差等问题，导致养殖疾病多、易感染、死亡率高。例如，近 20 年来猪肉价格不断升高，出现该情况的主要原因均是暴发大规模的传染病（猪瘟、蓝耳病等）使得全国生猪存栏量急剧下降。

### （三）食品安全

食品安全是养殖行业需要关注的重点问题之一。传统规模养殖的动物健康度差，为预防疾病会大量超期使用抗生素、重金属、非营养性添加剂等。同时，由于传统规模养殖，病死动物数量多、处理难，甚至部分病死动物有流入市场的风险，从而带来了一系列食品安全问题。

### （四）效益低下

传统规模养殖由于疾病损失、人工成本、饲料利用效率等，导致养殖整体效率低下，经济效益较差，养殖风险高。

## 三、现代生态养殖解决传统问题的思考与方案

现代生态养殖技术中，主要的物质循环模式为“畜禽—植物—生物饲料”（图 1–1），即畜禽养殖会产生粪污，粪污经处理后可用于植物种植，植物种植产生生物饲料又重新供应给畜禽养殖使用。整个生产过程形成了生产循环，全部过程通过益生菌参与，实现了物质的循环和传递。现代生态养殖技术主要针对以上环节，进行相关技术与模式的探索，使整个养殖过程符合生态循环的条件与要求。

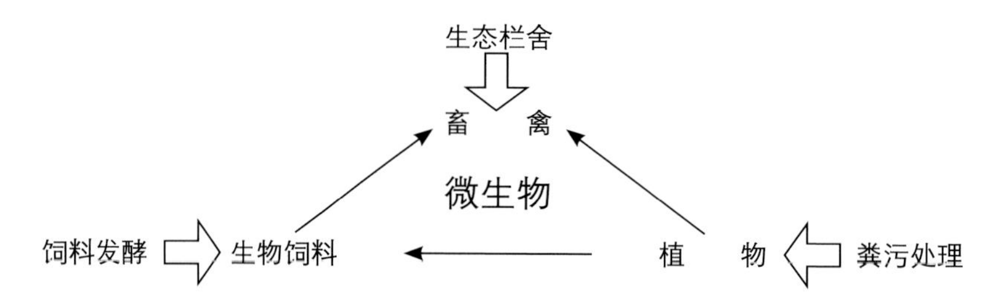


图 1-1 “畜禽—植物—生物饲料”生态循环图

生态循环“畜禽—植物—生物饲料”三个环节，对应现代生态养殖整个过程的“生态栏舍—粪污处理—饲料发酵”三个部分技术体系。其中生态栏舍、粪污处理、饲料发酵均是建立在益生菌技术之上。其核心是合理应用不同益生菌的特殊作用，选择合适的菌种应用到生态养殖各个环节中，最终达到生态养殖畜禽的全过程。

（一）益生菌与饲料

畜禽现代生态养殖中，在饲料环节可添加益生菌进行发酵处理。益生菌通过发酵处理后可产生蛋白酶、淀粉酶、纤维素酶、植酸酶、B 族维生素、氨基酸、多种促生长因子、多种不饱和脂肪酸和芳香酸。添加益生菌发酵后的饲料有以下优势：（1）能对饲料进行初步的体外预消化，改变饲料的物理和化学性质，使其具有特殊的芳香味和良好的适口性，可显著提高畜禽的采食量和消化率；（2）发酵后产生了各种饲料原来没有的多种促生长因子等营养物质，它们能提高畜禽的非特异性免疫力和生长速度；（3）益生菌在厌氧环境中最终达到平衡，使得饲料可以长期保存，降低饲料霉变的可能性，既保存了饲料又降低了霉菌毒素对畜禽的毒害；（4）发酵过程中产生的各类香味物质等影响因子，可有效提升畜禽产品的口感风味，改善肉质。

（二）益生菌与畜禽及畜禽养殖栏舍

现代生态养殖技术中，畜禽通过饲料等途径大量摄入益生菌，这些益生菌在畜禽体内大量定植，与畜禽建立起有益且稳定的共生关系，帮助其改善肠道环境，建立起一道抵御有害菌入侵的屏障。

大量的益生菌还可以降低畜禽粪便的臭味，该种特殊效果实现了去除畜禽养殖场臭气污染的目的。例如，牛现代生态养殖技术利用这一特性，设计了多种以生物垫床为核心的牛生态养殖栏舍。生物垫床通过菌种实现除臭、降解粪污，同时能吸收蒸发多余水分等功能，实现牛养殖过程中没有污水、没有臭味、不需要清粪等目的。

最后，益生菌可通过粪便等形式排到畜禽养殖栏舍环境中。生产过程中通过人工的方式再喷洒补充益生菌，保障益生菌在环境中也处于绝对优势。这些做法能使益生菌挤占其他杂菌的存活空间，降低致病菌在养殖栏舍中的存活率。

### （三）益生菌与粪污处理

益生菌发酵技术可将有机物转变成稳定的腐殖质。利用这一特性，现代生态养殖中，通过益生菌发酵技术，实现使用粪污生产有机肥的目的。然后将生产的有机肥循环利用到农业种植当中，解决废弃物污染问题，同时也给企业增加了售卖有机肥等的收入。

益生菌同样可以腐熟污水中的有机质，污水经过益生菌发酵可变成沼液等液态肥料用于农业种养，进行循环利用。可以进一步降低污水各种污染物，使污水变成可排放或循环到养殖生产进行再利用。益生菌技术可实现污水高效经济处理，快速减少粪污的臭味。

# 第二章　现代生态养殖中的益生菌

## 第一节　现代生态养殖中的益生菌种类

### 一、益生菌概念

现代生态养殖应用到的微生物包含常用于饲料处理或动物体内的益生素，同时还包括一系列可用于生产和直接利用的菌种，如用于生物垫床发酵、处理粪污、处理动物尸体、环境应用等。

益生素是 Parker（1974）提出的与“抗生素”相对的新概念，指可以直接饲喂动物并通过调节动物肠道微生态平衡，达到预防疾病、促进动物生长和提高饲料利用率的活性益生菌或其培养物。益生素包含了我们常说的益生菌和益生菌培养物。

抗生素的广泛使用产生了种种问题，不得不引起人们的关注。在这样的背景下，人们提出了益生素，目的是研制出在功效上能全面替代抗生素，但无任何毒副作用的实用产品。随着动物微生态学的建立和发展，益生素的研制与应用也得到了迅速发展。目前，人们对益生素产品有了更直接的认识。Fuller（1989）指出，作为益生素产品，必须具备以下特性：第一，必须能够到达小肠并在此繁育；第二，必须是非病原性的和无毒的；第三，必须有足够数量的活菌以便建立和维持肠道益生菌平衡；第四，可被迅速激活并有很高的生长率；第五，在储存和加工条件下有很强的耐受能力。

研制开发益生素的理论基础是动物微生态学。在正常动物肠道内正常定植了四百多种不同细菌类型，总数达 1014 个益生菌。这些正常定植的益生菌群落之间，以及益生菌与宿主之间在动物的不同发育阶段均建立了动态的平衡关系。这种平衡关系是动物健康的基础，在外界不良因素作用下，肠道益生菌之间，以及益生菌与宿主之间的平衡关系一旦被打破，会导致动物的健康失去保障，进而表现出病理性变化。导致微生态失衡的外界不良因素包括滥用抗生素、激素，使用免疫疗法、细胞毒性药物等。根据微生态环境的动态规律，人们可以采用多种措施来维持或恢复微生态平衡，益生素的应用属于这些措施之一。

活体益生菌的存活与繁殖需要特定条件，在生产与应用过程中质量难控制，所以在不同条件下的应用效果不稳定。因此，营养学家在研究益生素的同时，对动物体内固有的益生菌菌群产生了兴趣。他们曾想过如果能够人为地在饲料中添加一类物质，它们既不能被畜禽自身消化、吸收、利用，也不能被肠道内大部分有害菌利用，但能被大部分有益菌利用，从而使有益菌群大量增殖，那么，这类物质将成为抗生素的更好替代物。经过营养学家的研究，找到了这类物质——化学益生素。化学益生素是一类具有益生素功效的化学合成物质，本质为低聚糖。这类物质可与细菌细胞壁上的受体结合，从而阻止细菌与动物肠黏膜上的糖基结合，保护肠黏膜结构和功能的完整。因此，化学益生素具有抑制有害益生菌、维护动物肠道微生态平衡的功能，从而达到减少疾病发生、促进动物生长的目的。目前已形成产品的化学益生素有果寡糖、甘露寡糖和半乳寡糖 3 种。

## 二、益生菌常见种类

### （一）乳酸菌

乳酸菌是一类可分解糖类产生乳酸的细菌的总称，其中有益菌以乳酸杆菌、双歧杆菌和粪链球菌属为代表。乳酸菌类可以在肠道内合成 B 族维生素、维生素 K、维生素 D 和氨基酸等物质，可提高矿物质元素的生物学活性、改善矿物质的吸收功能，进而为宿主提供必需的营养物质，增强动物的营养代谢，促进机体生长。乳酸菌可产生酸性代谢产物，使肠道环境偏酸性；同时，乳酸菌还能产生溶菌素和过氧化氢等物质，可抑制几种潜在病原微生物的生长。

### （二）芽孢杆菌

芽孢杆菌是好气性菌，可形成内生孢子，在所有菌株中芽孢杆菌是最理想的益生菌添加剂。它具有较高的蛋白酶、脂肪酶和淀粉酶活性，对植物性碳水化合物具有较强的降解能力，进入肠道后能迅速复苏，可消耗肠道内大量的氧气，使肠道保持厌氧环境，从而抑制致病菌的生长、维持肠道正常的生态平衡。

（三）酵母菌

酵母菌仅零星存在于动物胃肠道的益生菌群落中，其细胞壁的主要成分是甘露聚糖和葡萄糖，甘露聚糖可增强吞噬细胞的活性。饲料中使用酵母的种类主要有热带假丝酵母、产朊假丝酵母、啤酒酵母、红色酵母等。

**三、益生菌的作用机理**

有关益生菌使用效果的研究有很多，大部分益生菌的使用效果不稳定。总体来讲，益生菌具有增重和提高饲料转化率、增强机体免疫力、防病治病、降低死亡率、提高生产效益等功效。影响益生菌的使用效果的因素很多，包括动物种类、年龄与生理状态，环境卫生状况，益生素种类、使用剂量，饲料加工储藏条件及饲粮中存在其他饲料添加剂（如抗生素、矿物元素）等。通过基础研究目前普遍认可的益生菌作用机理包括以下 3 种。

（一）竞争性黏附

益生菌菌株通过物理化学因子非特异性的黏附作用于宿主肠道黏膜上，或通过与黏膜受体结合产生特异性黏附，发挥占位定植作用，可防止病原菌与肠道黏膜受体结合产生黏附，使病原微生物不能定植、占位、生长、繁殖，促使其随粪便排出体外。

（二）营养竞争

营养竞争发生在小肠上皮细胞。添加益生菌后，益生菌菌群在数量上占绝对优势，竞争性吸收利用小肠上皮细胞上的营养物质如氨基酸、维生素、矿物质进行生长繁殖，从而抑制有害菌在消化道的增殖。

（三）生物夺氧

需氧芽孢杆菌能在宿主肠道内迅速地定植、生长繁殖，消耗氧气，形成厌氧环境，降低 pH 值，扶植和促进正常厌氧菌群的生长繁殖，同时限制有害需氧菌和兼性厌氧菌的增殖，使失调的菌群恢复到正常状态。而酵母可通过分泌一些生长因子来消耗肠道内对有益微生物不利的氧气，进而促进肠道有益菌的生长，维持菌系平衡。

**四、现代生态养殖与益生菌**

（一）生物饲料与益生菌

现代生态养殖中生物饲料发酵以提供现代生态养殖体系所需的益生菌，

实现现代生态养殖的各种良好效果为主要目的。

生物饲料在发酵过程中会产生富含高活性益生菌及其代谢产物的生物饲料产品。因此，明确菌种来源的规范性、应用菌种的特性和确保菌种安全性居首要地位。发酵过程中不仅需要深入研究菌种和底物的配伍相宜，也需要深入研究不同菌剂、菌种、菌株之间的协同或拮抗作用。发酵除了获得有代表性的代谢产物（酸溶蛋白、乳酸、甘露寡糖等），还需要正确评估发酵过程中营养物质的损耗（挥发性有机酸和氨氮等小分子营养物质流失和总能下降等）。

我国饲料原料种类繁多，物理、化学性质差异较大，而不同的菌种又具备不同的生理特性，在生产实践中应根据不同的饲料原料以及不同的生产目的，选择合适的菌种组合用以生产合格的生物发酵饲料。例如，新鲜马铃薯渣含水量为 90% 以上，适合利用黑曲霉和啤酒酵母等益生菌发酵生产蛋白质饲料。目前菌种筛选主要有 3 个方向：一是改变饲料原料的理化性质，包括提高消化吸收率、延长贮存时间和解毒脱毒等；二是获得益生菌中间代谢产物，包括酶制剂、氨基酸和维生素等；三是培养繁殖饲用的益生菌体，用于制备活菌制剂。

李如珍等以中文专利数据库中的检索结果为样本，对益生菌发酵饲料领域进行了统计分析，发现在 588 件申请中，涉及的菌种共 23 种，使用较多的菌种有枯草芽孢杆菌、黑曲霉、酿酒酵母和地衣芽孢杆菌。Missotten 等报道在欧洲发酵液体饲料中经常使用的菌种有乳酸菌和酵母菌。侍宝路等研究表明，以豆渣为原料，添加麸皮作为辅料，以植物乳杆菌与酿酒酵母菌混合接种发酵，发酵产物降低了中性洗涤纤维含量，并提高了总酸含量，产品耐贮存。解淀粉芽孢杆菌具有繁殖速度快、稳定性好、生命力强、富含多种酶等特点，在固态发酵饲料中取得了较好的效果。

### （二）用于粪污发酵的益生菌

国内外研究益生菌用于发酵粪污的工作开始于 20 世纪，研发了大量各类粪污发酵剂。2021 年张佐忠等列举统计了国内 14 种粪污发酵菌剂，各种发酵菌剂都包含了具有特定功能的菌株。如有提高温度作用的嗜热芽孢杆菌、地衣芽孢杆菌、凝结芽孢杆菌、黑曲霉等，也有去除臭味作用的放射菌、丝状真菌和酵母菌，更有分解纤维素作用的枯草芽孢杆菌、链霉菌、木霉、白腐菌等。用于粪污发酵的菌株主要包括芽孢杆菌（枯草芽孢杆菌、嗜热芽孢杆菌、高温芽孢杆菌、凝结芽孢杆菌、地衣芽孢杆菌、侧孢芽孢杆菌、解淀粉芽孢杆菌）、酵母菌、放线菌、光合菌、黑曲霉、乳酸菌、真菌、纤维素分解细菌、苏云金杆菌、短状杆菌、唐德链霉菌、白浅灰链霉菌、丝状真菌、纤维素分解真菌、纤维素分解放线菌、戊糖片球菌、短波假单胞菌、青霉菌、细黄链霉菌、里氏木霉、绿色木霉、光合米曲霉、花斑曲霉、扣囊拟内孢霉和产朊假丝酵母。首先应用最多的是芽孢杆菌，出现 16 次，出现率为 114%。在芽孢杆菌中枯草芽孢杆菌出现 6 次，出现率为 42.86%。其次是酵母菌，出现 7 次，出现率为 50%。再次是放线菌，出现了 6 次，出现率为 42.86%。另外，光合菌、黑曲霉和乳酸菌各出现 3 次，出现率为 21.43%。可见，人们在粪污发酵菌剂的研究中更多考虑了纤维素的分解作用和对粪污的除臭作用，同时也考虑到了菌株升温作用。

据马鸣超等 2019 年的报道，自农业农村部对生物有机肥产品实行登记管理以来，截至 2019 年 6 月共登记产品 1872 个。其中，单一菌种生物有机肥产品 1006 个，2 种菌种复合产品 716 个，3 种菌种复合产品 121 个，4 种及 4 种以上菌种复合产品 19 个。产品中所使用的菌种已涵盖细菌、真菌、放线菌等 72 种，使用菌种的范围还在不断扩大。主要生产菌种使用频次见表 2–1。

**表 2–1　主要生产菌种使用频次**

| 菌种名称 | 使用频次 | 比例 /% |
|---|---|---|
| 枯草芽孢杆菌 | 1233 | 65.9 |
| 胶质类芽孢杆菌 | 434 | 23.2 |
| 解淀粉芽孢杆菌 | 346 | 18.5 |
| 地衣芽孢杆菌 | 335 | 17.9 |
| 巨大芽孢杆菌 | 168 | 9.0 |
| 侧孢短芽孢杆菌 | 74 | 4.0 |
| 酿酒酵母 | 57 | 3.0 |
| 细黄链霉菌 | 37 | 2.0 |
| 植物乳杆菌 | 25 | 1.3 |

续表

| 菌种名称 | 使用频次 | 比例 /% |
| --- | --- | --- |
| 多粘类芽孢杆菌 | 22 | 1.2 |
| 固氮类芽孢杆菌 | 12 | 0.6 |
| 淡紫紫孢菌 | 11 | 0.6 |
| 哈茨木霉 | 11 | 0.6 |
| 黑曲霉 | 9 | 0.5 |
| 干酪乳杆菌 | 8 | 0.4 |
| 酒红土褐链霉菌 | 6 | 0.3 |
| 嗜热脂肪地芽孢杆菌 | 6 | 0.3 |

从表 2–1 可以看出，目前生物有机肥产品使用最多的是枯草芽孢杆菌，占全部登记产品的 65.9%（含复合菌种产品），其次是胶质类芽孢杆菌（23.2%）、解淀粉芽孢杆菌（18.5%）、地衣芽孢杆菌（17.9%）和巨大芽孢杆菌（9.0%）。上述 5 种菌种属于芽孢杆菌属和类芽孢杆菌属，是目前国际上公认的植物根际促生菌，已广泛应用于农业生产。

（三）生物垫床益生菌

在日本生物垫床通常使用的是“EM 益生菌”，主要包含嫌气性发酵菌种：放线菌类、黏菌类、丝状菌类、乳酸杆菌类、光合作用细菌类、酵母菌类。对保存的菌种进行培养皿培养，选择分泌有机酸以及活性物质能力强的菌株，淘汰弱势菌株，培养为制作牛床垫料添加的“EM 益生菌”，主要包含 7 种菌株：（1）乳酸菌类 *Lactobacillus plantarum*，*Lactobacillus casei*；（2）酵母菌类 *Saccharomyces cerevisiae*，*Candida utilis*；（3）光合细菌 *Rhodopseudomonas palustris*；（4）纳豆菌类 *Bacillus subtilis* var. *natto*；（5）双歧杆菌 *Bifidobacterium bifidum*；（6）厌氧消化链球菌 *Peptostreptococcus anaerobius*；（7）双酶梭菌 *Clostridium bifermentans*。经过调研发现国内发酵床的主要菌种包括芽孢杆菌群、乳酸菌群、酵母菌群、米曲霉、黑曲霉、假丝褐霉菌、固氮菌、磷钾菌、棘孢木霉 12、苏云金芽孢杆菌等。根据生物垫床的主要功能，生物垫床益生菌只需要起到除臭、快速降解粪污等作用即可。

（四）用于病死尸无害化处理的益生菌

2014 年于迪等通过研究，从参与动物尸体腐败的微生物菌群中成功筛选出 1 株优势菌种，然后采用传统分离鉴定方法和分子生物学鉴定方法对优势菌种进行鉴定。结果表明，优势菌种为芽孢杆菌属的枯草芽孢杆菌，其 16S rRNA 基因序列与 Bacillus subtilis strain 22（FJ435215.1）的同源性为 99.53%。

调研发现目前市面上的用于畜禽病死尸无害化处理的微生物主要包含枯草芽孢杆菌、侧式芽孢杆菌、乳酸菌群、酵母菌群、米曲霉、黑曲霉、固氮菌、磷钾菌、放线菌等。其主要特点是能够发酵升温到较高温度并耐受，同时快速降解尸体中的蛋白质等有机物，还有较强的除臭作用。

## 第二节　益生菌主要功效与作用原理

在产品功效与作用原理方面，通过调研各生产企业简介及相关技术资料，得出益生菌产品主要功效与作用原理有以下 4 点。

（1）提高饲料消化率，改善饲料的适口性。

其作用原理主要是：通过发酵饲料可以增加饲料菌体蛋白的数量，降解饲料中的有害和抗营养类物质，增加饲料酸香，改良饲料品质，提高饲料消化率。

（2）改善动物肠道环境，提升动物整体健康水平。

其作用原理主要是：通过大量的益生菌进入动物肠道可以稳定动物肠道内环境，提高其非特异性免疫力，提升动物整体健康水平。同时养殖环境也会被大量的益生菌占据，通过占位原理抑制有害菌的生长，以减少动物的疾病发生。

（3）改善养殖场环境（特别是臭味），降低养殖场蚊蝇滋生。

其作用原理主要是：通过益生菌的作用可以减少猪粪中氨气、硫化氢、吲哚等臭味物质的产生，打破苍蝇、蚊子等生物偏好生存的环境。

（4）处理养殖场粪污等。

通过益生菌发酵可进一步降低粪便臭味，将粪便中有机物转化为植物可吸收的小分子物质，同时通过发酵可杀死有害微生物和寄生虫等，从而实现利用益生菌处理粪便。还可利用益生菌处理污水，除了上述作用，益生菌可将污水中有机质等消耗分解成无害物质（如氮气、二氧化碳）或通过益生菌生产出可利用的沼气等。

## 第三节　益生菌应用现状

为了了解各个益生菌生产厂家生产、应用、销售等情况，编写组于 2017 年组织相关人员通过网络调研、市场调研、养殖场调研等方式对畜禽益生菌制剂等产品进行初步调研。由于厂家及相关信息非常多，现仅将国内规模相对较大、网络推广面较广，以及在广西区域内宣传应用较多的产品及公司进行列举分析。

经初步网络调研，全国开展畜禽生态养殖益生菌制剂公司中的“新三板”公司包括山东宝来利来生物工程股份有限公司、山东华牧天元农牧股份有限公司、碧沃丰生物科技（广东）股份有限公司等。正大集团等大型集团公司也有相关的下属环保公司从事畜禽生态养殖益生菌制剂的生产。

在调研中发现，很多大型公司多是从益生菌治理环境和生产有机肥等领域逐步拓展到畜禽生产应用中。现在开展畜禽生态养殖益生菌制剂生产的公司众多，部分公司开发出畜禽生产应用系列产品，涵盖了饲料发酵、养殖过程应用、粪污处理等各个生产环节。同时有部分益生菌企业配套推广其开发的生态养殖模式，如“发酵床生态养殖模式”“奇昌模式高架网床环保猪舍”等。

## 第四节　益生菌的安全问题

菌种作为生态养殖整套技术核心参与者和功能主导者，其安全性是生态养殖的首要保障。近年来，随着广西现代生态养殖产业的发展，生产用菌种范围不断扩大，种类日益增加，目前使用的菌种涵盖了细菌、真菌、放线菌等超过 70 种，造成其安全问题出现的因素也逐渐增多。实践中不少生产用菌种分类不明确，甚至出现混乱现象，造成难以从源头上进行安全风险的初步识别。

造成安全问题出现的原因主要有以下 4 个。

（1）菌种生产监管缺失。菌种的生产加工应该按照生物制品进行严格的审批和风险评估。目前国内市场上长期且大量存在菌种生产厂家不按照菌种生产销售有关程序进行审批，而是申请获得饲料添加剂等生产许可证后就进行菌种的研发与生产，把菌种变相当作饲料添加剂等产品使用。这无疑会存在大量未获得许可的菌种。当这类菌种上市后大量使用和推广，会给生态养殖带来较大的安全隐患。

（2）生态养殖过程杂菌污染严重。目前生态养殖企业中饲料、有机肥、垫床等处理环节操作不规范，要求不严格，生产过程极易被其他杂菌污染。这些杂菌就有产生毒素或存在致病菌的风险。

（3）在我国大量用于益生菌肥料生产的解淀粉芽孢杆菌和短小芽孢杆菌等常用菌种，其不同菌株仍具有溶血等潜在风险。

（4）一些企业的技术人员或菌种管理人员在引入、购入和传代时由于技术水平有限，有可能造成菌种污染，引发安全问题。

因此，开展生态养殖菌种生物安全风险评价，明确长期使用后益生菌可能存在的变异、致病等问题，从源头上把好菌种安全关，既是生物有机肥产品质量安全的根本需要，也是行业可持续发展的必然选择。

## 第五节　益生菌的未来发展

迄今为止，国内外关于益生素的研究主要停留在应用效果的研究之上，基础研究十分薄弱，对益生素的作用机制了解更少。在产品开发上，目前的品种较少，菌种单一，产品缺乏质量标准，应用效果不稳定，对影响应用效果的因素缺乏定量研究。所有这些问题都将成为益生菌领域未来的研究重点。此外，随着生物技术的发展，利用生物技术开发具有独特功效的遗传工程菌，如产赖氨酸乳酸菌、高纤维分解菌、植物毒素分解菌等，也是益生素的未来发展方向。

# 第三章　牛饲草料与生物饲料

近十多年来，生物饲料日益受到重视并得到快速发展，已成为我国饲料行业发展的热点之一。2020年国务院办公厅发布《关于促进畜牧业高质量发展的意见》，该意见提出健全饲草料供应体系。因地制宜推行粮改饲，增加青贮玉米种植，提高苜蓿、燕麦草等紧缺饲草自给率，开发利用杂交构树、饲料桑等新饲草资源。推进饲草料专业化生产，加强饲草料加工、流通、配送体系建设。促进秸秆等非粮饲料资源高效利用。建立健全饲料原料营养价值数据库，全面推广饲料精准配方和精细加工技术。加快生物饲料开发应用，研发推广新型安全高效饲料添加剂。调整优化饲料配方结构，促进玉米、豆粕减量替代。

然而，生物饲料究竟是一种什么饲料？生物饲料的概念、定义、技术内涵与技术范畴等议题受到广大群众普遍关注。对这类基本问题，无论在学术界还是企业界，迄今还存在着诸多不同观点。生物饲料的技术内涵及其技术范畴是生物饲料技术开发与产业健康发展的理论基础。深入认识与准确把握生物饲料的科学定义，明确其科学概念并明晰其技术边界，不仅是人们认识和甄别生物饲料产品、规范市场行为所必要的，还对生物饲料产品研发、功能定位，以及保持产业健康发展等方面都具有至关重要的作用与意义。

## 第一节　生物饲料定义与分类

### 一、生物饲料

2018年1月1日发布的团体标准《生物饲料产品分类》（T/CSWSL 001—2018）将生物饲料定义为：使用《饲料原料目录（2013）》和《饲料添加剂品种目录（2013）》等国家相关法规允许使用的饲料原料和添加剂，通过发酵工程、酶工程、蛋白质工程和基因工程等生物工程技术开发的饲料产品总称，包括发酵饲料、酶解饲料、菌酶协同发酵饲料和生物饲料添加剂等。

（一）发酵饲料

使用《饲料原料目录（2013）》和《饲料添加剂品种目录（2013）》等国家相关法规允许使用的饲料原料和微生物，通过发酵工程技术生产、含有益生菌或其代谢产物的单一饲料和混合饲料。

（二）酶解饲料

使用《饲料原料目录（2013）》和《饲料添加剂品种目录（2013）》等国家相关法规允许使用的饲料原料和酶制剂，通过酶工程技术生产的单一饲料和混合饲料。

（三）菌酶协同发酵饲料

使用《饲料原料目录（2013）》和《饲料添加剂品种目录（2013）》等国家相关法规允许使用的饲料原料、酶制剂和微生物，通过发酵工程和酶工程技术协同作用生产的单一饲料和混合饲料。

（四）生物饲料添加剂

通过生物工程技术生产，能够提高饲料利用效率、改善动物健康和生产性能的一类饲料添加剂，主要包括微生物饲料添加剂、酶制剂和寡糖等。

**二、生物饲料分类**

根据原料组成、菌种或酶制剂组成、原料干物质的主要营养特性，生物饲料可分为 4 个主类、10 个亚类、17 个次亚类、50 个小类和 112 个产品类别。

（一）按原料组成划分

按饲料原料组成的不同，发酵饲料分为发酵单一饲料和发酵混合饲料，酶解饲料分为酶解单一饲料和酶解混合饲料，菌酶协同发酵饲料分为菌酶协同发酵单一饲料和菌酶协同发酵混合饲料。

（二）按菌种或酶制剂组成划分

发酵饲料按添加的菌种组成的不同分为单菌种发酵饲料和多菌种发酵饲料，酶解饲料按添加的酶制剂的组成不同分为单酶酶解饲料和多酶酶解饲料。

（三）按原料干物质的主要营养特性划分

按照原料干物质的主要营养特性不同，发酵饲料分为发酵蛋白饲料、发酵能量饲料和发酵粗饲料等，酶解饲料分为酶解蛋白饲料、酶解能量饲料和酶解粗饲料等。

## 第二节　生物饲料的作用机理

生物饲料的应用不仅能有效促进动物个体调节肠道微生态的平衡，增强机体的免疫能力，提高饲料的转化效率，弥补动物机体所需营养的不足，提高其生产性能，还能减少动物体内代谢产物的排泄量，减轻对环境的污染。目前应用在生物饲料的添加剂主要有生物酶制剂和微生态制剂。

### 一、生物酶制剂的作用机理

生物酶制剂包括饲用酶制剂。饲用酶制剂品种很多，可分为单酶制剂和复合酶制剂两类。单酶制剂又可分为消化酶（淀粉酶、蛋白酶等）和非消化酶（纤维素酶、果胶酶等）两大类。酶制剂可以增强机体营养消化的能力，同时具有提高动物生产性能和减排环保的双重价值。生物酶制剂的作用机理主要有以下 3 点。

#### （一）降解抗营养因子，提高饲料利用率

目前在一些饲料成分中常含有植酸、植物凝血素、果胶、蛋白酶抑制因子等抗营养因子，这些成分会影响动物对营养物质的消化吸收。复合酶制剂能有效地降解这些抗营养因子，降低肠道内容物的黏度，减少黏度对养分和内源消化酶的扩散阻碍作用，从而提高日粮养分的消化率和吸收利用率。

#### （二）激活内源酶的分泌活性，补充其不足

在日粮中添加外源性消化酶，可以补充犊牛等幼畜或因应激状态造成的动物内源酶的不足，提高饲料的利用率，改善动物的消化能力，减少应激条件下生产能力下降的问题，同时还可以促进内源酶的分泌。

#### （三）提高机体免疫力，改善肠道益生菌代谢体系

复合酶制剂可优化肠道的微生态环境，破坏饲料原料中的不健康营养成分；改善动物肠道消化吸收的理化环境，并有很好的杀灭有害菌和促进有益菌生长的作用。

### 二、微生态制剂的作用机理

微生态制剂是由多种益生菌复合配制而成的复合微生态制剂。具有调整

正常菌群平衡、促进生长、提高免疫力、提高饲料转化率等多种功效。目前应用于微生态制剂的菌种主要有乳酸杆菌、链球菌、双歧杆菌、酵母菌、一部分芽孢杆菌等。微生态制剂的作用机理主要有以下 5 点。

（一）维持和调节机体消化道的益生菌平衡

健康动物的消化道内存在上百种的益生菌，这些益生菌相互依存与制约，共同维持着消化道内的微生态平衡和动物的机体健康。一旦消化道内微生态失衡则会引起消化机能紊乱，严重的可抑制动物生长发育。动物处于健康或发病初期时，给其饲喂微生态制剂，能让有益菌在数量和作用强度上占绝对优势，可大大地抑制致病菌群的生长繁殖，还可促进肠道优势菌群的建立，维持动物机体正常益生菌菌群的平衡。

（二）促进有益代谢物产生，提高营养吸收水平

微生态制剂的有益菌群能在消化道中产生乳酸等有机酸，降低肠道 pH 值；也可合成氨基酸、益生素等营养物质，促进动物生长发育和增重；还可产生嗜酸菌素、乳酸菌素等抗菌物质，抑制病原菌生长。除此之外，益生菌产生的淀粉酶、脂肪酶、蛋白酶等物质对植物性碳水化合物有很强的降解作用，可降解植物性饲料中某些营养物质，从而诱导动物机体内消化酶的分泌，有利于肠道更好地利用碳水化合物，提高饲料转化效率。

（三）生物颉颃作用

有益菌群的某些菌株，如需氧芽孢杆菌以孢子状态或其他活菌形式进入动物消化道后生长繁殖，可消耗肠道内的氧气，使局部区域形成厌氧环境，抑制病原微生物的生长与繁殖，有利于乳酸杆菌、双歧杆菌、肠球菌等专性厌氧菌的定植和生长，使健康动物机体中的益生菌保持平衡状态。竞争排斥作用可阻止病原微生物的繁殖，可抑制病原微生物黏附到肠黏膜上皮细胞上，跟病原微生物争夺有限的营养物质和生态位点，限制致病菌群的生存与繁殖。

（四）增强机体的免疫能力

益生菌能使动物肠道微生态系统保持正常平衡状态，还能产生非特异性免疫调节因子，增强机体的抗体水平，增加免疫球蛋白的数量和增强巨噬细胞的活性，从而增强动物机体的免疫能力。也有学者认为，双歧杆菌的细胞

壁肽聚糖在适当的条件下出现免疫原性，增强了体液性免疫应答，激活巨噬细胞的活性，可抑制肿瘤细胞和致癌物质的产生。

（五）有效改善饲养环境

微生态制剂中枯草芽孢杆菌可在大肠中产生氨基氧化酶、氨基转移酶及分解硫化物的酶，可将硫化物转化成无臭、无毒物质，从而降低血液及粪便中有害气体的浓度，也减少了有害气体向外界的排放量，改善了饲养环境。

## 第三节 生物饲料的原料

近年来，生物饲料发酵技术应用广泛，逐渐成了一种发展趋势。以前在饲料中长期连续添加抗生素，导致动物的抗药性增强、有害菌产生抗药性，影响了人类公共卫生与安全。而益生菌发酵技术的应用，因会选取对环境无危害的安全的菌种，利用廉价的农业和农业副产品等饲料原料，经发酵处理，使饲料富含高活性的有益微生物及其活性代谢产物，最终达到保持和加强动物体内益生菌的平衡，促进动物健康的目的。通常畜禽养殖企业所用的生物发酵饲料原料最主要为固体原料，主要有蛋白类饲料原料、工农业副产品和糟渣类原料 3 种。

### 一、蛋白类饲料原料

我国的饲料工业发展迅速，但蛋白饲料相对匮乏，现阶段利用益生菌发酵技术，开发和生产益生菌蛋白饲料，有效地缓解了我国优质蛋白饲料资源不足的问题，有利于我国畜牧产业的发展。益生菌蛋白饲料是通过益生菌自身的繁殖和从其他蛋白饲料中转化而来的。这里主要介绍植物性蛋白饲料，植物性蛋白饲料原料主要包括豆科籽实和油料作物的饼粕类。豆科籽实直接发酵主要用于食品领域。饼粕类发酵是提升其营养价值，降低抗营养因子的有效途径，如豆粕、菜籽饼粕、棉籽饼粕等通过益生菌发酵，营养价值得到极大的改善。

豆粕中含有胰蛋白酶抑制因子、低聚糖、凝集素、植酸等抗营养因子，在发酵过程中通过益生菌作用，发酵过程中产生的有机酸，使抗营养因子被降解或者钝化，从而被破坏。豆粕蛋白具有很强的抗原性，在发酵过程中主要是通过降解作用而使其失去抗原性。豆粕发酵一般采用枯草芽孢杆菌、酵母菌和乳酸菌等农业农村部批准的安全菌株，产品发酵后往往含有较多数量的有益菌及有机酸、酶、维生素等代谢产物，具有提高适口性，改善营养物质的消化吸收效率，调节肠道菌群平衡，促进动物生长，减少动物腹泻的发生，提高饲料利用率的功效。

菜籽饼粕的蛋白质含量丰富，粗蛋白含量为 32% ～ 40%，但其含有许多有害物质，对动物生长会产生毒害作用。因此，使用前需要进行脱毒处理。菜籽饼粕的脱毒方法有酸碱处理法、紫外线照射法、微波处理法、蒸煮法、与青贮玉米等共青贮法和益生菌发酵法等。发酵菜籽饼粕，可以提高其适口性和粗蛋白的消化率。发酵后的菜籽饼粕还含有丰富的矿物质元素，其中钙、锌、镁、铁、锰等含量比豆粕的要高，磷含量约是豆粕的 2 倍，微量元素硒含量是植物性蛋白饲料中最高的。

棉籽饼粕是以棉籽为原料，经脱壳、去绒或者部分脱壳、再取油的副产品。棉籽饼粕的利用与菜籽饼粕相似，都需要经过脱毒处理，且不宜在饲料中过量添加。目前棉籽饼粕常用的脱毒方法有化学处理法、水热处理法、溶剂浸出法、固态发酵法等。益生菌发酵后的棉籽饼粕营养成分更加丰富，不仅粗蛋白水平提高，而且必需氨基酸中的精氨酸含量等均有增加。

花生饼粕、葵花籽饼粕、芝麻饼粕等饼粕类植物性蛋白饲料，最突出的特点是蛋白质含量高，但是也存在一些不利于动物消化吸收的因素，如容易被霉菌污染、粗纤维含量高、含有抗营养因子等。这些不利因素可以通过益生菌发酵解决。因此，对饼粕类植物性蛋白饲料进行发酵处理，可提高其利用效率。

## 二、糟渣类原料

糟渣类原料包括酒糟、木薯渣、豆腐渣、制糖工业糖糟等，其含有较高的水分、粗蛋白和粗纤维，不同的糟渣类原料所含的营养成分及含量存在差异。

### （一）酒糟

酒糟是玉米、高粱、小麦、大麦等粮食作物经过发酵蒸馏出酒精而剩下的副产物，具有浓郁的发酵谷物的味道。在白酒等产品的生产过程中，酒曲至关重要。酒曲中包含了多种微生物，其中酿酒酵母是最主要的发酵菌种。因此，为了更有利于酵母的发酵，在固体发酵过程中添加了稻壳和麸皮等透气吸水的发酵原料，可以使酒糟的粗纤维含量增加。酒糟在同种蛋白饲料中价格占有优势，可作为各种生物发酵饲料的原料，适合各种规模化的家畜养殖场饲喂。

（二）木薯渣

木薯又称南洋薯、木番薯、树薯，是大戟科植物的块根，主要分布于热带地区。木薯在我国主要用来提取淀粉和生产酒精；在发酵工业上，木薯淀粉或干片可制酒精、柠檬酸、谷氨酸、赖氨酸、木薯蛋白质、葡萄糖、果糖等产品，这些产品在食品、饮料、医药、纺织（染布）、造纸等方面均有重要用途。木薯渣是木薯提取淀粉或生产酒精后的副产物，主要包含粗纤维、粗灰分和水分，一般可直接作为饲料进行饲喂，但是这种方式获得的效果比较差，动物难以消化吸收。

木薯渣发酵饲料是在人为控制的条件下，以木薯渣为主要原料，加入玉米淀粉渣、玉米皮、湿法糖渣等工业副产品作为碳源和氮源的补充料，添加碳酸钙等作为缓冲剂，通过芽孢杆菌、乳酸菌、酵母菌等益生菌自身的生长代谢作用，改变木薯渣的物理、化学性质。具体就是分解部分粗纤维、粗蛋白等大分子物质，生成单糖、双糖、氨基酸等小分子物质，不仅提高了饲料的消化吸收率，而且起到深度生化加工作用。同时，在木薯渣生物处理过程中还产生并积累大量营养丰富的益生菌菌体蛋白及其他有用的代谢产物，如有机酸、醇、酯、维生素、微量元素等，使饲料变软变香，营养增加，最终形成适口性好、营养丰富、活菌含量高的生物饲料。木薯渣发酵饲料能改善饲料原料中的营养成分，促进动物对营养成分的吸收，并含有多种消化酶和多种未知促生长因子，能增强动物的抗病能力，刺激动物的生长发育，其中益生菌产生的某些代谢产物（如乳酸、乙酸等）具有很好的防腐作用，能延长饲料的保质期；除此之外，其还能降解饲料原料中可能存在的有毒物质，从而减少甚至代替抗生素的使用，提高了动物的健康水平，最终保证了饲料的安全性。

（三）豆腐渣

豆腐渣是生产腐竹、豆奶或豆腐等豆制品过程中的副产品，含有蛋白质、脂肪、钙、磷、铁等多种营养物质。我国是豆腐生产的发源地，具有悠久的豆腐生产历史。豆腐等豆制品的生产量、销售量都较大，相应的豆渣产量也很大，分布范围广泛。由于生产工艺的不同，豆腐渣的含水量差异较大，传统豆腐生产产生的豆腐渣水分含量为 80% ～ 90%，现代通过改进离心方法后得到的豆腐渣水分含量在 50% ～ 60%。同时未通过充分加热处理的豆腐渣会有抗营养因子等。还有，在生产中发现其难以保存，极易腐坏。豆腐渣发酵饲料不仅能改善饲料原料中的营养成分，消除抗营养因子，促进动物对营养成分的吸收，其中益生菌产生的某些代谢产物（如乳酸、乙酸等）还具有很好的防腐作用，能延长饲料的保质期。

（四）制糖工业糖糟

制糖工业糖糟渣包括甘蔗渣、甜菜渣和糖蜜渣等，它们可以作为饲料添加剂，为动物生长提供能量。甘蔗渣作为制糖工业的副产品，属于可再生资源，含量丰富。甘蔗渣主要应用在 4 个方面：（1）作为饲料开发原料；（2）作为食品添加剂；（3）进行沼气发酵和生产乙醇燃料；（4）制备活性炭，开发新型吸附原料等。糖蜜渣是工业制糖中使用蔗糖后剩下的副产物，常用作能量饲料。

## 三、菌种原料

（一）菌种的作用

菌种种类很多，作用也不尽相同。益生菌饲料添加剂生物发酵饲料中的活性物质，对促进动物生长发育、提高动物的免疫力、改善饲料的适口性和转化效率等方面均具有显著的效果。而且，它可以替代农用化学物质，还对激素和抗生素等有替代作用。这些益生菌菌种应具有以下特征。

（1）可产生有机酸，如乳酸、乙酸、甲酸等，这些有机酸能抑制病原微生物繁殖，同时对其他益生菌有益，也可作为动物的能量。

（2）可产生抗菌物质，如细菌素、过氧化氢或其他化合物等，通过其抑制病原微生物繁殖。

（3）有益微生物黏附占位，竞争排除，防止病原微生物定植。

（4）刺激免疫反应，提高免疫系统活力。

（5）产生各种消化酶，如蛋白酶、淀粉酶、脂肪酶和糖苷酶等，提高饲料的利用效率。

（6）减少毒胺的产生，中和内毒素。

2013 年 12 月农业部第 2045 号公告《饲料添加剂品种目录（2013）》中，允许使用的益生菌共有 34 种，分别为地衣芽孢杆菌、枯草芽孢杆菌、两歧双歧杆菌、粪肠球菌、屎肠球菌、乳酸肠球菌、嗜酸乳杆菌、干酪乳杆菌、德式乳杆菌乳酸亚种（原名：乳酸乳杆菌）、植物乳杆菌、乳酸片球菌、戊糖片球菌、产朊假丝酵母、酿酒酵母、沼泽红假单胞菌、婴儿双歧杆菌、长双歧杆菌、短双歧杆菌、青春双歧杆菌、嗜热链球菌、罗伊氏乳杆菌、动物双歧杆菌、黑曲霉、米曲霉、迟缓芽孢杆菌、短小芽孢杆菌、纤维二糖乳杆菌、发酵乳杆菌、德氏乳杆菌保加利亚亚种（原名：保加利亚乳杆菌）、产丙酸丙酸杆菌、布氏乳杆菌、副干酪乳杆菌、凝结芽孢杆菌、侧孢短芽孢杆菌（原名：侧孢芽孢杆菌）。这些菌类虽有各自特点和不同作用效果，但其促生长机理在本质上是一致的。有益微生物进入动物体机体内后，形成优势菌群，与有害菌竞争夺氧、附着位点和营养素，竞争性地抑制有害菌的生长，从而调节胃肠菌群趋于正常化；益生菌代谢产生有机酸，降低动物胃肠 pH 值，杀灭潜在的病原菌，产生代谢物抑制胃肠内胺和氨的产生，生成各种消化酶，有利于养分分解，合成 B 族维生素、氨基酸、促生长因子等营养物质，直接刺激胃肠免疫细胞而增加局部免疫抗体，提高动物的免疫力。

（二）菌种特性

动物的微生态系统通过抑制有害菌群，增强机体免疫功能，防治动物疾病，提高饲料中营养素的消化吸收和转化效率，促进动物的生长和泌乳等，改善其产品品质。因此，所有饲料中的益生菌菌种应具备以下特点。

1. 安全性

（1）菌体本身不产生有毒有害物质。

（2）不会危害环境固有的生态平衡。

2. 有效性

（1）菌体本身具有很好的生长代谢活力，能有效地降解大分子和抗营养因子，合成小肽和有机酸等小分子物质。

（2）能保护和加强动物体益生菌区系平衡，促进动物健康。这种功效主要是指能有效地提高和维护有益微生物在动物消化道中的数量优势。它可以通过2种方式达到目标：一种方式是发酵饲料所用菌种本身就是从目标动物消化道中分离出来的有益菌，通过饲喂高比例发酵饲料可以直接提高动物消化道内有益微生物数量，使有益微生物在竞争中占据优势。另一种方式是生产菌种或菌种的代谢产物可以选择性地杀灭或者抑制有害菌，使有益菌在竞争中占据优势。

（三）常见菌种种类

1. 乳酸菌

乳酸菌不是严格意义上分类学的名称，它是指能够分解糖类，同时以产生乳酸为主要代谢产物的一群细菌。它在pH值3.0～4.5酸性环境下仍能生长。细胞形态有球状、短杆状或长杆状；既有革兰氏阳性菌，也有革兰氏阴性菌；对氧的需求也不同，有好氧型、微好氧型、兼性厌氧型和厌氧型，涉及的属也很多。乳酸菌是使用最为广泛的一类益生菌，是定植在肠道内的有益菌群，能够分泌黏附素与肠表层黏膜细胞结合，从而在肠黏膜表面定植，是形成生理屏障的主要组成部分，乳酸菌可以产生有机酸、过氧化氢、多种酶类以及乳酸菌素等物质。乳酸菌分泌的有机酸包括乳酸、乙酸、丙酸和丁酸等，这些酸类物质本身既是营养物质，又可降低其生存环境内的pH值，促进机体对氨基酸、维生素的吸收，而且也可抑制外袭菌的定植。乳酸菌分泌的超氧化物歧化酶（SOD）能提高动物机体的免疫力；分泌的过氧化氢、苯乳酸、乳酸菌素对一些病原菌也有一定的抑制和杀灭作用，使有益微生物在竞争中占据优势，在促生长和防治新生动物的腹泻性疾病方面具有重要作用。因此乳酸菌被广泛用作益生菌添加剂。

2. 芽孢杆菌

目前使用的芽孢杆菌主要有枯草芽孢杆菌、地衣芽孢杆菌、蜡样芽孢杆菌和凝结芽孢杆菌等。芽孢杆菌是一类能够形成芽孢的杆菌或球菌，可产生蛋白酶、脂肪酶、淀粉酶，这些酶都具有较强的水解酶活性，能够提高饲料消化率，促进动物对营养物质的消化吸收。芽孢杆菌所产生的内生孢子具有很强的抗逆性，能够耐酸、耐盐、耐高温，能通过胃肠道，在小肠内萌发。由于其为好氧菌，在肠道内萌发可消耗大量的氧，降低肠道氧含量，为肠道厌氧益生菌如乳酸菌、双歧杆菌等创造条件，从而抑制需氧致病菌的生长，维持了动物机体内肠道的菌群平衡；另外芽孢杆菌还可以产生多肽类抗菌物质，也能抑制病原菌的生长。芽孢抗逆性强，可在加热、干燥等加工过程中稳定存在，便于工业操作以及保藏和运输，因此被广泛地应用于饲料工业中。

3. 酵母菌

酵母菌是子囊菌、担子菌等几个科真菌的统称，有氧和厌氧环境下都能生存，属于兼性厌氧菌。在好氧条件下，酵母菌将葡萄糖分解为水和二氧化碳，在厌氧条件下将葡萄糖转化为酒精和二氧化碳。多年来，酵母菌一直在饲料工业和食品业中被使用，啤酒酵母曾经是单胃动物日粮的常用原料，近年来以活酵母培养物为主的产品应用不断增多。酵母菌可以通过控制 pH 值进而改变原有的肠道菌群，肠道中存在的酵母菌可以消耗游离氧，这有利于其他厌氧菌的生长，可促进养分的消化吸收，刺激有益菌生长，抑制病原微生物繁殖，提高机体免疫力和抗病力，对防治消化道系统疾病有重要意义。利用酵母菌发酵饲料可以改善饲料的适口性，增强动物对食物的消化吸收能力。酵母里的硒、铬等矿物元素对提升机体的免疫力也有一定的作用。酵母的耐酸能力很强，适宜在低 pH 值环境中培养，因此在饲料上的应用也十分广泛。目前应用于饲料上的酵母菌主要有啤酒酵母、产朊假丝酵母和热带假丝酵母等。

4. 霉菌

实际生产中利用霉菌的主要目的是它能合成纤维素酶、半纤维素酶、淀粉酶、果胶酶、蛋白酶、植酸酶，还能将淀粉、纤维素等一些高分子物质分解为单糖，从而利用廉价的粗蛋白原料作为发酵底物，生产出高活性的蛋白饲料或粗酶制剂。有研究表明，真菌发酵产物可以激活机体免疫系统，增强机体的抗病力。一般利用霉菌发酵的都是有氧发酵。发酵过程中会产生大量的热，而生产过程中温度控制往往是生产成败的关键。霉菌发酵主要是浅盘发酵，料曲厚度不超过 5 cm，如果采用厚层发酵，则必须采用强通风装置，最终会造成生产能耗很大，从这一点上看，霉菌发酵不太适合用于生产饲料或者饲料原料。目前，常用的饲用霉菌有曲霉属的黑曲霉、米曲霉和白地霉。

## 四、菌种组合

随着发酵工艺的发展，益生菌发酵饲料的生产方式从单一菌种发酵向多种组合协同发酵方向发展，并注重不同益生菌之间的协同性和互补性，使其发挥组合效应。由于多菌种发酵有利于各类菌种的协同，作用于固态基质上，往往比单独菌种作用效果更明显，多种菌发酵也成了现在研究的热点。而且，大量研究表明，多菌种混合发酵效果好于单一菌种发酵。因此，不同菌种组合的选择对于固态发酵具有重要意义。

（一）单一菌种发酵的特点

目前，我们所知道在自然界中的益生菌有十余种。每种益生菌均有特性，发酵过程中可产生不同的代谢产物，并发挥不同的生理功能。如乳酸菌为厌氧或者兼性厌氧菌，发酵碳水化合物时可产生大量乳酸，对革兰氏阳性菌、革兰氏阴性菌都有很强的抑制效果；芽孢杆菌是一种能够产生芽孢的好氧菌，耐高温、高压和酸碱，生命力强，代谢可产生蛋白酶和 B 族维生素等，对饲料的降解消化吸收和动物的营养代谢起到促进作用；酵母菌菌体中含有非常丰富的蛋白质、B 族维生素、脂肪、糖、酶等多种营养成分，可提高动物的免疫力和生产性能，减少应激反应。

（二）多菌种混合发酵的特点

多菌种发酵主要是利用菌种之间的协调互助关系，扩大菌种对原料的适应性，防止饲料中有害菌滋生，提高对底物的利用效率，还能提高饲料的蛋白质含量和营养功能。有研究发现，多菌种发酵会使发酵物的粗蛋白含量和动物对饲料的消化能力从整体上均高于单一菌种发酵。生产实践中，乳酸菌和芽孢杆菌混合发酵，芽孢杆菌可大量地消耗氧气，维持发酵过程的厌氧环境，促进乳酸等厌氧益生菌的生长；霉菌可产生较多碳水化合物酶，利用霉菌这一特性对纤维素和淀粉进行分解，可产生单糖，这些单糖可被酵母菌直接利用。

**五、益生菌发酵生产菌体蛋白饲料的影响因素**

在益生菌发酵生产菌体蛋白饲料的过程中，伴随着复杂的化学、物理和生物变化，完成了能量和物质的传递。益生菌所处的外界环境比较复杂，会受到很多因素的影响。

（一）温度

益生菌在机体的存活和生长都受到温度的影响，益生菌的繁殖速度以及益生菌体内生化反应的速度同样受到温度的影响。特定的益生菌在适宜的温度范围内其生长繁殖速率较快，过低或过高的温度都会使益生菌的生长受到抑制。在一定的温度范围内，伴随着温度的升高，益生菌在机体的生长繁殖和代谢活动会相应增加。

（二）水分

益生菌进行生命活动需要水分，水分可以将细胞外的营养物质传递到细胞内，同时也可将细胞内的代谢产物传递到细胞外。水分是良好的溶剂，可以使生物体内的所有生化反应顺利进行。

（三）无机盐

益生菌的生长离不开无机盐，它分为常量元素和微量元素，划分的依据是益生菌需要的浓度大小。细胞的组成成分中包括常量元素，细胞渗透压和酸碱度的稳定都要靠它来维持，它还是激活酶所必需的物质，同时为某些益生菌的生长提供能源。有些微量元素是酶的激活剂，促使生化反应顺利进行，如金属离子锰、锌等；有的是维持结构成分所需要的特殊分子，如维生素的中心原子。一般情况下，在发酵过程中，为满足益生菌生长的需要可以添加化学试剂。

（四）氧气

益生菌发酵过程中，发酵是否成功与氧气有直接的关系。一般采用好氧菌株以提供足够的氧气，使菌体蛋白饲料的生产过程顺利完成。在生产中，根据实际需要来控制发酵料的厚度或判断是否需要鼓风，由此提供充足的氧气以保证发酵的顺利进行。

**六、青贮、黄贮原料**

（一）常用的青贮、黄贮原料

常用的青贮原料包括全株玉米、青玉米秸秆、甘蔗尾叶等可用作饲料的原料，这类原料一般水分含量较高，多为青绿色饲草。

常用的黄贮原料包括稻草、黄玉米秸秆、麦秸、甘蔗黄叶等可用作饲料的原料，这类原料一般水分含量较低，多为黄色饲草料。

（二）原料品质

秸秆生物饲料原料要求干净、基本无霉变和腐烂、无泥土和其他杂质。

（三）秸秆含水率

秸秆生物饲料原料适宜的含水率为 55% ~ 65%。实际生产中，建议以相对较低的水分进行青贮，虽然水分太低时发酵进行得较慢，但是发酵后的饲料酸香较好，品质较高。水分较高时发酵易出现青贮堆出水的情况，会带走大量易消化的营养成分，同时高水分发酵时丁酸发酵会比较激烈，发酵后的饲料会散发令人不愉悦的气味，而且损失较多的蛋白质等营养物质。

单一原料水分过高时，可采用和不同原料混合的办法调节原料含水率。不同原料混合青贮的原则是获得原料的时间相近，所含水分根据高低进行互补。生产实践中判断原料含水率的方法：用手紧握切碎的原料，手指缝有汁液渗出并成滴落下，其含水率在 65% 以上；若手指缝有汁液滴，但是没有水滴落下，其含水率在 65% 以下；原料含水率过高时，可将原料整株适当晾晒至凋萎，但晾晒时间不宜超过 1 d，且不能整堆堆放，避免其直接发酵。原料收获选择没有雨的天气进行，避免雨水提高原料的含水量。

（四）益生菌菌种选择及用法

益生菌对生物饲料制作的效果有较大的影响，为探索不同益生菌产品加工秸秆生物饲料的效果，特开展了相关研究，结果如下。

1. 不同处理组微贮全株玉米的感官评定

试验通过使用不同益生菌产品对饲用全株玉米进行微贮，并在肉牛生产中使用。使用方案为：第一组使用沧州某公司生产的复合益生菌，第二组使用南宁某公司生产的牛羊专用复合益生菌，第三组使用宜春某公司生产的复合益生菌，第四组使用山东某公司生产的复合益生菌，并设置空白对照组。由不同处理组微贮全株玉米的感官评定结果可知（表 3–1、表 3–2）：第三组的微贮秸秆饲料总体质量最佳，未使用任何益生菌产品的对照组青贮秸秆饲料质量最差。

**表 3–1　不同处理组微贮全株玉米的感官评定结果**

| 组别 | 颜色 | 酸香度 | 腐烂度 /% | 菌丝生长情况 |
|---|---|---|---|---|
| 第一组 | 浅黄绿色 | 中度酸香、有少量异味 | 1 | 白色菌丝生长集中，直径 7 cm、厚度 1 cm |

续表

| 组别 | 颜色 | 酸香度 | 腐烂度/% | 菌丝生长情况 |
|---|---|---|---|---|
| 第二组 | 中黄绿色 | 轻度酸香、有少量异味 | 1 | 均匀分散少量白色菌丝 |
| 第三组 | 亮黄绿色 | 浓郁酸香、无异味 | 1 | 白色菌丝生长集中，直径5 cm |
| 第四组 | 中黄绿色 | 青草香、轻微异味 | 1 | 白色菌丝少量集中生长、直径1.5 cm |
| 对照组 | 亮黄绿色 | 淡酸香、有少量异味 | 5 | 极少量分散白色菌丝 |

**表3-2　不同处理组微贮全株玉米的感官评定评分**

| 组别 | pH值 | 水分 | 气味 | 色泽 | 总得分 |
|---|---|---|---|---|---|
| 第一组 | 20 | 7 | 20 | 18 | 65 |
| 第二组 | 7 | 8 | 18 | 16 | 49 |
| 第三组 | 18 | 10 | 25 | 20 | 73 |
| 第四组 | 18 | 13 | 17 | 16 | 64 |
| 对照组 | 18 | 7 | 16 | 20 | 61 |

注：评分标准参照原农业部《青贮饲料质量评定标准（试行）》。

2. 不同处理组微贮全株玉米的发酵品质检测结果

试验实施过程中对不同益生菌处理组的微贮全株玉米饲料的发酵品质进行了检测，结果（表3–3）如下：（1）不同处理组微贮秸秆饲料中乳酸含量最高的是第一组，含量最低的是第二组，这两组和其他各组间差异极显著（$P<0.01$）；（2）乙酸含量最高的是第一组，含量最低的是第二组，两组间差异极显著（$P<0.01$）；（3）丙酸含量最高的是第一组，与其他各组差异极显著（$P<0.01$）；（4）丁酸含量最高的是第四组，含量最低的是第一组，两组间差异极显著（$P<0.01$）；（5）氨态氮含量最高的是第四组，含量最低的是对照组，两组间差异极显著（$P<0.01$）；（6）pH值最高的是第二组，与其他各组差异极显著（$P<0.01$）；（7）水分含量最高的是第一组，含量最低的是第四组，两组间差异极显著（$P<0.01$）。

**表 3–3　不同处理组微贮全株玉米的发酵品质检测结果**

| 组别 | 乳酸 / ( $g\cdot kg^{-1}$ ) | 乙酸 / ( $g\cdot kg^{-1}$ ) | 丙酸 / ( $g\cdot kg^{-1}$ ) | 丁酸 / ( $g\cdot kg^{-1}$ ) | 氨态氮 /( $g\cdot kg^{-1}$ ) ( 以 N 计 ) | pH 值 | 水分 / % |
|---|---|---|---|---|---|---|---|
| 第一组 | $4.03^{A} \pm 0.02$ | $1.80^{Aa} \pm 0.01$ | $0.555^{A} \pm 0.001$ | $0.045^{D} \pm 0.002$ | $0.36^{Ccd} \pm 0.03$ | $3.76^{Cb} \pm 0.01$ | $81.4^{Aa} \pm 0.2$ |
| 第二组 | $2.41^{D} \pm 0.01$ | $0.219^{D} \pm 0.02$ | $0.156^{C} \pm 0.002$ | $0.156^{B} \pm 0.003$ | $0.45^{ABb} \pm 0.02$ | $4.30^{A} \pm 0.02$ | $80.7^{Aab} \pm 0.4$ |
| 第三组 | $2.60^{Cb} \pm 0.01$ | $1.40^{B} \pm 0.01$ | $0.233^{B} \pm 0.001$ | $0.085^{Cb} \pm 0.001$ | $0.39^{BCc} \pm 0.02$ | $3.84^{Ba} \pm 0.02$ | $79.3^{ABb} \pm 0.3$ |
| 第四组 | $3.39^{B} \pm 0.03$ | $1.70^{Ab} \pm 0.03$ | $<0.006^{D}$ | $0.275^{A} \pm 0.002$ | $0.50^{Aa} \pm 0.03$ | $3.84^{Ba} \pm 0.01$ | $76.7^{Bc} \pm 0.2$ |
| 对照组 | $2.75^{Ca} \pm 0.02$ | $1.17^{C} \pm 0.02$ | $<0.006^{D}$ | $0.097^{Ca} \pm 0.003$ | $0.32^{Cd} \pm 0.01$ | $3.83^{BCa} \pm 0.02$ | $81.1^{Aa} \pm 0.2$ |

注：同一列数字肩标不含相同大写字母表示差异极显著（$P<0.01$），不含相同小写字母表示差异显著（$P<0.05$），含相同小写字母或无肩标则表示差异不显著（$P>0.05$），下同。

3. 不同益生菌产品对牛舍及堆粪氨气的作用效果

试验通过采用不同益生菌产品对肉牛粪便进行微生物处理，降低牛舍有害气体浓度，改善养殖环境。由表 3–4 可知：使用不同益生菌产品的牛舍内氨气浓度最高的是第二组和对照组，最低的是第一组。采用不同益生菌产品对相应牛群的粪便进行堆积发酵处理后，粪堆上方 10 cm 处氨气浓度最高的是对照组，最低的是第三组；粪堆内部 10 cm 深处氨气浓度最高的是对照组，最低的是第三组。

从总体的效果看，使用不同益生菌产品对牛群及相应牛群的粪便进行堆积发酵处理，对牛舍及粪便的氨气有较好的降低作用。结果表明，第三组对肉牛生产中产生的氨气降低作用最好。

**表 3–4　不同益生菌产品对牛舍及堆粪氨气的影响**

（单位：$mg/m^3$）

| 组别 | 牛舍氨气浓度 | 粪堆上方 10 cm 处氨气浓度 | 粪堆内部 10 cm 深处氨气浓度 |
|---|---|---|---|
| 第一组 | 2.15 | 6.95 | 6.95 |
| 第二组 | 2.36 | 8.34 | 48.65 |
| 第三组 | 2.22 | 4.87 | 15.99 |

续表

| 组别 | 牛舍氨气浓度 | 粪堆上方 10 cm 处氨气浓度 | 粪堆内部 10 cm 深处氨气浓度 |
|---|---|---|---|
| 第四组 | 2.22 | 9.04 | 17.38 |
| 对照组 | 3.36 | 10.42 | 55.60 |

由以上试验可知，不同公司生产的益生菌，实际的使用效果相差较大，各养殖场在实际选择过程中，要以自身的添加目的为主要依据选择菌种。

## 第四节　牛生物饲料发酵与饲草加工

### 一、肉牛生物发酵饲料添加途径

现代生态养殖技术中，益生菌的添加是实现肉牛生态养殖的主要技术手段。一般可直接通过添加剂、发酵精饲料等途径添加益生菌。然而，牛是多胃动物，其瘤胃中拥有庞大的微生物菌群，通过添加剂、发酵精饲料等途径添加益生菌的使用效果其实并不是很理想。究其原因是添加的少量益生菌不足以让益生菌成为优势菌群。为探索不同添加途径添加益生菌的效果，开展了相关对比试验，结果如下。

选用市面上某常见的复合微生物制剂对牛的日粮精饲料和日粮秸秆饲料进行益生菌发酵处理，然后在肉牛中进行饲养试验，试验设置空白对照组，同时采用相对应产品对牛舍环境进行益生菌处理。经过饲养试验后对牛群生长指标、饲料消化率、环境指标等各项指标检测后得出以下结果。

（一）益生菌发酵精饲料在后备牛生产中的应用效果

益生菌发酵精饲料对后备牛生产指标的影响见表 3–5。

**表 3–5　益生菌发酵精饲料对后备牛生产指标的影响**

| 组别 | 试验初重 /kg | 试验末重 /kg | 头均日增重 /g | 粗蛋白消化率 /% | 粗纤维消化率 /% | 单位增重成本 /（元 /kg） |
|---|---|---|---|---|---|---|
| 试验组 | 214.27 ± 9.03 | 276.15 ± 11.98 | 1031.31 ± 56.47 | 62.11 | 53.36 | 15.49 |
| 对照组 | 217.36 ± 10.98 | 274.17 ± 12.26 | 946.91 ± 70.34 | 59.46 | 54.89 | 16.67 |

饲喂益生菌发酵精饲料的后备牛与对照组相比，头均日增重提高了8.91%，同时单位增重成本较对照组降低了 1.18 元 /kg。试验组粗蛋白消化率与对照组相比提高了 4.46%，但粗纤维消化率较对照组低。

（二）益生菌发酵秸秆饲料在后备牛生产中的应用效果

益生菌发酵秸秆饲料对后备牛生产指标的影响见表 3–6。

**表 3–6　益生菌发酵秸秆饲料对后备牛生产指标的影响**

| 组别 | 试验初重 /kg | 试验末重 /kg | 头均日增重 /g | 牛舍氨气浓度 /（mg/m$^3$） | 牛舍硫化氢浓度 /（mg/m$^3$） | 粗蛋白消化率 /% | 粗纤维消化率 /% | 单位增重成本 /(元 /kg) |
|---|---|---|---|---|---|---|---|---|
| 试验组 | 187.44 ± 10.24 | 229.27 ± 9.22 | 697.14 ± 139.76 | 0.12 ± 0.02a | 0.002 ± 0.0018 | 66.94 | 66.00 | 19.87 |
| 对照组 | 186.76 ± 9.61 | 222.76 ± 11.15 | 600.00 ± 118.40 | 0.19 ± 0.02b | 0.003 ± 0.0002 | 49.53 | 59.63 | 22.77 |

饲喂益生菌发酵秸秆饲料的后备牛与对照组相比，头均日增重提高了16.19%，同时单位增重成本较对照组降低了 2.90 元 /kg。牛舍氨气浓度较对照组显著降低了 36.84%（$P<0.05$），硫化氢浓度较对照组降低了 33.33%。粗蛋白、粗纤维消化率较对照组均有所提高，但差异不显著（$P>0.05$）。

试验中使用益生菌发酵精饲料和秸秆青贮饲料，都能够起到较好的生态养殖作用，但两者对比以发酵秸秆饲料方式添加效果较好。

## 二、生物饲草料青贮、黄贮工艺

（一）青贮、黄贮概念

青贮是指在厌氧环境下，把青绿多汁的饲草料（青绿玉米秸秆、全株玉米、饲用高粱、牧草等）经过以乳酸菌为主的微生物发酵后，降低饲料的 pH 值，抑制有害微生物的活动，达到长期保存青绿多汁的饲草料的方法。

黄贮是指在厌氧环境下，把收获籽实后较黄且较干的秸秆（黄玉米秸秆、稻草、麦秸等）经过以乳酸菌为主的微生物发酵后，降低饲料的 pH 值，抑制有害微生物的活动，达到长期保存饲草料的方法。

青贮、黄贮没有非常明显的区别，只是针对处理的原料的颜色、水分等状态会有不同。发酵处理原理均是在厌氧环境下经过发酵降低饲料的 pH 值，抑制有害微生物的活动，达到长期保存饲草料和改善饲料品质的效果。

目前，实际生产中更多的是利用单一原料制作青贮饲料。特别是在南方地区，由于雨水较多，气候潮湿，收集的稻草很难控制好水分，同时在高温高湿的环境下，稻草等饲草料长期保存是异常困难的，而青贮可以很好地解决稻草的保存问题。

（二）利用青贮池制作青贮饲料

1. 青贮池建造

青贮池的作用是作为青贮发酵的密闭容器。大型青贮池的建造有以下要求。

（1）青贮池选址

青贮池的原料进出量非常大，因此，选址既要方便接收原料、又要方便取料加工并运输到牛舍，还需要考虑牛场整体的防疫，不能让外来的原料车过度深入到生产区，同时青贮池需要避免出现被水浸泡的情况。

（2）青贮池的总容量计算

按枯草期需求量计算：青贮池贮存量的设计，需要结合当地青绿饲草料供应的情况和牛场自身的用量来决定。一般要求能满足青绿饲草缺乏季节（枯草期）的使用需求。例如，某地青绿饲草供应季节约为 5 个月，其他 7 个月缺乏青绿饲草，则设计的青贮池最少要保障 7 个月的饲草需求。同时设计青贮池的总体积时需要考虑饲草的密度、青贮池最多装填量。例如一个养殖场枯草期需要饲草 1 万 t，假设该场装填压实的青贮密度为 0.75 $t/m^3$，则青贮池需要 1.33 万 $m^3$。同时假设该场在实际生产中，青贮池装填程度约为 90%（不会完全按体积装满），则实际需要建设 1.48 万 $m^3$ 青贮池。以上是根据枯草期的需求进行计算，只能最低限度地保障牛场对饲草的需求。

但在实际生产中发现，就算是青绿饲料供应充足的季节，每天采集或采购青绿饲料饲喂牛群都需要花费大量的管理成本，占用大量的管理资源，并且经常受下雨、洪涝、干旱等因素影响。牛是多胃动物，其消化依靠瘤胃微生物进行，在日粮稳定不变的情况下，其瘤胃微生物处于相对稳定状态，发酵效果处于最佳状态，牛育肥效果最佳。综合以上原因，在实际中会采用全年使用青贮饲料的方式运行，即在青绿饲料上市时开始制作青贮饲料，这些青贮饲料一直使用到青绿饲料供应结束前的一个月；接着开始制作枯草期使用的青贮饲料，这些制作的青贮饲料会一直使用，直到翌年新的青贮饲料被制作出来并能使用为止。所以全部使用青贮饲料的牛场，用料量计算是按全年 12 个月计算，同时在 12 个月的基础上再加上 1 个月，以备新草长出来后，制作新的青贮饲料所需的发酵时间。

饲草料是牛场的必需品，且按照目前的情况，其价格是逐年上升的，所以为了提高牛场的管理效率，降低牛场日常在饲草料采购上的管理消耗，在牛场流动资金充足的情况下，可以考虑建设可以存放 1 ～ 2 年青贮量的青贮池。大量存饲草料有几个方面的好处：①牛场可以在一年的饲草料价格最低时存够全年饲草料，降低购买饲草料的成本。②牛场可以让更多的管理人员去经营管理牛场，拓展牛场其他业务。③可以作为牛场的一项业务，低价时存饲草料，高价时卖饲草料。④依据目前情况，草料等价格一直上涨，建设可以存放 1 ～ 2 年青贮量的青贮池，牛场在日常备料的同时也可将其当作一项长期投资行为。

（3）青贮池的尺寸设计

青贮池设计时，一般主要考虑横截面的尺寸。体积不足，只需要考虑将青贮池长度增加即可。

a. 横截面高、宽的设计

青贮池横截面的尺寸，主要考虑设备进出和每天的取用量。一般宽度要能保障装填的铲车、取用的车辆设备能正常进出，规模较小不用装填和取用设备的可以不考虑。先确定是青贮池的高度，建议为 2.5 ～ 4 m，太高不利于生产作业，也容易出现各种危险，但是，场地受限制时，可适当增高。一般来讲，青贮池越高越宽，贮存同样体积的青贮饲料，需要占用的青贮池建造成本越低。所以一般在适度范围内，尽可能选择高一点的尺寸。

高度确定后，根据每天的取用量来确定宽度。一般青贮池打开接触空气后，青贮饲料取料面便会开始氧化腐败，其氧化速度约为 30 cm/d，所以建议每天在青贮池的取料深度在 30 ～ 60 cm 为适宜。若往池内取料少，每天取用后的青贮饲料取料面则氧化严重；若每天往池内取料太深，则需要建设更长的青贮池，增加建造成本。

具体的计算设计方法如下：例如一个牛场，每天取用饲料为 10 t，压实后青贮的密度约为 0.75 t/m³，则每天取料的体积为 13.3 m³。先确定青贮池高度为 4 m，青贮池宽度为 6.65 m，除以每天取料的体积 13.3 m³，取料掘进速度为 0.5 m/d。以上估算如果发现青贮池宽度不能满足设备需要，则可以适当调整青贮池高度和掘进深度等参数。

b. 青贮池长度（深度）设计

确定青贮池横截面高、宽后，用重量来除以横截面积，即可获得青贮池整体需要建造的长度。再根据实际场地情况和长度需要，设计成若干个青贮池。一般建议青贮池要分成 2 个以上，便于进行多个池的轮换使用。同时建议根据牛场在当地获得饲草料的能力，保障每个青贮池的容量可在 3 ～ 5 d 内能装填完毕进行密封，还要考虑每个青贮池可供牛场使用 1 ～ 2 个月。单个青贮池太小时，青贮饲料存放的池数较多，密封和取用等需要的人工较多，不利于设备操作，同时其封口等密封不牢靠的位置也较多，相对损失较大。单个青贮池过大时，开口后长期使用，后面使用的青贮饲料由于开口时间过长，会出现腐败的现象。

（4）青贮池设计建造的注意事项

a. 青贮池壁的设计

青贮池在装填过程会对四周产生较大的压力，特别是越底下压力越大，因此，设计的青贮池的四周池壁要有较大的抗压能力。

平地建设时，可采用上窄下宽的墙体设计，建议用钢筋混凝土的方式建造。中间隔墙两面光滑，两边墙可建造成内部光滑，外部间隔 5 ～ 6 m 设置 1 根外凸的支撑柱，以增强墙面的抗侧向压力的能力。

雨水较少的地区，建造地点的地势较高，可以选择半地下式池，池壁要求的强度将大大下降。同时注意建造排水沟，防止青贮池积水。

如果建造场地刚好在山坡边上则可以往山体中挖合适宽度的沟作为青贮池，连续建造多个青贮池时，每个池之间的池壁需要预留 3 ～ 4 m 宽的间隔，让山体原有的泥土作为墙体进行承重。青贮池四周需要建造水沟，避免下雨时雨水从山上灌入青贮池。

以上描述的青贮池，接触饲料的墙壁均需要建造成光滑面，以方便密封和取料。同时在青贮池口设置几排对应的洞口（深度为墙厚度的一半，直径为 10 ～ 15 cm），在青贮封口时使用。

b. 青贮池底

青贮池底的横切面为龟背形，整体地面由内往外放坡（$i$=1% ～ 2.5%），使青贮池底水先往池两边流，再往池口流。青贮池口设置一条漏缝的排污口，可及时将青贮池的污水排出去。

青贮池底整体比周边的地面高出 20 ～ 30 cm，利于青贮池排水，防止池内被水浸泡。

c. 青贮池四周

青贮池四周设置排水沟或导流沟，可避免周边的雨水汇集在青贮池处。同时可在青贮池四周设置 0.8 ～ 1.2 m 宽碎石带（水泥路面也要预留碎石带）并形成完整环形，碎石底下可先垫上略宽的除草膜用于防鼠。

d. 青贮池屋顶

大部分地区的青贮池是露天的，而南方少部分雨水较多的地区有对青贮池进行盖顶的习惯，主要是避免过多雨水进入青贮池，同时方便连续下雨的季节进行作业。

2. 青贮原料的处理

青贮的原料众多，鲜绿饲料、农副产品等均可用青贮的方式进行处理和保存。

（1）外形加工

很多秸秆质地较硬且体积大，青贮前需要进行适当的外形加工，方便后续的装填压实密封以及牛采食。

青玉米秸秆、青高粱秆等较柔软饲草秸秆建议每 2 ～ 3 cm 进行铡切，以中心秆基本破碎、叶片残留少部分长度在 5 ～ 10 cm 为适宜；甘蔗尾叶、象草、干秸秆、蛋白桑等较硬的饲草秸秆建议每 2 ～ 3 cm 进行“铡切 + 揉搓”，加工成柔软丝状饲料；全株玉米建议每 1 ～ 2 cm 进行铡切，以中心秆基本破碎、玉米籽实绝大部分被破坏为宜；稻草等较柔软、较细的秸秆饲草每 3 ～ 5 cm 进行“铡切 + 揉搓”，获得部分较长纤维等。

原料的铡切有几点需要注意：①方便动物入口，铡切的长度适宜，较硬的原料增加揉搓等；②方便青贮压实，稻草、木本秸秆等需要切碎呈柔丝状后，才容易压实，不然极易因压实不足而腐败。③注意破碎高价值籽实，如全株玉米加工时要尽可能使玉米粒被破坏，避免其直接通过消化道而不被利用。④保留部分长纤维，牛需要部分 7 cm 以上的纤维来维持瘤胃的正常蠕动和反刍。

（2）水分的调节

青贮水分往往过高、黄贮水分往往过低，最理想的状态是将两者的原料按一定比例混合，调节到合适的水分进行发酵。一般建议水分为 50% ～ 65%。水分过高时容易导致丁酸发酵，出现腐败，味道偏臭，且发酵过程会有大量水流出，导致营养浪费。水分过低时，发酵缓慢，且不易压实，容易导致霉变。常用手挤压法初步判断青贮饲料干物质含量，具体方法为单手或双手用最大力气紧握青贮饲料 5 s 以上后进行初步判断（表 3–7）。

**表 3–7　手挤压法判断青贮饲料干物质含量**

| 利用手挤压法的结果 | 干物质含量 |
| --- | --- |
| 水很容易挤出，饲料成型 | ≤ 25% |
| 挤出少许水分，饲料成型 | 25% ～ 30% |
| 无法挤出水分，饲料慢慢分开 | 30% ～ 40% |
| 无法挤出水分，饲料很快分开 | ≥ 40% |

（3）能量、蛋白质调节

青贮发酵微生物最终利用的是饲料中的能量、蛋白质。在枯黄、营养单一的原料中，如稻草缺乏微生物发酵所需要的糖类化合物、可利用蛋白质等。其单独发酵时，微生物增长缓慢，发酵效果差。这类原料单独发酵需要额外添加糠、麸等便宜的原料作为益生菌可利用能量、蛋白质的补充。补充量根据青贮原有水分、原有益生菌可利用能量、蛋白质而定，一般添加量为 1% ～ 5% 就可以保障益生菌发酵的需要。

3. 装填与密封

原料的装填与密封看似简单，却与青贮制作的成败相关。

（1）装填

原料装填时需要在青贮池内进行逐层压实，每层压实后的厚度在 20 ～ 30 cm，这样可以保障充分压实（图 3–1）。

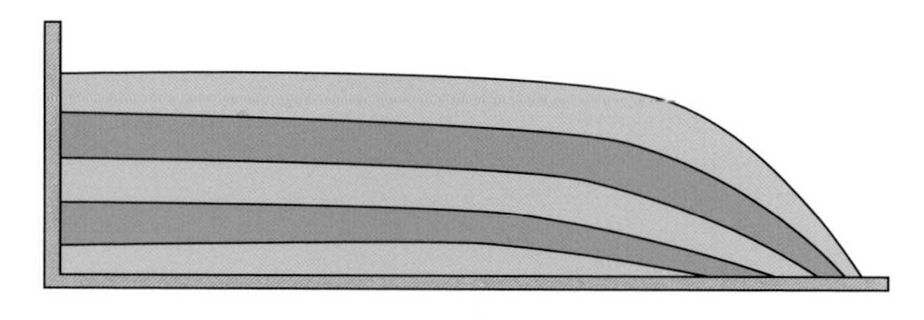

图 3-1　青贮原料装填示意图

压实后，青贮池的密度要达到 750 ～ 800 kg/m$^3$。简单的判断方法是人踩上去基本不会陷入压实的原料中。尽量采用轮式车辆等对原料进行逐层压实，履带式工具的压实效果较差，人工踩实的效果最差。压实后的原料横切面应该呈现中间凹，两边略高的形状。最后压实的高度应中间略高于池边，四周比池边略低。略低处是后续覆膜后压重物密封的关键位置（图 3–2）。

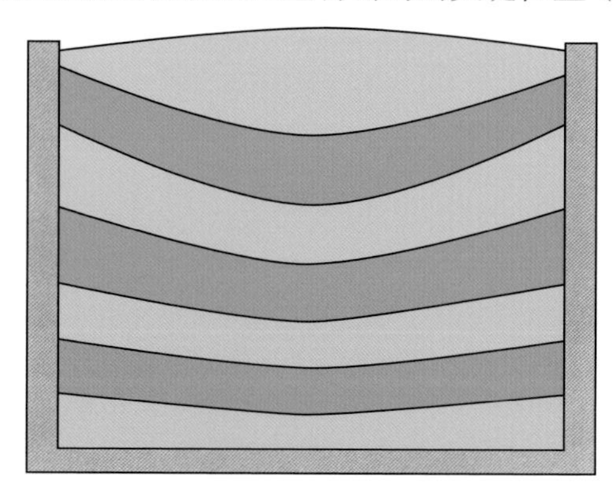

图 3-2　青贮原料压实示意图

（2）原料混合与菌种添加

多种原料混合时，如干、湿原料混合，由于原料总量非常大，采用设备搅拌难以实现，一般采用逐层交叉堆放的方法。例如 A、B 两种原料总量相差量不是特别大的时候，可以按比例先铺设一层 A 原料，再铺设一层 B 原料，接着进行压实，压实后一层 A、B 原料堆叠的厚度在 20 ～ 30 cm，然后依次堆叠直至堆满。如果两种原料均需要在现场进行铡切，可以混合进料一起进行加工。

如果某种原料需添加菌种、少量的糠麸等能量、蛋白质的补充原料，可以在大原料铺设一层后喷洒一层补充原料再进行碾压，直至堆满即可。

部分喷洒菌种采用喷雾的办法，会增加原料的水分，对于原本水分偏高的原料发酵是不利的。可以选择用粉状饲料进行混合稀释 5 ～ 10 倍后，再逐层喷洒菌种。

（3）密封

青贮池常见的密封方法是采用普通薄膜或专用的黑白青贮膜进行密封，其中黑白青贮膜成本高于普通薄膜。建议最外层接触阳光部分采用黑白青贮膜，里面可以采用普通薄膜。普通薄膜只能起到密封的作用。黑白青贮膜的白色可以反射太阳光，避免青贮池被晒得过热；黑色可以吸收大部分内部辐射，保持青贮池堆温度相对稳定。所以正常使用黑白青贮膜时建议白色朝外，黑色朝内。

青贮池装池前，先在两边铺设两张黑白青贮膜，如图 3–3 所示。

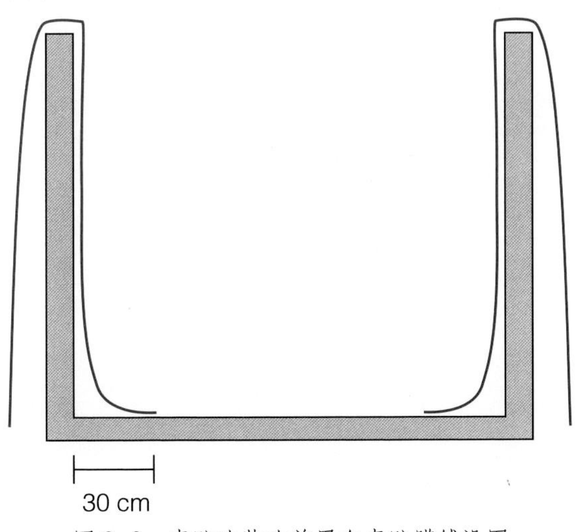


图 3–3　青贮池装池前黑白青贮膜铺设图

每张黑白青贮膜留在池底的长度要超过 30 cm，池壁外多出的黑白青贮膜要超出池口的宽度，便于后续覆盖。逐层装填压实并进行青贮后，将两边多余的黑白青贮膜对青贮原料进行叠压覆盖；最后在上面再覆盖一张黑白青贮膜，两边各超出最少 30 cm。顶部左右两边有覆盖的黑白青贮膜，加上最后上面整体覆盖的一张黑白青贮膜，顶部整体应覆盖有三张黑白青贮膜，效果如图 3–4 所示。

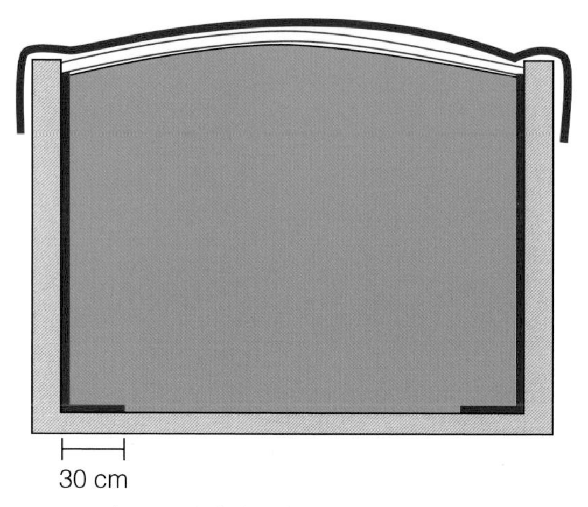


图 3–4　青贮原料装填压实后黑白青贮膜覆盖示意图

最后在黑白青贮膜上，紧贴池的边缘用泥沙或长条状的泥沙袋进行压膜，其他位置用轮胎等重物进行压膜（图 3–5）。

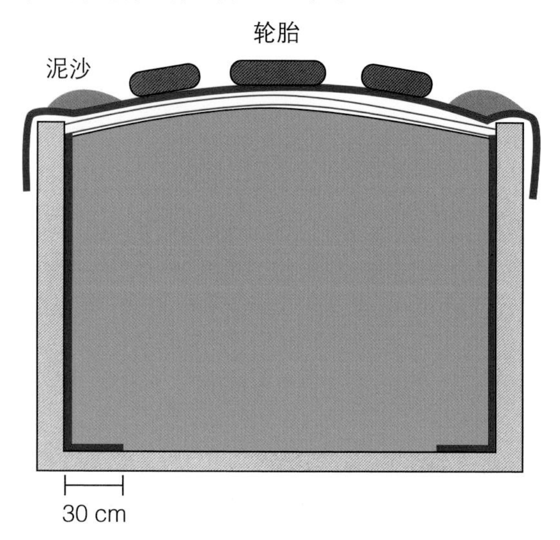


图 3–5　青贮封池后压膜示意图

4. 青贮池管理与取用

（1）青贮池的日常管理与防鼠工作

青贮原料在发酵过程中会变软，然后出现下陷等情况；青贮池密封好后，可能会出现覆盖的膜漏气或破损等情况。因此，生产过程中要经常检查青贮膜的状况，发现有破损或漏气位置要及时进行修补和密封。小型的漏气处可用透明胶进行修补；较大的破损可用面积小一点的膜进行覆盖密封，上面再用泥土等进行压实。

青贮池进行发酵后，可能会吸引虫子、老鼠等，特别是将全株玉米等青贮时，鼠害会比较严重，所以要做好青贮池的防鼠工作，避免老鼠破坏青贮膜，甚至在青贮堆里面打洞。

青贮池的防鼠工作建议采用碎石进行。老鼠的习性是贴地爬行，如果地面由相对粗糙且锋利碎石铺成即可切断老鼠的爬行路线。具体做法是在青贮池四周铺设碎石带，包括在进入青贮池的入口道路，由此形成完整闭环。碎石块直径在 1 ～ 2 cm，表面粗糙且锋利。环形碎石带宽度在 0.8 ～ 1.2 m 即可。碎石带周边要清理干净各种杂物和植物，避免老鼠借助其翻越碎石带。同时在日常管理中要经常清理后续生长出来的杂草、灌木等。如果条件允许可以在碎石底部铺上比碎石略宽的除草布，这样可以极大地减少后续除草的工作量。还可邀请专业防鼠公司，全场投放老鼠药，整体控制养殖场范围内的老鼠数量。

（2）取用时机

青贮时间一般要求为 1 ～ 2 个月，青贮发酵产热结束后，其核心温度逐步降低到室温时方可开启使用。所以规模大小不同、原料不同等情况均会影响开池的时间。部分养殖场的原料青黄不接时，也可以在青贮 1 个月后直接取用。

（3）感官评价

青贮饲料感官评价标准见表 3–8。

**表 3–8　青贮饲料感官评价标准**

| 质量等级 | 颜色 | 气味 | 结构 |
|---|---|---|---|
| 优 | 黄绿或青绿色 | 芳香或酒酸味 | 湿润、茎叶清晰、松散、不发黏、易分离 |
| 中 | 黄褐色或暗绿色 | 香味淡或刺鼻酸味 | 茎叶部分保持原状，柔软，水分稍多 |
| 差 | 褐色或黑褐色 | 霉烂味或腐败味 | 霉烂、发黏、结块或呈污泥状 |

（4）青贮饲料的取用

青贮饲料的取用一般注意以下几点。

第一，随取随喂，每餐饲料加工时去取用。青贮饲料在空气中会发生二次发酵和氧化腐败等，所以要随取随喂。

第二，每天取用深度在 30 cm 以上。青贮饲料的断面接触空气后会逐步氧化腐败，所以开池后取用要保持一定的速度。开池后要连续取用，直至池料被全部使用。

第三，取用过程要尽量减少剩余的青贮饲料接触空气。取料面要按压整齐，尽可能用青贮取料机，逐层往内取料。人工或铲车等取料时也要循序渐进，挖松散的部分就是要使用的青贮饲料。条件允许的情况下可在取料后又覆盖上青贮膜。

有条件的养殖场的青贮池头、尾可高出 30 cm，表面部分的青贮饲料可分离出来饲喂肉牛等，不用于饲喂妊娠牛或泌乳牛。

（五）平地青贮

平地青贮也称堆式青贮，是直接在地面进行青贮的一种方式。该方法不需要建造青贮池，一般适合青贮量比较大的养殖场使用。平地青贮地面要求地势相对较高，不积水即可。还要选择硬化的水泥地面，或压实后的光滑泥土平整地面即可。

制作时在平地按预计堆放面积进行逐层堆放压实，形成一个中间高四周低的青贮堆，类似于小山包。压实后在上面盖一张青贮膜，要求完全覆盖青贮堆，且四周均多出 30 cm 及以上。最后在青贮堆四周用泥沙或长条沙袋进行压实，中间用轮胎等重物进行压实。

该方式优点是不需要建设青贮池等设施，缺点是密封的效果相对较差，腐坏比例一般会高于青贮池。

（六）裹包青贮设备与裹包材料

裹包青贮是利用设备和裹包材料进行青贮的一种方式。常见的有以下 2 种形式。

1. 青贮压包机

这种形式是将切好的饲草料用液压的方式压缩后从出口挤出，装入青贮薄膜袋中，外面再套一个蛇皮袋，最后绑好进行青贮。这种形式也方便运输（图 3–6）。

这种形式的青贮包，由于是直接将原料装进袋子，袋子与青贮饲料间存在较大的间隙，会留存较多的空气。其刚刚生产出来时为方形，但是发酵一段时间后，原料变软，在运输和多层堆放时会出现变形。实际生产中发现青贮袋包堆放高于 3 层以上时，由于发酵产生的气体和原料变软等，底层青贮袋包会因上层的重量过大被压破，导致大量漏气，最终青贮饲料腐坏。

图 3–6　青贮袋包

2. 青贮裹包机

这种形式是将切好的饲草料用麻绳或网滚动捆绑后，用薄膜材料将青贮进行密封贮存的方式。该种模式的青贮包（图 3–7），由于是直接用薄膜进行缠绕裹包，青贮密封效果较好，包内空气少，且内部捆绑物和外部薄膜的束缚作用可以给青贮裹包持续提供一定的向心收紧力量，使其运输和堆放过程中更不易被破坏。

青贮裹包设备（图 3–8）产能跨度较大，可对青贮进行不同规格的裹包，以满足不同规模企业的需求。

经过国家肉牛牦牛产业技术体系调查统计，目前市面上常见的裹包机规格见表 3–9。

图 3-7　青贮裹包

图 3-8　青贮裹包机

**表 3-9　常见的裹包机规格表**

| 裹包规格直径 × 宽度 /cm | 裹包重量 /kg | 生产效率 /（t/h） | 产品价位 /（万元 / 台套） | 适应群体 |
| --- | --- | --- | --- | --- |
| 55 × 55 | 60 | 2.5 | 2 ～ 5 | 个体养殖户 |
| 70 × 70 | 200 | 8.0 | 5 ～ 10 | 中小养殖场（户） |
| 90 × 90 | 450 | 18.0 | 30 ～ 40 | 规模养殖场（户）、专业牧草加工企业 |
| 120 × 120 | 950 | 30.0 | 200 ～ 250 | |

裹包效果的好坏可以从包裹的外形等进行简单的判断。裹包效果好的包裹，边角完整，缠膜舒展、褶皱少，内部物质密度较高，按压感觉较硬（图 3-9）。裹包效果差的设备，生产的青贮包边角塌陷，缠膜褶皱多，内部物质密度较小，按压感觉较松软（图 3-10）。

图 3-9　裹包效果较好

图 3-10　裹包效果较差

3. 经青贮压包机与青贮裹包机处理的青贮包的优点与不足

经过青贮压包机与青贮裹包机处理的青贮包是直接密封发酵的，最大的优点是可以处理零散的小批量青贮原料，且便于运输。在青贮加工时，很多原料供应期长且单日总量不足，短时间没法满足青贮池装填密封的需求，而青贮压包机与青贮裹包机可以进行小批量青贮的处理与保存。当饲草加工厂生产的青贮产品需要等待销售和运输时，青贮包也为青贮产品的销售提供了便利。

不足体现在包装成本方面，2 种方式均存在青贮裹包成本高的问题，据初步市场调查，1 t 的裹包成本为 30 ～ 200 元。青贮压包机打包大小相对固定，每包包装成本为 1.7 ～ 3.0 元，每吨包装成本为 42.5 ～ 75.0 元。青贮裹包机的包装大小跨度很大，裹包材料质量和价格差异很大。每吨的成本为 30 ～ 200 元，包装越大，每吨的包装成本相对越低。但是越大的包越容易破损，越难运输。市面上常见的大包重量接近 1 t，需要专业设备进行装卸。这导致很多养殖场在采购时，如果采购量不是特别大，就会直接倾倒或用其他设备卸车，极易导致破损的情况。同时大包还存在原料水分偏高时，容易出现下部积水鼓包破损的情况（图 3–11、图 3–12）。

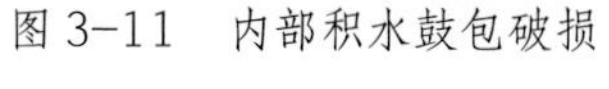

图 3–11　内部积水鼓包破损

图 3–12　用普通设备卸车导致全部破损

## 三、干草加工贮藏技术

### （一）干草的基本定义

干草是养牛过程中常用的饲料之一。实际生产中干草有广义和狭义之分。

广义的干草包括所有可饲用的干制植物性原料，基本上涵盖了国际饲料分类体系中的第一类饲料——粗饲料，即所有干物质中粗纤维含量大于或等于18%，以风干状态存在的饲料和原料，如干制的牧草、饲料作物和农作物秸秆、藤、蔓、皮壳以及可饲用的灌木和树叶等均可称为干草。狭义的干草是指牧草或者饲料作物在质量兼优的时候刈割，并经过一定的干燥方法制成的粗饲料，制备良好的干草仍可保持其青绿色，故也称青干草。青干草也可以看成是青饲料的加工产品，是为了保存青饲料的营养价值而制成的贮藏产品。

（二）干草的营养特性

1. 营养丰富

干草的营养和饲用价值因种植牧草的品种、收割时间、调制和贮藏方法等的不同会产生较大的差异。优质干草的营养成分比较完善，一般粗蛋白含量为10% ～ 20%，粗纤维含量为22% ～ 23%，无氮浸出物含量为40% ～ 54%，干物质含量为85% ～ 90%。优质豆科植物的青干草含有丰富的钙、磷、胡萝卜素、维生素 K、维生素 E、维生素 B 等多种矿物质和维生素。干草是动物维生素 D 的主要来源，一般晒制的青干草维生素 D 含量为 100 ～ 1000 IU/kg。

2. 饲用价值高

优质的干草为青绿色，柔软，气味芳香，适口性好。优质青干草中的有机物消化率为 46% ～ 70%，纤维素消化率为 70% ～ 80%，蛋白质具有较高的生物学效价。干草是形成乳脂肪和提高肉品质的主要原料。晒制或者烘干而成的青干草，可以进一步制成草饼、草粉、草颗粒等。

（三）青干草的制作方法

青干草制作时应根据饲草种类，草场环境和生产规模等采取不同的方法，大体上分为自然干燥法和人工干燥法。自然干燥法调制的青干草，营养物质损失较多，而人工干燥法调制的青干草品质好，营养物质损失少，但加工成本较高。

1. 自然干燥法

（1）地面干燥法

利用地面干燥法的青干草多采用平铺与堆集结合晒制而成。具体方法：

青草刈割后即在原地或另选一高处平摊均匀翻晒，一般早晨刈割的牧草，在11:00左右翻晒一次，13:00～14:00再翻晒一次效果较好。傍晚时茎叶凋萎，水分降至40%～50%，此时就可将青草堆集成约0.5 m高的小堆，每天翻晒通风2次，使其迅速风干，经2～3 d干燥，即可调制成青干草。

这种先平铺，后集堆晒制青干草的方法有如下优点：①平铺干燥速度快，可减少因植物细胞呼吸造成的营养损失；②集堆后接触阳光暴晒的面积小，能更好地保存青草中的胡萝卜素；③因堆内干燥可适当发酵，会产生一些酯类物质，使青干草具有特殊香味；④茎叶干燥失水速度基本一致，可防止嫩枝叶片严重受损脱落，减少损失。

（2）草架干燥法

在多雨或者湿润地区应采用草架干燥法，即在特制的草架上晒草。具体方法：先将刈割的牧草在地面干燥半天或者一天，使其含水量降至40%～50%，再用草叉将草上架，堆放牧草时应自下而上逐层堆放，草尖朝里，草架两侧平顺以减少雨水浸入。草架晒草，虽然成本较高，但是通风好，干燥快，营养成分损失少，不但能获得优质青干草，还能减少因潮湿和被雨淋而造成的损失。

（3）化学试剂干燥法

使用化学试剂喷洒在刈割后的牧草上，加快其自然干燥速度，调制干青草的方法称为化学试剂干燥法。其原理是应用的化学物质破坏了植物体表面的蜡质层结构，促进植物体内水分蒸发，缩短调制青干草的时间，从而减少豆科牧草蛋白质、胡萝卜素和其他益生菌的损失。目前，国内外研究应用的化学试剂主要有碳酸钾、碳酸氢钠、碳酸钾和长链脂肪酸混合液等，这种方法成本较高，适用于大型草场。

2. 人工干燥法

（1）常温鼓风干燥法

此方法是先把刈割的牧草压扁，自然干燥到其含水量在50%左右，再分层架装在设有通风道的干燥棚内，用鼓风机或电风扇等吹风设备进行常温鼓风干燥，达到加快牧草干燥的速度，减少营养物质的损失的目的。

（2）高温快速干燥法

此方法是利用人工热源加温使牧草快速干燥。温度越高，干燥时间越短，营养物质损失越少，调制效果越好。如温度为 150℃时，干燥 20 ～ 40 min 即可；温度超过 500℃，干燥 6 ～ 10 min 即可。这种方法成本高，适用于价值较高的原料。

（四）调制青干草过程中影响营养价值的因素

牧草在干燥调制过程中，草中的营养物质会发生复杂的物理和化学变化，促使其产生某些营养物质，改变青干草的品质，而由于植物体内的呼吸作用和氧化作用使青干草的一些营养物质损耗流失，青干草产量和质量会受到很大的影响。调制过程中影响青干草品质和质量的主要因素有以下几种。

1. 牧草的种类

豆科植物干草的品质好于禾本科植物干草。

2. 收割的时间

刈割时间是影响干草质量的第一要素。豆科牧草的最佳刈割时间为现蕾期至初花期，禾本科牧草的最佳刈割期在抽穗期至开花期。

3. 加工方法

在自然干燥中，由于牧草各部分干燥的速度不一致，叶片特别容易被折断，尤其是豆科牧草晾晒、打捆、搬运时；叶子、叶柄容易干燥，而茎秆的干燥速度较慢，叶极易脱落，但叶正是营养含量最丰富的部分，叶脱落后会致使干草质量下降。人工干燥法脱水速度快，干燥时间短，营养物质损失少，牧草品质好。因此，应采取合理方法干燥，勤翻晒，使植物体内各部分的水分均匀散失，尽量缩短干燥时间，减少营养物质的损失。

牧草在干燥后期或者在贮藏过程中，由于酶的作用，发生自体溶解，使植物体内的蛋白质、蜡质、挥发性物质等发生氧化后获得醛类和醇类物质，最终青干草具有一种特殊的芳香气味。另外，新鲜牧草在晒制过程中，植物体内的麦角醇经阳光中的紫外线照射作用后可转变为维生素 $D_2$，使牧草中维生素 D 含量增加，成为牛等家畜冬春季所需维生素的主要来源。

牧草在刈割后，植物细胞并未立即死亡，其呼吸作用继续进行。呼吸作用可使水分散失，植物体内的部分无氮浸出物被水解成单糖而消耗，少量蛋白质被分解成肽、氨基酸等。当水分降至 40% ～ 50% 时，细胞逐渐死亡，呼吸停止，牧草凋萎。因此，应尽快采取有效的干燥法，使水分降至 40% ～ 50%，以减少呼吸等作用引起的损失。植物细胞死亡后，由于植物体内酶和益生菌活动产生的分解酶的参与，引起氧化破坏作用，使细胞内的部分营养物质自体溶解，部分糖类分解成二氧化碳和水，氨基酸分解成氨。该过程直到水分降至 17% 以下才能停止。因此，要注意晒制方法，掌握好时间，尽快使水分降至 17% 以下，以减少氧化作用造成的损失。

4. 贮藏方法

遮阳、避雨、地面干燥的贮藏条件有利于干草的长时间保存。一般垛藏的干草要使水分降至 18% 以下，还要注意保持良好的通风。

雨淋不仅会使牧草可消化蛋白质和粗脂肪等可溶性营养物质受到不同程度的损失，而且容易遭受腐败益生菌的侵蚀而腐烂变质，鲜草经长时间的晒制还会使植物中的胡萝卜素、叶绿素和维生素等物质大量损失，尤其是维生素类物质的损失更严重。因此，应尽量选择晴朗干燥的天气晒制干草，尽量缩短晒制时间，减少营养成分损失，同时减少雨淋造成的损失。

最终获得的优质干草如图 3–13 所示。

图 3–13　优质干草

（五）青干草品质的鉴定

1. 根据植物学成分划分

根据植物学成分可将其分为5类：豆科牧草，禾本科牧草，其他可食牧草，不可食牧草，有毒有害牧草。

优质干草：豆科牧草占的比例较大，不可食牧草不得超过5%，其中杂质不得超过10%。

中等干草：禾本科及其他可食牧草比例较大，不可食牧草不得超过10%。

低等干草：除禾本科、豆科牧草外，其他可食牧草较多，不可食牧草不得超过15%，其中杂质不得超过30%。

要注意，任何干草中有毒有害牧草均不得超过1%。

2. 根据合理的收割时间判断

如果牧草中有花蕾（孕穗）出现，表示收割适时，品质优良；如有大量花序而尚未结籽，表示在花期收割，品质中等；如果发现有大量种子或已经出现结籽脱落，表示收割过晚，营养价值不高，品质较差。

3. 根据颜色和气味判断

颜色和气味是干草品质的重要感官指标，也是调制过程中判定干草质量的主要标志。各类干草的颜色和气味有以下特征。

优质干草：鲜绿色，气味香。

中等干草：淡绿色或者灰绿色，无异味。

低劣干草：微黄色或深褐色甚至暗褐色，草上有白灰或有霉味。

4. 根据含水量判断

取干草1束，先用肉眼观察，再用手扭折，鉴定其含水量。

干燥：含水量在15%以下。用肉眼观察有相当数量的枝叶保存得不完整，有的完全失去叶片和花果；干草中夹杂着一些草束，用手抖动草束，发出轻微声音且易折断。

中等干燥：含水量在15%～17%。用手扭折时，草茎破裂，稍压有弹性而不易折断。

较湿：含水量在17%以上。用手扭折时，草茎不易折断，并有水溢出。不易保藏。

5. 干草的综合评定标准

优质干草：植物学组成鉴定指标为优秀；颜色青绿，有光泽，气味芳香；在样品中有花蕾（孕穗）出现，含水量在 17% 以下。

中等干草：植物学组成鉴定指标为中等；颜色淡绿或灰绿，无异味；在样品中有大量花序但未结籽，含水量在 17% 左右。

低劣干草：植物学组成鉴定指标为劣等；颜色微黄或淡黄，有霉味；在样品中有大量种子或已结籽脱落；含水量高于 17%。这类干草需经适当处理或加工调制后方可饲用。

要注意，凡有毒有害植物超过 1%，杂质过多，颜色暗褐、发霉和变质的干草均不能进行饲用。

（六）干草贮藏的方法

晾晒制成的干草可以采用以下的方法进行贮藏。

（1）堆藏法

制成的青干草常采用堆藏法，以便于长期贮藏。垛址应选择地势平坦、干燥、离畜舍较近、便于存取运输的地方。注意，在垛的四周先挖好排水沟。草垛可以采用长方形、圆形等形状，具体根据地形而定。圆形草垛直径一般为 4 ～ 5 m，高 6 ～ 6.5 m，长方形的草垛宽一般为 4.5 ～ 5 m，高 6 ～ 6.5 m，长 8 ～ 10 m。堆垛时垛底要用树枝、秸秆、老草垫起铺平，需高出地面 40 ～ 50 cm。草垛中间要比四周高，中间要用力踩实，四周边缘要求整齐，草垛的收顶应从垛底到草垛全高的 1/2 ～ 2/3 处开始。从垛底到开始收顶处逐渐加宽，约 1 m。堆完后用干燥的杂草或麦秸覆盖顶部，并逐层铺压。垛顶不能有凹陷或者裂缝，顶肩用草绳封压坚固。有条件的地方应建造简易的干草棚，以防雨水、潮湿和阳光的直射。存放干草时应使棚顶与青干草保持一定的距离，以便通风散热。

（2）压捆法

把青干草压缩，打成长方形的干草捆或圆形的草捆进行贮藏。一般草捆密度为 80 ～ 130 $kg/m^3$，如利用高压打捆机，草捆密度可达到 200 $kg/m^3$ 以上。把干草压捆能够减少干草与外界的接触面积，使营养物质的氧化速度变得缓慢，干草捆和散藏相比较，可使营养损失减少 30% ～ 40%，同时便于运输与贮藏。无论采取什么方法贮藏干草，都必须经常注意干草垛的水分和温度的变化。

（3）干草粉贮藏

干草粉贮藏可采用2种方法。一是干燥低温贮藏。干草粉安全贮藏的含水量和贮藏温度为含水量为12%时，温度在15℃以下；含水量在13%以上时，温度在10℃以下。二是密闭低温贮藏。此方法可大大减少胡萝卜素、蛋白质的损失。

**四、秸秆饲料制作工艺研究情况**

通过大量的秸秆生物饲料发酵试验、生产实践、调研等，对比发酵饲料效果等，制定一套《秸秆生物饲料生产技术规范》（图3-14）。本规范规定了生物饲料生产容器、秸秆生物饲料原料、生物饲料制作、生物饲料取用、生物饲料品质检验等技术规范。该技术规范可适用于各种规模的牛场。

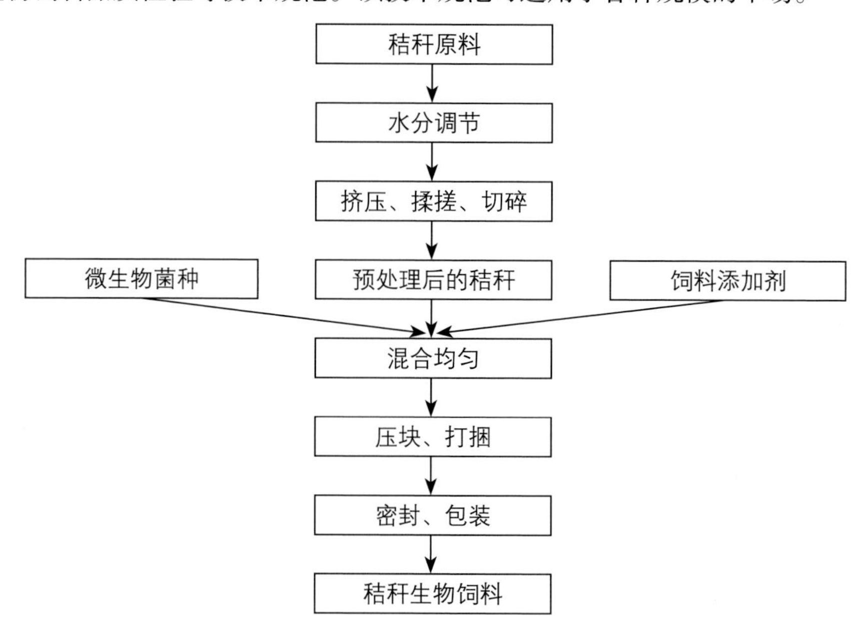


图3-14 秸秆生物饲料生产技术规范（部分）

（一）全株玉米发酵技术

全株玉米青贮饲料拥有营养丰富、适口性好、消化率高、贮存时间长等优势，广泛饲喂于牛等反刍家畜，其作为经济且优质的粗饲料在秸秆饲料中有着不可替代的地位。全株玉米青贮饲料制作技术已日趋完善，但一些中、小规模的养殖场（户）还不能完全掌握其制作技术要点，导致青贮饲料品质较差，损耗严重，增加了饲养成本。全株玉米青贮饲料制作的技术要点如下。

1. 准备阶段

制订全株玉米青贮饲料方案，包括青贮池的清理、修补和消毒，组织好人力、物力，进行全株玉米的收贮。先在池壁两侧铺贴不低于 0.08 mm 厚的黑白膜。收获期确定：乳熟后期至蜡熟期（即 1/3 乳线至 3/4 乳线）时是制作全株玉米青贮饲料的最佳时期。收割：选择刀片锋利、收割效率高、带有籽粒破碎功能的作业机械。收割时间：避免在 6: 00 前或 18: 00 后收割，因为此时露水较大，会降低作物中干物质含量。留茬高度一般为 15 ～ 20 cm 较为合适。

2. 秸秆活菌发酵复活及溶液配制

按照当天处理的全株玉米秸秆量复活所需的活菌量。以每处理 1 t 全株玉米秸秆需要 3 g 活菌计算，先将 20 g 红糖加入 200 mL 水中，再将 3 g 活菌溶于红糖溶液中配制复活菌液，在常温下放置 2 h 后即可使用。按照比例称取食盐溶解后加入放有水的洁净容器中，配制 0.8% ～ 1% 的盐水，再根据全株玉米秸秆的重量计算出活菌量，将配制的菌液兑入盐水中，搅拌均匀后喷洒在全株玉米秸秆表面。需要注意，配制好的菌液必须现配现用。

3. 加工阶段

切割长度可根据干物质的高度适当缩减，一般为 2 ～ 4 cm。玉米颗粒破碎度为 4 瓣 / 粒，破碎率大于 98%。一般青贮饲料的适宜含水量为 65% ～ 70%。可根据手握法对青贮原料的水分含量进行粗略评估。

4. 运输阶段

选择自动翻斗、后门侧开、车厢内底部平滑、刹车良好且不漏油的车辆进行运输。运输前要对运输车辆进行彻底的清洗和消毒。最好在原料发热前卸车，避免向车内加水等不当操作。

5. 装池阶段

入池：立即将切短的全株玉米装入池内，从收割到入池时间最好控制在

4 h 内完成，不要超过 8 h，否则饲料会氧化变质。原料卸车后应立即入池，防止变质。碾压：装填的同时要用机械进行压实。采用 U 形分层铺料，压实的密度要高，每一层厚度控制在 20 ～ 30 cm，反复碾压，直至封池。青贮边角可以用小型机械进行压实，机械操作不到的地方可以人工压实。封池：原料高出青贮池 50 ～ 60 cm 即可封池。塑料膜的使用：装池前，将内衬为黑色的塑料膜铺在青贮池的墙壁上；装池后，将多余的塑料膜铺在青贮池的上方，连接处薄膜重叠的宽度至少 1 m；池顶再铺上一张塑料膜，黑色面朝向青贮池，白色面朝外。封池前在原料表面均匀撒 1 层食盐。用轮胎压实，要做到不漏气、不透水。

6. 开窖阶段

开窖时应从窖的一端开始，去掉窖顶覆盖物，然后揭开塑料薄膜，自上而下垂直切取，每次取完后要用塑料薄膜将窖口封好，减少全株玉米青贮饲料与空气接触的时间，防止二次发酵，造成全株玉米青贮饲料腐败变质。

（二）甘蔗尾叶饲料发酵技术

1. 甘蔗尾叶收获后最佳加工时间研究

甘蔗尾叶收获时水分含量较重。为探究甘蔗尾叶收获后加工的最佳时间，课题组分别在甘蔗尾叶收获后 24 h、36 h、48 h、60 h 进行加工。通过对比试验发现甘蔗尾叶收获后 48 h 再进行加工时，甘蔗尾叶有轻微的变质现象；当收获后 60 h 再加工时，能明显闻到变质气味和看到变质现象，如果遇到南风天会更严重。而甘蔗尾叶收获后 36 h 内加工完成能保持合适的新鲜度。因此，收获后 36 h 内加工甘蔗尾叶最适宜。

2. 不同水分含量甘蔗尾叶对贮存时间影响的研究

采用晾晒及与低水分甘蔗渣混合等方法，降低甘蔗尾叶水分，试验采用不同的水分处理（新鲜甘蔗尾叶水分含量以 65% 计）。从表 3-10 可以看出，水分含量为 45% 左右的贮存时间与水分含量为 65%、30% 的组间差异显著（$P<0.05$），而水分含量为 65% 和 30% 的甘蔗叶贮存时间组间差异不显著（$P>0.05$），水分含量为 45% 的贮存时间约为 63 d，水分含量为 65% 的贮存时间约为 23 d，水分含量为 30% 的贮存时间约为 32 d，说明水分含量为 45% 的甘蔗叶贮存时间最长。经过观察发现，从颜色和香味上看，水分含量为

45% 的甘蔗叶贮存时其颜色略深，呈棕色，有很好的色觉效果，而且有一股醇香味道，能让闻者口水直流，水分含量也足以让动物润口，其效果如同新鲜甘蔗尾叶采收时的品质，能保持贮存前的模样，只是在颜色和香味上优于新鲜甘蔗尾叶；水分含量为 30% 的甘蔗尾叶略显干燥，颜色偏苍白，主要是发霉引起的颜色变化，没有任何香味，经一段时间后发霉变质更严重和开始腐烂，到第五个星期完全发霉；而水分含量为 65% 的甘蔗尾叶贮存时其颜色很深，几乎呈黑色，由于贮存时水分过高，其带有黏性，几乎接近腐烂，没有香味甚至带有臭味。由此可见，甘蔗尾叶的贮存保质时间受自身水分含量的影响，水分含量为 45% 左右的甘蔗尾叶贮存发酵效果比较好。这是因为水分含量为 45% 给予其发酵一个很好的条件，能使甘蔗叶在贮存过程中变性和变味而没有发霉腐烂，贮存时间长，达到很好的发酵贮存效果。

**表 3–10　不同水分含量的甘蔗尾叶贮存时间**

| 水分含量 /% | 可贮存时间 /d |
|---|---|
| 65 | $23 \pm 3.5^{b}$ |
| 45 | $63 \pm 16.9^{a}$ |
| 30 | $32 \pm 14.1^{b}$ |

注：同列数据中具有不同字母表示差异显著（a，b，$P<0.05$）。（下同）

3. 甘蔗尾叶不同预处理方法的研究

根据肉牛养殖场的生产实际情况，对现有甘蔗尾叶处理方法进行集成与创新，建立低水分甘蔗尾叶压块的处理方法，结合物理、化学和生物各种处理甘蔗尾叶方法的优点，可改善甘蔗尾叶饲料适口性和贮存时间，提高其营养价值和利用率，并将甘蔗尾叶体积缩小，方便装卸、运输、贮存和饲喂，可标准化、专业化生产，经济效益高。试验将每份不同处理的甘蔗尾叶分别设为对照组、氨化组、微贮组。具体操作方法：对照组用铡草机将新鲜甘蔗尾叶切短至 2 ～ 3 cm，然后直接用打捆机和密封袋打包、封口即可。氨化组用铡草机将新鲜甘蔗尾叶切短至 2 ～ 3 cm，按每吨甘蔗尾叶（新鲜）重量添加 30 kg 尿素和 10 kg 食盐；先将 30 kg 尿素和 10 kg 食盐混合，然后将尿素和食盐混合物分多次、均匀撒在待处理的新鲜甘蔗尾叶上，并数次搅拌充分混合均匀，再用打捆机和密封袋将处理好的甘蔗尾叶打包并封口。微贮组用铡草机将新鲜甘蔗尾叶切短至 2 ～ 3 cm，按每吨甘蔗尾叶添加 350 mL 发酵灵，先用 50 kg 水稀释发酵灵，经多次摇匀后喷洒到甘蔗尾叶上，随后用打捆机和密封袋将处理好的甘蔗尾叶打包并封口。按照国标测定法，经实验室测定不同处理组的甘蔗尾叶各营养成分见表 3–11。

**表 3–11　不同处理甘蔗尾叶营养成分**

（单位：%）

| 组别 | 干物质（DM） | 粗蛋白（CP） | 粗纤维（CF） | 中性洗涤纤维（NDF） | 酸性洗涤纤维（ADF） |
|---|---|---|---|---|---|
| 对照组 | 88.87 ± 7.12 | $3.13 \pm 1.25^{b}$ | $42.75 \pm 3.05^{a}$ | $81.47 \pm 9.15^{a}$ | $75.67 \pm 5.15^{a}$ |
| 氨化组 | 89.39 ± 6.38 | $7.24 \pm 2.30^{a}$ | $39.97 \pm 2.15^{ab}$ | $76.00 \pm 6.20^{b}$ | $65.00 \pm 2.20^{b}$ |
| 微贮组 | 89.31 ± 6.45 | $6.68 \pm 2.15^{b}$ | $38.73 \pm 3.15^{b}$ | $71.97 \pm 4.15^{c}$ | $61.80 \pm 4.26^{b}$ |

由表 3–11 可知，不同处理方法对甘蔗尾叶的各个营养指标（干物质、粗蛋白、粗纤维、中性洗涤纤维及酸性洗涤纤维等）的影响显著。对粗蛋白分析，氨化组、微贮组的粗蛋白含量高于对照组，其中氨化组与微贮组粗蛋白含量分别为 7.24%、6.68%，均显著高于对照组 3.13%（$P<0.05$）。对粗纤维分析，氨化组、微贮组粗纤维含量分别为 39.97%、38.73%，均比对照组 42.75% 低。其中微贮组粗纤维含量显著低于对照组（$P<0.05$），其中粗纤维含量最低的是微贮组，比对照组低 9.4%。氨化组、微贮组中性洗涤纤维和酸性洗涤纤维也比对照组含量显著降低。根据国家农业协会评分法，对不同处理组甘蔗尾叶进行 60 d 的感官评定，60 d 后不同处理组甘蔗尾叶的感官评定分数，氨化组和微贮组的感官评定分数都比对照组高。对照组的芳香味较弱，色泽为褐色，结构容易粘连，评分等级尚好，评定总分为 11；氨化组的气味芳香，由于加了尿素，略带氨味，但结构质地松散，保存很好，评分等级为优，评定总分为 14；微贮组的无论从气味、色泽、质地看，效果都很好，评分等级为优，评定总分为 19。由表 3–12 可知，经过处理的各组甘蔗尾叶保存效果均比对照组好，其中以微贮组的甘蔗尾叶感官评定效果最好。

表 3-12　不同处理甘蔗尾叶感官得分

| 组别 | 气味分数 | 色泽分数 | 质地分数 | 等级 | 评定总分 |
| --- | --- | --- | --- | --- | --- |
| 对照组 | 芳香弱 8 | 褐色 1 | 结构发黏 2 | 尚好 | 11 |
| 氨化组 | 芳香味 9 | 黄绿色 2 | 结构松散 3 | 优 | 14 |
| 微贮组 | 芳香味 14 | 黄绿色 2 | 结构松散 3 | 优 | 19 |

4. 黑曲霉和乳酸芽孢杆菌两段青贮对甘蔗尾叶营养价值的影响

粗蛋白是衡量青贮饲料营养价值的重要指标之一。试验以新鲜甘蔗尾叶为原料，分有氧发酵和无氧青贮两段进行。试验设对照组（每千克新鲜甘蔗尾喷洒 100 mL 无菌水）、试验Ⅰ组［10 mL 黑曲霉菌液（8.75 × 107 CFU/mL，下同）+90 mL 无菌水］、试验Ⅱ组（20 mL 黑曲霉菌液 +80 mL 无菌水）和试验Ⅲ组（30 mL 黑曲霉菌液 +70 mL 无菌水）。结果显示，黑曲霉和乳酸芽孢杆菌两段青贮甘蔗尾叶，试验Ⅰ组、试验Ⅲ组粗蛋白水平较对照组均显著提高（$P<0.05$）。这可能与青贮过程中乳酸菌分泌有机酸，致使 pH 值降低，从而抑制植物酶的活性有关。由表 3-13 可知，各组间中性洗涤纤维水平差异不显著（$P>0.05$），各试验组较对照组均有降低；分析酸性洗涤纤维水平，试验Ⅰ组、对照组差异不显著（$P>0.05$），但试验Ⅰ组较对照组有所降低，试验Ⅱ组、试验Ⅲ组显著低于对照组及试验Ⅰ组（$P<0.05$）；说明黑曲霉和乳酸芽孢杆菌两段青贮在一定程度上可降低青贮甘蔗尾叶中性洗涤纤维、酸性洗涤纤维水平，可能是黑曲霉分泌积累纤维素酶及两种菌的互作效应提高了青贮甘蔗尾叶适口性及营养价值。

表 3-13　黑曲霉和乳酸芽孢杆菌两段青贮对甘蔗尾叶常规营养成分的影响

（单位：%）

| 组别 | 干物质（DM） | 粗蛋白（CP） | 粗脂肪（EE） | 中性洗涤纤维（NDF） | 酸性洗涤纤维（ADF） | 灰分（ASH） |
| --- | --- | --- | --- | --- | --- | --- |
| 对照组 | 23.83 | $8.24^{c}$ | $1.68^{b}$ | 71.69 | $36.37^{a}$ | $11.75^{b}$ |
| 试验Ⅰ组 | 26.99 | $9.33^{a}$ | $1.86^{a}$ | 70.32 | $36.30^{a}$ | $10.53^{c}$ |
| 试验Ⅱ组 | 25.81 | $7.63^{d}$ | $1.80^{a}$ | 71.12 | $34.77^{c}$ | $12.02^{a}$ |
| 试验Ⅲ组 | 29.57 | $9.21^{b}$ | $1.81^{a}$ | 70.73 | $35.97^{b}$ | $10.65^{c}$ |

注：同列字母不同表示差异显著（$P<0.05$），下同。

动植物体中的非蛋白氮（NPN）包括酰胺类、游离氨基酸、生物碱、铵盐、含氮的糖苷及脂肪、硝酸盐、甜菜碱、胆碱等。非蛋白氮在反刍动物所需营养中具有重要意义，但对于非反刍动物基本上没有利用价值。由表 3-14 可知，试验Ⅰ组显著高于对照组（$P<0.05$），试验Ⅱ组、试验Ⅲ组差异不显著（$P>0.05$），但显著低于对照组（$P<0.05$），说明试验Ⅱ组、试验Ⅲ组可改善青贮甘蔗尾叶营养价值。淀粉（STARCH）是瘤胃内产生挥发性脂肪酸的主要底物，并且高水平的淀粉含量有利于瘤胃发酵，试验Ⅲ组淀粉水平显著高于其他组，说明试验Ⅲ组可为反刍动物提供较多的能量来源。

反刍动物饲料蛋白质的热损害是饲料中蛋白质肽链上的氨基酸残基与碳水化合物中的半纤维素结合生成聚合物的反应。该反应生成的聚合物含有 11% 的氮，且完全不能被瘤胃益生菌消化，分析该聚合物与酸性洗涤纤维相同，其所含氮被称为“酸性洗涤不溶氮”，70% 的相对湿度及 60℃的温度是酸性洗涤不溶氮生成的最适宜的环境，时间越久，越严重。本试验中，试验Ⅰ组、试验Ⅱ组的酸性洗涤不溶蛋白质（ADIP）含量显著低于对照组（$P<0.05$），可能是试验过程中青贮原料填充的紧密程度造成相对湿度及温度有偏差所致。木质素（LIGNIN）是植物生长成熟后才出现在细胞壁中的物质，动物机体所分泌的酶均不能使其降解。本试验中，试验组的木质素含量显著低于对照组（$P<0.05$），其中试验Ⅲ组含量最低，可能是由于黑曲霉分泌降解酶或两种菌本身消化分解青贮甘蔗尾叶的木质素。

**表 3-14　黑曲霉和乳酸芽孢杆菌两段青贮对甘蔗尾叶 CNCPS 营养指标的影响**

（单位：%）

| 组别 | 可溶性粗蛋白（SCP） | 非蛋白氮（NPN） | 酸性洗涤不溶蛋白质（ADIP） | 中性洗涤不溶蛋白质（NDIP） | 木质素（LIGNIN） | 淀粉（STARCH） |
|---|---|---|---|---|---|---|
| 对照组 | 17.79$^{c}$ | 11.45$^{b}$ | 43.64$^{a}$ | 52.19$^{d}$ | 18.72$^{a}$ | 18.3$^{b}$ |
| 试验Ⅰ组 | 25.10$^{a}$ | 18.54$^{a}$ | 34.52$^{c}$ | 57.00$^{c}$ | 12.31$^{c}$ | 18.2$^{b}$ |
| 试验Ⅱ组 | 18.50$^{b}$ | 8.88$^{c}$ | 40.55$^{b}$ | 67.96$^{b}$ | 14.32$^{b}$ | 17.5$^{c}$ |
| 试验Ⅲ组 | 15.91$^{d}$ | 8.69$^{c}$ | 45.39$^{a}$ | 70.26$^{a}$ | 11.11$^{d}$ | 25.6$^{a}$ |

碳水化合物是多羟基的酮、醛或其简单衍生物及能水解产生上述的化合物的总称。碳水化合物是一类重要的营养素，在动物饲粮营养素中占一半以上。CNCPS将碳水化合物划分为非结构性碳水化合物（non-structural carbohydrate，NSC）及结构性碳水化合物（structural carbohydrate，SC）。可利用纤维（available fiber，CB2）及不可利用纤维（unavailable fiber，CC）划分为结构性碳水化合物，糖类（sugar，CA）、淀粉及果胶（starch and pectin，CB1）划分为非结构性碳水化合物。结构性碳水化合物是反刍动物重要的碳架及能量来源，非结构性碳水化合物可影响反刍动物瘤胃能氮代谢及瘤胃发酵。由表3-15可知，本试验中，关于碳水化合物（CHO），试验Ⅲ组显著高于其他组（$P<0.05$），试验Ⅰ组、试验Ⅱ组均与对照组差异不显著（$P>0.05$）。关于非结构性碳水化合物，试验Ⅲ组显著高于其他组（$P<0.05$），试验Ⅰ组、试验Ⅱ组差异不显著（$P>0.05$），但这两组均显著高于对照组（$P<0.05$）。糖类、淀粉及果胶、可利用纤维均为试验Ⅲ组显著高于试验Ⅰ组、试验Ⅱ组及对照组（$P<0.05$），而不可利用纤维则为试验Ⅲ组显著低于试验Ⅰ组、试验Ⅱ组及对照组（$P<0.05$）。由此可知，试验Ⅲ组CNCPS碳水化合物组分最优，可能是随着黑曲霉添加量的增加，纤维素酶、木聚糖酶等积累越多，同时黑曲霉、乳酸芽孢杆菌自身的消化代谢促使试验Ⅲ组CNCPS碳水化合物组分最优。目前，针对添加剂对青贮饲料CNCPS碳水化合物组分的研究较少，两段青贮对甘蔗尾叶CNCPS碳水化合物组分的研究尚未有报道，所以，两段青贮的机理有待进一步研究。

**表3-15　黑曲霉和乳酸芽孢杆菌两段青贮对甘蔗尾叶CNCPS碳水化合物组分的影响**

（单位：%）

| 组别 | 碳水化合物（CHO） | 非结构性碳水化合物（NSC） | 糖类（CA） | 淀粉及果胶（CB1） | 可利用纤维（CB2） | 不可利用纤维（CC） |
|---|---|---|---|---|---|---|
| 对照组 | $78.33^{b}$ | $12.16^{c}$ | $9.82^{d}$ | $2.33^{b}$ | $30.49^{d}$ | $57.34^{a}$ |
| 试验Ⅰ组 | $78.27^{b}$ | $14.78^{b}$ | $12.45^{c}$ | $2.32^{b}$ | $47.47^{b}$ | $37.73^{c}$ |
| 试验Ⅱ组 | $78.56^{b}$ | $14.80^{b}$ | $13.46^{b}$ | $1.33^{c}$ | $41.46^{c}$ | $43.73^{b}$ |
| 试验Ⅲ组 | $83.32^{a}$ | $19.87^{a}$ | $16.79^{a}$ | $3.07^{a}$ | $48.10^{a}$ | $32.01^{d}$ |

CNCPS依据蛋白质在瘤胃内的降解特性，将蛋白质划分为PA（非蛋白氮）、PB（真蛋白质）、PC（结合蛋白）三部分。PB划分为PB1（快速降解蛋白，可溶于缓冲溶液）、PB2（中速降解蛋白）、PB3（慢速降解蛋白）三个亚单位。PC是与木质素结合的蛋白质、单宁蛋白质复合物及高度抵抗益生菌及哺乳动物酶类的蛋白质，其不会被酸性洗涤剂溶解，在瘤胃中不能被瘤胃益生菌降解，不能被机体消化吸收。青贮饲料中梭菌等有害菌的活动及蛋白质水解酶的作用，可引起青贮饲料中蛋白质的变化。饲料中PC含量越低，其蛋白质生物学效价越高。PB2、PB3在反刍动物瘤胃中的降解速率分别为中速、慢速，部分可进入小肠形成瘤胃蛋白，对提高反刍动物生产性能具有显著作用。由表3–16可知，本试验中，PA、PB2对照组与各试验组间差异显著（$P<0.05$），PB1、PB3各试验组显著高于对照组（$P<0.05$）；PC试验Ⅱ组、试验Ⅲ组差异不显著（$P>0.05$），但显著低于对照组（$P<0.05$），试验Ⅰ组显著低于试验Ⅱ组、试验Ⅲ组（$P<0.05$）。在本试验第二阶段为无氧青贮，乳酸芽孢杆菌在无氧环境下大量繁殖，产生有机酸使青贮饲料的pH值下降，抑制梭菌等有害菌的活动及青贮原料自身所带蛋白酶的活性，减少其对蛋白质的破坏。由上述结果可知，各试验组蛋白质生物学效价均高于对照组，黑曲霉和乳酸芽孢杆菌两段青贮可提高甘蔗尾叶CNCPS蛋白质品质。

**表3–16　黑曲霉和乳酸芽孢杆菌两段青贮对甘蔗尾叶CNCPS蛋白质组分的影响**

（单位：%）

| 组别 | PA | PB1 | PB2 | PB3 | PC |
|---|---|---|---|---|---|
| 对照组 | $11.45^{b}$ | $6.34^{c}$ | $20.01^{a}$ | $18.55^{d}$ | $43.64^{a}$ |
| 试验Ⅰ组 | $13.54^{a}$ | $6.56^{c}$ | $17.88^{b}$ | $22.48^{c}$ | $34.51^{c}$ |
| 试验Ⅱ组 | $8.88^{c}$ | $9.61^{a}$ | $13.54^{c}$ | $27.41^{a}$ | $40.54^{b}$ |
| 试验Ⅲ组 | $8.68^{c}$ | $7.21^{b}$ | $13.83^{c}$ | $24.86^{b}$ | $40.38^{b}$ |

5. 甘蔗尾叶发酵加工工艺

（1）含水量及加水量：甘蔗尾叶（秸秆）（图3–15）含水量，制作过程中将微贮饲料的含水量控制在60%～65%为宜，最少不低于55%。一般以抓起尾叶样品（秸秆）揉搓，用双手拧扭，若无水滴，松开手后看到手上有水分较明显则最为理想。

图 3-15　甘蔗尾叶

（2）装池：在池底和周围铺一张塑料布，用 15 ～ 20 kg 麦麸混 0.5 kg 粮化酶充分搅匀，以 0.5 kg 粮化酶配 500 kg 甘蔗尾叶（秸秆）的比例通过揉搓机进行揉搓，最底层开始铺放 20 ～ 30 cm 厚的揉搓秸秆，用脚踩实，踩得越实越好，尤其注意窖的边缘和四角，同时撒上秸秆量千分之五的玉米粉，或大麦粉或麸皮，也可在窖外把各种原料搅拌均匀后再入窖踩实。然后铺上 20 ～ 30 cm 厚的揉搓秸秆踏实，反复多次后，直到高出池顶 30 ～ 40 cm，封口。如果窖内当天未装满，可先盖上塑料布，第二天继续装窖。装完后，再充分压实，在最上面一层均匀撒上食盐粉（食盐的用量为每平方米加撒 250 g，其目的是确保微贮饲料上部不发生霉烂变质），压实后再盖上塑料布。塑料布上面盖上 20 ～ 30 cm 厚的干秸秆，覆土 15 ～ 20 cm，密封，以保证微贮窖内的厌氧环境。秸秆微贮后，窖池内的贮料会慢慢地下沉，应及时加盖土，使之始终高出窖面。封池 20 ～ 30 d 后，即可完成发酵，冬季的所需时间长一些。优质的微贮饲料拿到手中感到很松散，质地柔软湿润，可闻到醇香和果香气味，有弱酸味。若有强酸味，表明产生醋酸较多，这是水分过多和高温发酵所致；若有腐臭味、发霉味，则不能用于饲喂。

6. 甘蔗尾叶利用情况与产业思考

广西目前拥有 1100 万亩（1 亩 ≈ 666.67$m^2$）左右的甘蔗，每年会产生大量的甘蔗尾叶秸秆，是发展肉牛等草食动物产业的优质资源。据初步估算，广西每年甘蔗尾叶产量在 1100 万 t 左右，但目前甘蔗尾叶饲料化利用率不超过 20%，其他的都荒废在田间地头，导致饲料资源浪费严重。出现这种情况的主要原因有以下几点。

（1）广西丘陵地区多，适宜机械化收获比例小。目前机械化收获甘蔗后，秸秆尾叶仍然回田，再用机器进行尾叶的收集存在泥沙多、成本高以及易压坏甘蔗地影响来年收成等问题。

（2）人工收集甘蔗尾叶成本高。据调研，一个壮劳动力，一天能收集的甘蔗尾叶仅在 0.8 ～ 1 t，这造成甘蔗尾叶仅收集的人工成本就在 180 ～ 220 元 /t。这严重阻碍了甘蔗尾叶的回收与利用。目前，一个工人一天平均能砍 1 ～ 2 t，并且人工砍甘蔗需要花大量的时间在清理甘蔗叶和去尾上，农户承担着巨大的劳动成本，导致农户的种植效益降低。广西部分研究团队经过探索，目前利用机器将砍好的甘蔗去叶去尾的技术也已经日渐成熟。

7. 关于甘蔗尾叶利用的建议

（1）鼓励糖厂带尾叶回收甘蔗

建议相关部门协调甘蔗制糖产业和甘蔗种植户采用带尾叶的方式进行甘蔗收购。这样操作有以下显著效果。

①甘蔗尾叶资源得到全面收集，且收集与甘蔗收购同步，仅增加少量运费就可以收集全部甘蔗尾叶。这为广西及其周边省份肉牛产业提供强有力的饲草保障，还降低饲草成本，提高养殖效益，促进肉牛等草食动物产业发展。预估通过带尾叶的方式进行甘蔗收购，广西年可增产甘蔗尾叶饲草料 800 万 t 左右，这些饲草将带动西南地区新增肉牛饲养量约 120 万头。

②提高甘蔗种植农户经济收入，降低甘蔗种植成本，提高农户种植甘蔗的积极性。蔗糖是战略储备物资，但是近年来，劳动力成本上升，导致种植甘蔗的效益低下，很多农户不愿意种植甘蔗。通过带尾叶的方式进行甘蔗收购可以极大地降低甘蔗种植成本，预计收割成本将从 180 元 /t 下降到 40 ～ 60 元 /t，每亩甘蔗种植预计节约成本 600 ～ 800 元。

③延长糖厂产业链，资源化利用糖厂其他废弃物。糖厂通过带尾叶的方式进行甘蔗收购仅需在原有工艺基础上增加去尾叶设备，但是可以新增尾叶

饲料产品。在处理甘蔗尾叶的同时还可以资源化利用糖厂的糖蜜、甘蔗渣，甚至部分甘蔗泥等废弃物。仅此一项可以在广西制糖行业中将新增一个约 24 亿元的产业。

④进一步改善广西生态环境。传统甘蔗尾叶废弃在田里，往往是采用焚烧的方式处理。虽然现在明令禁止焚烧，但是在收获季节还是屡禁不止。所以，通过带尾叶回收的办法可以避免焚烧甘蔗秸秆的现象。

（2）大力开发具有打包甘蔗尾叶的收获机械

目前广西已经在很多区域推广甘蔗收割机，但是都是收获甘蔗后直接将分离的甘蔗尾叶放回地里，这给甘蔗尾叶的收集带来了极大的难题。要想解决这个难题，可以简单地在机器上加装甘蔗尾叶收集压缩打包装置。

（3）行业展望

草食动物生产中，养殖效益主要取决于养殖饲草料成本。广西虽然有丰富的秸秆资源、高产的牧草，但是在实际生产中由于收集环节问题，大大增加了养殖成本，降低了行业整体的竞争力，这成为制约广西草食动物发展的主要原因。

甘蔗秸秆资源的开发利用只是广西丰富秸秆饲草资源的一部分，广西还拥有香蕉茎秆、木薯秆、桑枝等众多秸秆和农副产品资源，具有大力发展肉牛等草食动物的潜力。

### （三）桑枝发酵技术

种桑养蚕农户根据桑园的生产需要每年夏伐、冬伐，便有桑枝条产生。目前，大部分桑枝被当成薪柴烧掉或闲置堆放处理，得不到有效利用，长期被遗弃，造成了资源浪费及环境污染。据检测全国不同产地的 14 个桑枝叶样本的营养成分，发现总能含量为 16.40 ～ 20.29 MJ/kg、粗蛋白含量为 18.59% ～ 26.81%，粗纤维含量为 15.26% ～ 29.28%，且含有大量的膳食纤维，营养物质，多糖类、黄酮类、生物碱及花青素等天然活性物质群等，具有解毒、抗氧化、增强免疫力和消炎等功能，是一种具有开发前景的饲料原料。广西蚕区的鲜桑枝条预计年产量就可达 242 万 t。

1. 不同组合桑枝叶青贮感官评价

试验以新鲜的桑枝叶为原料，对不同微生物组合青贮桑枝叶的发酵品质进行研究，试验分3个组，自然发酵组（对照组）、自备菌剂微贮组（试验组Ⅰ）、商品菌剂微贮组（试验组Ⅱ），每组设3个重复。经过30 d青贮对桑枝叶进行现场感官评定（表3–17），从结果可知，对照组有淡酸味、色泽褐色，略带黏性，总分53分，按青贮评分标准与等级划分评分为一般。

试验组Ⅰ：有酸香味，舒适感较好，色泽黄绿，松散柔软不粘手，茎叶结构保持良好，总分73分，按青贮评分标准与等级划分评分为良好。

试验组Ⅱ：有酸香味、芳香味弱，暗褐色，柔软，茎叶结构保持良好，总分68分，按青贮评分标准与等级划分评分为良好。

**表3–17 不同益生菌组合青贮对桑枝叶的感官评定**

| 组别 | 气味得分 | 水分得分 | 色泽得分 | 质地得分 | pH值得分 | 总分 | 等级 |
| --- | --- | --- | --- | --- | --- | --- | --- |
| 对照组 | 10 | 18 | 11 | 6 | 8 | 53 | 一般 |
| 试验组Ⅰ | 20 | 18 | 15 | 10 | 10 | 73 | 良好 |
| 试验组Ⅱ | 18 | 18 | 15 | 8 | 9 | 68 | 良好 |

2. 不同组合桑枝叶发酵营养成分的影响

不同的菌种产酶的能力及种类不同，而且菌种之间存在协同或颉颃作用，混合菌发酵主要是通过菌种之间的协同作用，扩大对发酵底物的适应性，从而起到改善发酵底物品质的效果。因此，菌种的选择及组合非常关键。本试验所选的菌种试验组Ⅰ、试验组Ⅱ主要真菌菌种有枯草芽孢杆菌、米曲霉（XMS01），发酵前期芽孢杆菌、曲霉等好氧益生菌繁殖生长，消耗氧气，从而为乳酸菌提供厌氧的生长环境；发酵后期乳酸菌类增殖发酵会产生大量乳酸，使益生菌在无氧条件下发生强制自溶，释放出胞内酶及生物活性物质，使蛋白酶发生酶解反应，产生香味物质。由表3–18可知，本试验中与对照组相比，试验组Ⅰ和试验组Ⅱ的粗蛋白含量均显著提高（$P<0.05$），但试验组间差异不显著（$P>0.05$）。试验组Ⅰ和试验组Ⅱ的中性洗涤纤维、酸性洗涤纤维的含量均比对照组低，可能是因为本试验所选的菌种相互之间存在较好的协同发酵作用。其粗纤维中的木聚糖链和木质素聚合物酯链被酶解，发酵过程中益生菌大量生长繁殖，分泌的酶可降解纤维素、半纤维素与木质素间连接的结合键，使与木质素交联在一起的纤维素和半纤维素游离出来，破坏粗饲料中难消化的细胞壁结构，使其他营养物质暴露出来。

**表 3–18　不同益生菌组合青贮对桑枝叶常规营养成分的评定**

（单位：%）

| 组别 | 干物质（DM） | 粗蛋白（CP） | 粗脂肪（CF） | 中性洗涤纤维（NDF） | 酸性洗涤纤维（ADF） | 干物质回收率 |
|---|---|---|---|---|---|---|
| 对照组 | 27.23[a] ± 0.05 | 11.60[a] ± 0.25 | 3.40[a] ± 0.16 | 50.05[a] ± 2.13 | 46.01[a] ± 1.49 | 94.11[a] ± 0.32 |
| 试验组Ⅰ | 28.11[a] ± 0.80 | 13.60[b] ± 0.41 | 3.39[a] ± 0.11 | 47.18[b] ± 4.28 | 42.03[b] ± 0.94 | 95.10[a] ± 0.15 |
| 试验组Ⅱ | 28.29[a] ± 0.50 | 13.20[b] ± 0.14 | 3.33[a] ± 0.37 | 45.93[b] ± 4.69 | 39.14[c] ± 2.96 | 93.45[a] ± 0.32 |

3. 不同组合对桑枝叶发酵品质的影响

在密封的发酵环境中，试验组Ⅰ添加乳酸菌，经过乳酸菌等益生菌的生长发酵活动，可快速发酵产生乳酸、乙酸和丙酸等挥发性脂肪酸，降低青贮饲料的 pH 值，抑制不良益生菌繁殖，也改善桑枝叶的发酵品质，达到长期保存青贮饲料的目的。对照组 pH 值偏高，不能有效抑制不良益生菌的繁殖，在常温发酵条件下生成大量丁酸，导致发酵品质低，表明桑枝叶直接青贮不利于改善桑枝叶发酵品质。由表 3–19 可知，本试验中试验组Ⅰ、试验组Ⅱ乳酸含量显著高于对照组（$P<0.05$），两试验组间差异不显著（$P>0.05$）；试验组乙酸含量显著高于对照组（$P<0.05$），两个试验组间乙酸含量差异不显著（$P>0.05$）。表明对照组品质低于试验组。丁酸含量越少，表明青贮饲料的品质越高。在青贮饲料中，氨态氮含量的高低主要反映饲料在青贮过程中蛋白质被破坏程度的高低，所以青贮饲料开窖后氨态氮含量越低，表明青贮饲料的品质越佳。本试验中试验组Ⅰ和试验组Ⅱ的氨态氮含量略低于对照组，表明试验组Ⅰ和试验组Ⅱ在青贮过程中营养成分损失较低，青贮品质比对照组优。

**表 3–19　不同益生菌组合青贮对桑枝叶发酵品质的影响**

（单位：mmol/kg）

| 组别 | pH 值 | 乳酸 | 乙酸 | 丙酸 | 丁酸 | 氨态氮 |
|---|---|---|---|---|---|---|
| 对照组 | 4.21[a] ± 0.06 | 15.55[a] ± 0.67 | 31.92[a] ± 0.42 | 2.47[a] ± 0.66 | 1.61[a] ± 0.73 | 5.18[a] ± 0.03 |
| 试验组Ⅰ | 4.09[a] ± 0.04 | 16.94[b] ± 0.30 | 43.91[b] ± 0.80 | 2.31[a] ± 0.45 | 1.64[a] ± 0.67 | 5.10[a] ± 0.24 |
| 试验组Ⅱ | 4.16[a] ± 0.12 | 16.22[b] ± 0.88 | 42.66[b] ± 0.66 | 2.31[a] ± 0.61 | 1.53[a] ± 0.42 | 5.13[a] ± 0.22 |

4. 桑枝的发酵加工工艺

桑枝有独特的纤维化结构，降低了牛等家畜对桑枝的综合利用效率。因此，只有经过处理后才能提高牛对纤维素和木质素的消化率，改善其适口性，提高牛等反刍动物对桑枝的利用率。要想降低桑枝在牛瘤胃内的发酵效率，首先必须尽可能地将桑枝进行软化处理，破坏其独特的纤维化结构，才能为牛等反刍动物瘤胃内充分发酵提供条件。桑枝益生菌发酵加工工艺的介绍如下。

（1）桑枝的刈割

根据桑枝的生长情况，刈割 1.5 m 以上的桑枝，桑枝应无腐烂变质（图 3–16）。

图 3–16　刈割后的桑枝

（2）桑枝的微贮

采用桑枝发酵用的益生菌发酵菌剂，添加量为 1.5 ‰～ 3 ‰，使用前将菌种进行活化，形成活化菌液。用揉搓机和粉碎机将桑枝切成长度为 0.5 cm，然后添加 5% 的玉米粉或者麸皮，喷洒发酵菌剂，调节桑枝的含水量至 65% ～ 70%；用手握法来判定水分含量，可参见全株玉米等的判定标准。充分搅拌后将桑枝发酵物及时填入发酵池或者发酵袋中，压实；或者可以用裹包机对发酵桑枝进行包装，根据需要调节裹包的大小，一般以 80 ～ 120 kg 为宜。分装后立即密封。发酵 7 ～ 15 d 后可以用于饲喂。

最终进行品质的鉴定，从色泽、气味、质地等进行感官评定。优质的桑枝发酵饲料为黄绿色，有芳香气味，拿到手中比较松软，不粘手，没有霉变，适口性好。

5. 桑叶的发酵加工工艺

桑叶的发酵加工工艺基本与甘蔗尾叶、全株玉米基本相同。与桑枝不同的是，桑叶切成 3 ～ 5 cm，桑枝需要切得更细。桑叶（图 3–17）的水分含量一般都过高，切得过细，易造成营养液的损失。水分过高时，青贮饲料品质容易变坏。因此，青贮时应控制桑叶含水量在 50% ～ 60% 比较合适，新鲜桑叶含水量在 70% 以上，可适当放置萎蔫后再进行青贮。

桑叶的青贮加工工艺如下。

混合青贮方法：桑叶含可溶性的糖类物质较低，不宜单独青贮，适宜与木薯渣、玉米秆、甘蔗尾叶等含糖量高的原料进行混贮。可根据当地的农副产品进行合理的混贮，一般选用 2 种或者 3 种混贮为宜，不但可以互补营养，提高营养水平，还可以调节水分含量和提高品质。还需选择比较合适的桑叶发酵菌剂进行青贮。

（1）桑叶的刈割

饲料桑一般采用夏季嫩桑枝叶进行青贮。

（2）桑叶的粉碎

桑叶的粉碎一般以 3 ～ 5 cm 为宜，过细，会加速汁液的流出。

（3）桑叶的入窖

桑叶与底料混合青贮时，底料和桑叶等准备完毕后，及时入窖，分层间隔装填桑叶和底料，每铺一层，喷洒一次益生菌发酵菌剂。装填过程中，边装边压，特别注意压实边角，减少因没有压实引起的腐烂变质。也可采用青贮打包机进行打包发酵处理。原料装填完后，立即密封和覆盖压紧。采用青贮窖青贮时，要注意当桑叶与窖口平齐时，中间继续堆高 30 ～ 50 cm，在桑叶上铺一层 10 ～ 20 cm 厚的秸秆或者牧草，有条件的也可以铺菌糠或者麦麸，然后密封覆压。

青贮饲料的取用：开窖时间根据牛场的需要而定。每天应按照牛只的实际采食量，逐层进行取料，从上而下分层取料利用。取料后应及时用塑料薄膜覆盖，减少青贮饲料与空气的接触，避免腐烂变质。已经霉变的青贮饲料应丢弃，不能用于饲喂。

青贮桑叶料的品质鉴定：在生产实践中，感官评定是比较快捷简单的鉴定方法。主要包括色泽、气味、质地等。色泽的鉴定，优质的桑枝发酵料接近于原料色最佳。气味的鉴定，品质优良的青贮饲料具有轻微的酸味，有芳香气味，无腐败霉味。质地的鉴定，优质的青贮饲料基本能保持原有的结构形状，质地柔软，湿润且不粘手。

图 3-17　饲料桑种植

### 五、水密封发酵技术

（一）现有青贮存在的问题

1. 传统平地青贮、大池青贮易造成密封不严，成品率低

传统平地青贮的密封方式是在青贮料上面覆盖薄膜后，再在薄膜上面覆盖重物进行密封。但是覆盖重物无法实现 100% 压实，其边角等地方很难被完全密封。空气进入后会导致青贮都有一层 5 ～ 10 cm 的腐坏层，严重的会出现整池腐坏的现象。

2. 密封压重物需要较多人工，压泥沙存在污染饲料的风险

传统压实青贮池需用轮胎、木棍、泥沙、泥沙袋等物品，这些重物要较多的人工搬运并压在青贮膜上。同时存在泥沙等污染饲料、硬物损伤青贮膜

等情况。

3. 中小型青贮池无法用机械压实，压实耗费人工多

中小型养殖场的青贮池等较小，人工需求特别高，因为无法用机械等方式直接压实，需要采用人工逐层踩踏的方式压实，而且压实效果差。

4. 覆膜或包装易受到老鼠等破坏

青贮仅仅用薄膜覆盖，容易被老鼠破坏。特别是制作全株玉米青贮时，老鼠更喜欢破坏青贮膜偷吃玉米。

（二）水密封压堆青贮技术操作方法与效果

1. 大池水密封技术方案与效果

（1）水密封青贮大池的建造

水密封青贮大池是为适应大型养殖场建造大型青贮池的需要进行设计建造。其在原有的青贮池设计建造的基础上，于青贮池顶部预留环形水槽。同时青贮池要设计采用木板加横杠封口的方式进行封口，为适应不同量的青贮填装需要，可设计多级封口装置，封口处顶部预留安装移动水槽的缺口。封口木板上端需要制作长度与青贮池宽度相同的移动水槽。具体如图 3–18 所示。

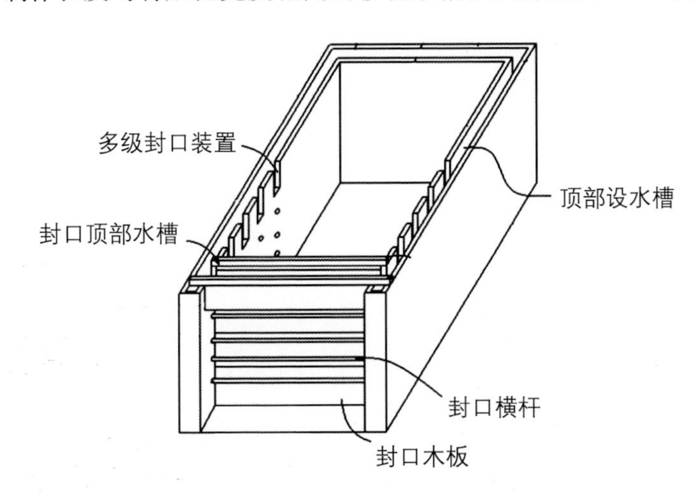


图 3–18　水密封青贮大池的示意图

2. 水密封青贮大池的使用方法

（1）填装青贮原料及安装封门和顶部活动槽

先往池内装填青贮原料，在距离需要封口的地方 2 ～ 3 m 处的地面开始

铺设封口薄膜，薄膜宽度比池宽 1 ～ 2 m，长度为 8 ～ 10 m。装填时逐层压实，根据需要添加菌种等辅料。填装的青贮原料比池边至少低 20 cm。最后安装封门和顶部活动槽。具体如图 3–19 所示。

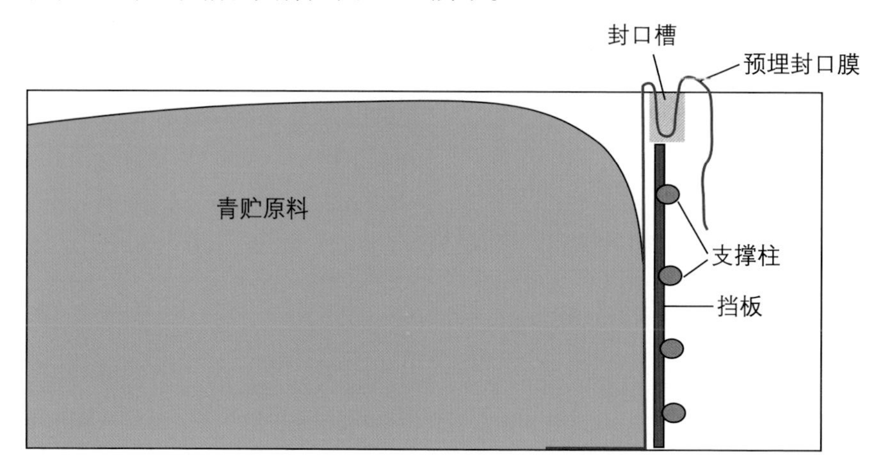

图 3–19　往水密封青贮大池装填青贮原料并安装封门和顶部活动槽的示意图

（2）青贮大池顶部形成环形凹槽

填装好上述青贮原料，安装好封门板与其顶部活动水槽后，青贮大池顶部整体形成了一个如图 3–20 所示的环形凹槽。

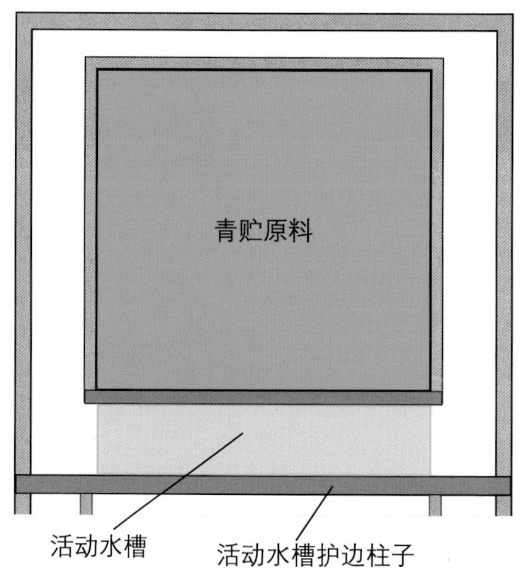

图 3–20　青贮大池顶部形成环形凹槽示意图

（3）青贮大池覆膜与装水密封

取一张宽度比青贮大池宽 3 ～ 4 m，长度比饲料装填长度长 5 ～ 6 m 的青贮专用膜对青贮大池进行覆盖。边上压入四周水槽内，多出部分任其超出水槽外。整理好青贮膜，使其紧贴池壁，凹槽处压入槽内，使薄膜在水槽中形成水沟，水沟组成一个完整的环形包围生物饲料发酵池顶部。在池中间和环形水槽中注水，水高 15 ～ 20 cm。具体如图 3-21 所示。

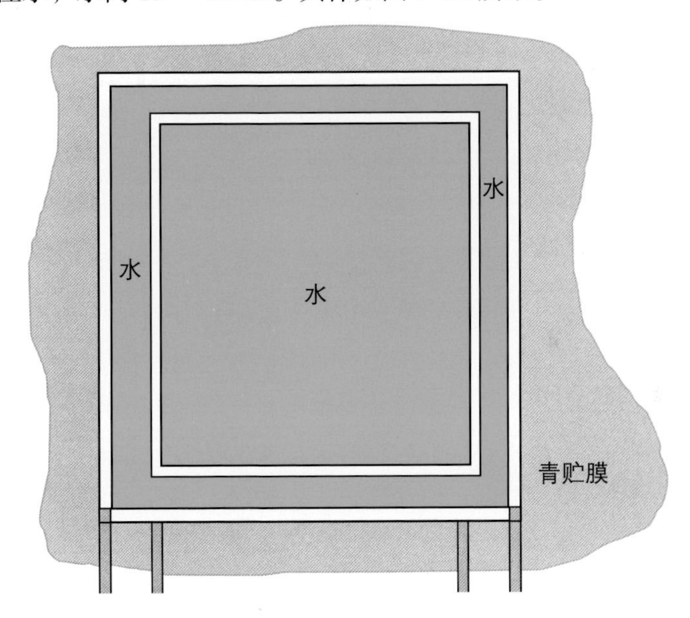


图 3-21　青贮大池覆膜与装水密封示意图

3. 传统青贮池水密封方案

现有的旧青贮池也可以采用水密封的方式进行密封压堆。在逐层压实饲料并用木板封好青贮池口后，取一张宽度比青贮池宽 3 ～ 4 m，长度比饲料装填长度长 5 ～ 6 m 的青贮专用膜对青贮池进行覆盖。膜多余的边料紧贴墙壁往上整理好，用绳索多点固定绑好上提，让覆盖膜形成一个凹陷水池，往凹陷水池注水 15 ～ 20 cm 深即可。随后固定好覆盖膜四周提拉绳索，但是不能拉太紧，随着青贮的发酵而饲料变软，会出现下陷的情况，这时青贮膜和水会跟着一起下陷，保持持续压堆的状态。具体如图 3-22 所示。

图 3-22　传统青贮池水密封方案示意图

4. 青贮饲料的取用与实际使用效果

青贮饲料取用时，用水管利用虹吸的方式将水适当排出。把开口处的覆盖膜用一根比青贮池都略宽的长棍或竹子卷起来，作为青贮膜开口处的支撑，直至露出所需青贮饲料的采挖面即可。后续依次往后卷膜取料。

通过水密封压堆技术，青贮大池密封效果好，持续给青贮大池提供了压力，排出了多余的空气；同时避免了老鼠等破坏密封膜。经过在广西等地区养殖场试用，取得较好效果。青贮饲料表层没有出现一层坏死层，取用时几乎没有发现腐败的青贮饲料，保持较好的黄绿色、形状完整，具有正常的青贮后的特殊酸香味。具体效果如图 3-23 所示。

图 3-23　青贮大池利用水密封压堆技术制作的青贮饲料的效果

### （三）中小型青贮池水密封制作的方法与效果

部分养殖场规模较小或需要发酵保存较大量的高水分农副产品原料（啤酒糟、豆腐渣等）时，可采用中小型青贮池进行水密封保存，其原理与大型青贮池相似。

1. 中小型青贮池的建造

中小型青贮池可建造成没有开口的贮存池。如果为方便大批量取料，也可建造成有开口的池。但开口池需要先用木板封好口，青贮池整体只需铺设一张膜，使膜形成一凹陷不漏水的可存放饲料区域。

2. 中小型青贮池的填装

原料逐层填装进池中。青贮原料也需要通过人工每 20 ～ 30 cm 进行逐层压实，根据需要添加菌种和辅料。如果是高水分农副产品原料，也要根据需要每 20 ～ 30 cm 一层添加菌种和辅料，最后填装的高度低于池边 15 ～ 20 cm。

3. 中小型青贮池的水封

取一四周比密封池每边宽出 1 m 左右的膜覆盖在池上面。整理好膜，使其底部紧贴原料，四周紧贴池壁，多余的伸出池外。在膜形成的凹池内加水 10 ～ 15 cm 深即可。使用效果如图 3-24 所示。

图 3-24　中小型青贮池水密封压堆效果

4. 取用与使用效果

原料取用时，用水管利用虹吸的方式将水适当排出。卷起薄膜掀开暴露出所需的采挖面即可取用。由于该种方式很好地对原料进行了密封发酵，特别是保存啤酒糟、豆腐渣等高水分原料时，能获得较好的发酵效果，原料的损失率低，保存效果好，保存时间长。

（四）容器水密封保存

部分中小型家庭养殖场每天收集原料数量少，需求总量不高，因此，青贮饲料和农副产品可用小型容器进行发酵保存。

1. 容器选择

①一般选择高度在 1.2 m 以下广口的容器，避免太深，给取料带来不便。

②选择容器应大小合适。装填的原料量在开封后使用的最长时间一般不超过 7d 的量。

③选择有一定强度和抗老化的容器，便于露天堆放。

2. 原料装填

将发酵原料预处理好后直接装填到容器中。如果是饲草等蓬松原料，要每 20 ～ 30 cm 厚进行逐层压实，并根据需要逐层添加菌种和辅料。原料的装填高度要求离容器口 8 ～ 12 cm。

3. 容器密封

①选用较柔软、薄厚适中的薄膜，膜四周要大于容器口 0.3 m 以上。

②填装好原料后将膜铺设在容器口上，四周尽可能紧贴容器壁。多余部分的膜伸出容器外。

③注水深度为 8 ～ 12 cm，用手辅助排出膜下面空气。

容器密封使用效果如图 3–25 所示。

图 3–25　容器密封使用效果

4. 取用与使用效果

原料取用时，可提起薄膜，排除密封用水，膜掀开暴露出所需的采挖面即可取用。取完料后，继续覆盖薄膜尽可能保持密封状态。该种方式很好地对原料进行了密封发酵，发酵保存效果好，特别适用于保存啤酒糟、豆腐渣等高水分原料，原料的损失率低，保存效果好，保存时间长。由于容器可反复使用，也可以作为养殖量不大的农户制作和保存青贮饲料的方法。

（五）水密封压堆青贮技术使用注意事项

水密封压堆青贮技术主要原理是利用膜在青贮原料表面形成一水封面，同时利用水的流动性，保持给原料提供持续压力，排出原料原有的空气和发酵过程中产生的气体，使得青贮始终保持厌氧状态。水密封压堆青贮技术在实际生产使用中要注意以下问题。

第一，每次使用膜前要认真检查，确认无破损。膜使用过程中要避免磨损和划伤，防止膜出现漏水的情况。

第二，密封过程要让膜尽可能平整地接触原料和容器壁，排出膜下多余空气，避免膜出现折叠不贴壁的情况。

第三，物料在填装过程中要尽可能地保留水的深度。长时间保存水分会蒸发，要及时注水补充，水过浅达不到密封与压堆效果。

第四，该技术虽然有一定的压堆效果，但是填装物料时仍然要尽可能逐层压实，排出空气，保障发酵质量。

第五，物料表面可堆成中间略低、四周略高的形状。这可以保障后续发酵过程中产生的空气顺畅、排出（图 3–26、图 3–27）。

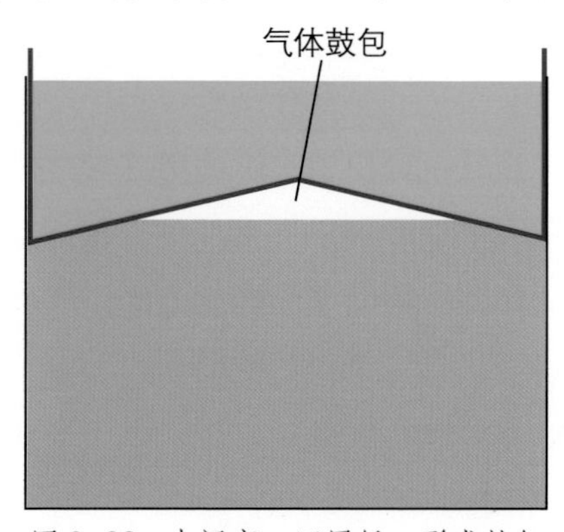


图 3–26　中间高、四周低，形成鼓包

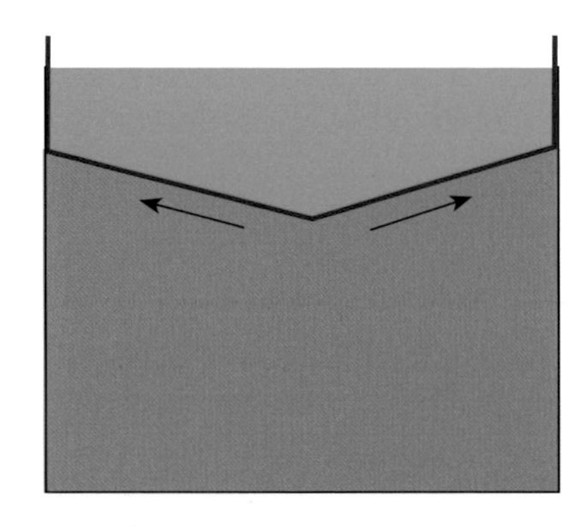

图 3-27　中间略低，四周略高，不会形成鼓包

第六，随着发酵的进行，青贮原料会出现往下塌陷的情况。要保障青贮膜有足够的长度和宽度应对青贮原料下陷的情况，膜四周也要保持较小的牵拉助力，让膜在水的带动下一起下陷，适应原料的各种变化，始终保持紧贴物料密封的状态。

（六）水密封压堆青贮技术展望

水密封压堆青贮技术是传统青贮技术的集成创新，其通过将传统的轮胎、木桩、泥沙等重物变成了水，取得了一些优于传统青贮技术的效果。主要表现为以下方面。

第一，水密封压堆青贮技术的密封效果比传统青贮技术要好。很好地利用了水的流动特性，能自动压实青贮膜的各类空隙。

第二，水密封压堆青贮技术能持续均匀地给原料提供压力，排出空气。可降低填装时对原料碾压的要求，特别是小型青贮池或容器无法用车辆压实的情况。

第三，水密封压堆青贮技术密封只需要用水管注水，不需要像传统技术那样靠人工搬运。同时开封也只要用水管利用虹吸方式排水，也不需要人工搬运，会大幅减少对人工的需求。

第四，水密封压堆青贮技术由于压堆的是水，就算部分进入原料，也不会对其造成污染。

第五，水密封压堆青贮技术防鼠效果好，由于暴露的膜均被水覆盖，不会出现老鼠破坏覆盖膜的情况。

第六，利用水密封压堆青贮技术可使青贮膜使用时间长。青贮膜使用过程没有人员踩踏和硬物划伤的风险。

水密封青贮技术在使用效果、保存时间、节约人工等方面均优于传统青贮技术，该技术的使用有较大推广前景。

## 六、颗粒饲料制粒工艺

### （一）颗粒饲料制作的优点

通过制粒，饲料报酬会有所提高，饲养成本下降，并提高动物产品的生产率，便于饲养、运输、贮存。具体优点如下。

1. 饲料报酬高

在制粒过程中，水分、温度和压力三者综合作用提高了饲料营养成分的利用率。制粒过程可以破坏植物的细胞壁，从而提高饲料的消化率。碳水化合物会发生部分分解作用，引起淀粉的糊化，提高饲料能量的利用率，还可破坏饲料中的一些有毒有害因子，提高饲料中营养成分的有效性。

2. 可有效避免家畜挑食和保证每日供给饲料的全价性

用颗粒饲料喂养家畜，家畜对各种饲料成分不能产生挑食行为。又因颗粒饲料中含有各种营养成分，家畜采食后能保证每日供给饲料的全价性。

3. 减少家畜采食活动的营养消耗

家畜对颗粒饲料的采食速度往往高于粉料，其采食时间仅为粉料的 1/3，可减少家畜采食的能量消耗。

4. 减少饲料浪费

通过饲喂颗粒饲料可减少 8% ～ 10% 的饲料浪费。

5. 节省劳动力

颗粒饲料饲喂方便，可节省劳动力，降低人工成本。

6. 贮存、运输更为经济

颗粒饲料体积小，一般颗粒饲料比相同重量的粉料体积减小 1/2 ～ 2/3。散装密度增加 40% ～ 100%，便于贮藏、包装和运输。可节省贮藏仓库的容量，特别是对于保持饲料中微量成分的均匀性具有重要作用。而且不易受潮，利于机械化的饲养。

颗粒饲料可以改善饲喂的环境卫生，经高温灭菌后，饲料不易霉变，有利于贮存等。

（二）颗粒饲料生产的技术要求

颗粒饲料产品要求大小均匀，表面光洁，没有裂纹，结构紧密，手感较硬，技术指标应符合以下的要求。

1. 颗粒直径

颗粒直径应为 3 ～ 20 mm，根据不同的家畜进行合理的调整。

2. 长度

长度一般为直径的 1.5 ～ 2 倍。

3. 颗粒水分含量

水分含量要求在 12.5% 以下，贮存时间越长，水分含量应越低。南方气候潮湿，要严格控制颗粒的水分含量。

4. 颗粒密度

颗粒密度应能满足在大量运输过程中耐受冲击震动而不破碎，否则大量的粉末产生会降低饲料的商品价值。但颗粒饲料不能过度紧密坚硬，这样不仅会使产量下降，还会使家畜咀嚼费力。资料显示，颗粒饲料的密度以 1.2 ～ 1.3 $g/cm^3$ 为宜，容重以 0.6 ～ 0.75 $g/cm^3$ 为宜。

5. 颗粒饲料的含粉率

颗粒饲料的含粉率指颗粒饲料的成品中粉末质量占试样总质量的百分比。家畜所用的颗粒饲料含粉率应小于或等于 10%。

6. 粒化系数

粒化系数指成型颗粒重量与进入制粒机粉料重量之比。一般要求制粒机的粒化系数不低于 97%。

（三）制粒工艺

1. 粉料的调质

通过湿热处理，使粉料具有一定的可塑性和弹性，以利于粉料在压模和压辊之间挤压成型。

当饲料等物质受热后黏性会增加，但是当温度在 60℃以上时会发生焦化从而堵塞模孔，最终影响生产。另外，在制粒的时候，适当添加蒸气能够降低电耗，减少压制颗粒时的摩擦热，从而延长压模和压辊的使用寿命。一般在添加蒸气后，制粒机耗能可降低 20% 左右。蒸气处理一方面可提高颗粒饲料成品的粒化系数，降低粉化率；另一方面由于糊化作用，饲料的消化率有所提高。

供应蒸气注意事项：①蒸气供给必须充足，可以按产量 5% 来确定所需的蒸气量。②保持稳定的蒸气压力在 0.2 ～ 0.4 MPa。③采用干饱和蒸气，避免产生冷凝水，因此，应使锅炉尽量接近制粒机，并保证安全。

2. 颗粒饲料的冷却

制粒机刚压出的颗粒饲料的含水量较高，为 16% 左右，温度为 60 ～ 70℃，使用蒸气时，颗粒饲料温度为 80 ～ 90℃。因此，不便于保存。

当干燥的冷空气吹过湿热的物料时，会产生冷却效应；当湿热空气通过干燥物料时，会产生加热效应。在制粒工序中，这 2 种效应都有，制粒原料采用蒸气调质时，产生的是加热效应；冷却工序，所利用的是冷却效应。

颗粒饲料制品的冷却过程伴随着水分内部的扩散和表面汽化，其所需的时间就是完成冷却过程所需要的时间。物料不同，冷却时间也不一样。

冷却的风量与冷却速度密切相关。冷却风量过小，就不可能形成适宜的水分表面汽化条件，从而不能顺利地进行湿热交换，导致达不到预期的冷却效果。冷却风量过大，并不能增大冷却效果，相反，还可能造成压粒制品发生内潮及表面断裂等不良后果。同时，应根据不同地区条件进行调整，若某地相对湿度较大，应增大空气量，在非常干燥的地区，应减少空气量。

3. 碎粒与颗粒分级的目的

碎粒即将大颗粒饲料破碎成小颗粒。

为了提高制粒机生产效率，需要制造较小直径的颗粒时，若畜禽对颗粒形状要求不高，可将饲料先制成大直径的颗粒，然后用碎粒机破碎成一种粗屑饲料来饲喂。这种方法可以提高制粒机的产量，同时可降低单位重量产品的电耗。据研究，用直径 4.5 ～ 6.0 mm 的颗粒破碎成小颗粒可节约电耗 5% ～ 10%。

颗粒分级的目的就是利用筛孔将成型颗粒饲料中过大颗粒和细粉大颗粒破碎后制成合格颗粒。如果颗粒大小不均且有一定细粉，而采用碎粒工序又会产生一些细粉，分级可以保证合适粒度的颗粒饲料用于畜牧生产。

4. 制粒工艺流程

混合粉料仓——磁选——制粒机——冷却器——碎粒机——分级筛——颗粒成品仓——包装或散装。

5. 制粒工艺流程在设计时应注意的问题

（1）使用制粒机之前应准备至少两个混合料仓，而且料仓必须配有机械出料装置。在需要改变饲料配方时一个仓可以继续给制粒机供料，另一个仓就可以按新的饲料配方进行装料生产。

（2）制粒设备应具有高效的去除磁杂装置，用于保护压模和压辊。

（3）制粒机应直接放在冷却器上面，使制粒机中出来的热且潮的易碎颗粒可以直接进入冷却器而不用经任何中间输送途径。

（4）成品打包仓应放在成品仓之后而不要直接放在制粒机之后，因为制粒机的产量随制粒物料的种类和其他因素而变化，这会影响打包设备的正常工作。

（5）碎粒机应放在冷却器下面，碎粒或颗粒通过提升送到成品仓上面的分级筛选，这样会使细粉和筛上物回流方便。

（6）经筛选处理后的颗粒应用带式输送机或其他不易破损颗粒的设备送到成品仓中。如果颗粒自由下落会遭破坏，可以在仓内安置垂直螺旋线槽，使其缓慢下行。

（四）制粒工艺效果的评定及影响因素

1. 外观质量检测及弊病分析

弊病：原料中含有粒度较大的组分，如半粒玉米。分析：粒度过大的组分调质时，难以充分受水热处理调质，软化程度不一致，导致收缩率不同，引起辐射型裂缝。解决方法：可以通过控制原料不同组分的粒度，调质时，确保各组分软化均匀。

弊病：原料含有大于孔径的长纤维物料。分析：此类纤维物料在挤压过程中膨胀，使颗粒饲料制品出现裂缝；调质时间太短，湿度过大。解决方法：可以通过控制粗纤维物料的含量及粒度。增加调质时间，降低物料的湿度。

2. 颗粒饲料制品性能的测定

（1）坚实度的测定

坚实度是指颗粒饲料制品抵抗振动产生的破坏作用的能力。坚实度合格，表示该饲料制品在运输中不易因受震动而破碎。

（2）硬度的测定

颗粒置于测量仪的试样盘与加压柱之间，然后加压使之被压碎，此时压力计的示值即硬度。颗粒饲料的硬度合格表示制品在仓储时可忍受重压而不易破碎的能力。

（3）颗粒饲料水中稳定性

颗粒饲料在水中稳定性又称耐水性。目前，测定方法国内外均没有统一的标准。根据某些地方标准规定：颗粒浸泡在静水中，经过一定的时间后，散失率应小于某值。

（4）颗粒饲料的糊化度

压粒过程中，在温度、时间、水分和压力等因素综合作用下，压制原料的淀粉部分被糊化，对于膨化饲料而言，糊化度是个重要的性能品质指标。

一般来说，硬颗粒饲料制品的糊化度为 16% ～ 25%，膨化饲料制品的糊化度为 90% 以上。

（五）制粒工艺对饲料中营养成分的影响

1. 制粒过程中蛋白质理化性质的变化

制粒过程能使蛋白质发生一系列的理化变化，使得蛋白质向着有利于动物消化吸收的结构状态变化。

物理性质的变化：制粒过程通过一定的水热调质，再经机械力作用而形成颗粒料，会使蛋白质呈现水溶性降低的趋势。对于不同品种的原料，由于其蛋白质含量不同，在制粒条件下水溶性的下降程度也不同。总的变化趋势是蛋白质含量越高水溶性降低越多；另外，在制粒过程中糊化度的大小对蛋白质的水溶性也有一定的影响，其趋势是糊化度越大蛋白质水溶性越小。

化学性质的变化：在制粒过程中，水热调质作用能使饲料中蛋白质的四级结构部分转变为三级结构，从而减少了动物体消化道内蛋白质水解时间，达到提高饲料中蛋白质的生物效价和有效利用率的作用。在整个制粒过程中，蛋白质在原料和饲料中含量基本不变。

2. 制粒过程中碳水化合物理化性质的变化

物理性质的变化：从物料经受蒸气调质开始，淀粉物理性质就开始发生变化，淀粉开始吸收水分溶解，并失去原有的晶状结构。不同原料的淀粉，其开始溶胀的温度不同。一般谷物中淀粉溶胀温度为 50 ～ 60℃，而豆类中淀粉溶胀温度为 55 ～ 75℃。

化学性质的变化：经制粒后的饲料成品，其淀粉除产生糊化外，同时也进行水解，从而为饲喂动物的酶促消化提供了更合适的条件。水解淀粉将刺激和加速产生有益菌——乳酸菌，乳酸菌的存在有助于淀粉等营养物质的消化。

3. 制粒过程中脂肪理化性质的变化

真菌产生的脂肪酶会加速原料及饲料中脂肪的分解变质。这种天然存在的脂肪酶在 50 ～ 75℃条件下将会失去活性，而制粒过程中的高温调质处理可以使脂肪酶失去活性，从而减少饲料储存过程中的脂肪水解，提高饲料稳定性，储藏 8 周后，饲料中游离脂肪酸没有明显变化。提高脂肪稳定性的另一个原因是，饲料中能使脂肪酸保护结构支裂的脂肪氧化酶，但在制粒过程中的高温高压作用下，该类氧化酶丧失活性，从而使脂肪被氧化的可能大大减小，减缓了脂肪的酸败速度。

4. 制粒过程中益生菌理化性质的变化

制粒过程对维生素的稳定性及其利用率的影响已日渐引起营养学家的关注。目前，对日粮单个原料制粒时维生素的损失研究很少，对全价料制粒后损失情况了解更少。

5. 影响制粒工艺效果的因素

原料的组成对于制粒工艺的效果影响较大。

（1）多数谷物类饲料属于能量饲料，含有较高的淀粉。因此，制粒时水分的作用使其中的淀粉发生糊化有利于制粒，可提高产量。但是，过高的淀粉含量会造成颗粒的成型率低和硬度降低。

（2）高蛋白饲料在受热时，黏性增加，可塑性增强。因此，配方中含有较高的蛋白质饲料也可以提高颗粒饲料的产量和质量。

（3）适宜的粗纤维含量可提高物料通过模孔的阻力，从而提高颗粒饲料的硬度。但是，由于其本身黏结性较低，当饲料中粗纤维含量过高时，会降低制粒机的产量和成型率，并加快模孔磨损。

（4）脂肪含量较高的饲料原料或添加了油脂类物质的饲料原料，由于脂肪完全没有黏结性，少量添加可以减少模孔磨损并提高产量。但是，如果添加量过多，会使颗粒软化松散，难以成型。因此，添加油脂类的量以 1% ～ 2% 为宜。

原料物理特性对制粒的影响如下。

（1）制粒效率与原料密度有很大的关系。通常密度大的原料制粒时产量高，而密度小的原料制粒时产量低。

（2）粒度。原料的粒度可分为粗粒、中粒和细粒。通常中粒和细粒有较好的制粒能力，能提高制粒产量和质量，降低能耗，延长压模寿命。

（六）含有长纤维的颗粒饲料生产技术

牛、羊等草食动物在采食当中要摄入含有一定长度的有效纤维才能维持瘤胃的正常功能。随着牛、羊产业的发展，颗粒饲草料由于其密度大、易保存、运输成本低、饲喂方便等优点逐步成为牛、羊等草食动物产业的主要饲草料加工发展方向。如果能解决颗粒饲料与长纤维的问题，今后颗粒饲料将成为牛羊全价饲料的一种重要形式。这必将极大地促进牛、羊等草食动物产业的发展。

为解决长纤维不足的问题，本专利创新性地设计出含有有效纤维草颗粒饲料制作方法和草团装置（草团揉搓装置及具有其的反刍动物颗粒饲料生产线，专利号为 ZL202021433031.3）。草团生产装置主要功能为先将草切成大小、长度合适的长条状草料，再通过草团揉搓装置将长条形草料制成草团，然后通过压粒装置，将草团完整地压制成粒，以确保草料饲料具有适口性，同时具备长纤维以满足反刍动物的消化需求。

压粒过程中还可以按比例添加其他各类饲料。该技术可研究生产全价颗粒饲料，可以全部替代现有的牛羊产业中应用的草料，解决牛羊产业商品化饲草料生产、加工、运输的“卡脖子”问题。对于促进牛羊产业饲料商品化具有重要意义。

## 七、糟渣类原料发酵工艺

### （一）马蹄渣

#### 1. 马蹄渣的主要营养成分

马蹄，又名荸荠，为多年生宿根性草本植物。广西马蹄的种植面积约 2 万公顷，占全国种植面积的 50% 以上，其产量位居全国之首。近年来，马蹄的品种培育改良、加工工艺、活性物质提取等各方面的研究均取得了新的进展，马蹄渣（图 3–28）等副产品的量也逐年增加，仅桂林市 2012 年就加工马蹄 23.80 万 t，马蹄加工产出副产品达 4.76 万 t。桂林车田河牧业有限公司经过多年的实践，将马蹄渣添加益生菌发酵处理，用于饲养肉牛，经检测，对肉牛育肥效果显著，马蹄渣发酵处理后的营养成分分析结果见表 3–20。

图 3–28　马蹄渣

表 3-20　发酵马蹄渣干物质含量成分

| 成分 | 检测结果 |
| --- | --- |
| 粗蛋白 /% | 8.80 |
| 粗脂肪 /（g/kg） | 2.00 |
| 粗纤维 /% | 29.20 |
| 粗灰分 /% | 4.74 |
| 钙 /（mg/kg） | 7330.00 |
| 磷 /% | 0.22 |

2. 马蹄渣的发酵加工工艺

桂林车田河牧业有限公司作为马蹄渣饲料化利用试验生产示范基地，开展了多批次的马蹄渣饲料化发酵生产工艺研究，探索出整套马蹄渣发酵饲料生产技术规范。具体生产流程如下。

（1）场地选择

选择交通便利、地势平坦、通风向阳、干燥、靠近原料的地方。

（2）原料选择

选用马蹄粉加工下脚料马蹄渣、马蹄罐头加工下脚料马蹄皮等。

（3）设施设备

利用青贮窖发酵，青贮窖池长度大于或等于 5.00 m，宽度大于或等于 4.00 m，屋檐高度大于或等于 4.00 m。地面采用水泥硬化，厚度在 0.15 m。屋顶钟楼式设计，屋檐外缘伸出长度大于或等于 0.8 m。屋顶为不透光瓦。

（4）加工设备

配套铲车、翻抛机、搅拌机等青贮饲料加工设备。

（5）马蹄渣、马蹄皮发酵方法

a. 原料发酵前处理与配制

物料水分调节：马蹄渣、马蹄皮原料取回后，根据其水分情况添加米糠（或者统糠、粉碎的花生壳等）进行水分调节，混合好的原料水分含量控制在 50% ～ 60%（用手捏成团，手缝微见水但不滴落，松手原料团落地摔散为适宜）。

蒸发调节水分：马蹄渣、马蹄皮原料取回后，平铺在蒸发棚等便于蒸发的地方，平铺厚度为 10 cm 左右，每日翻堆 1 ～ 2 次，待水分含量降至 50% ～ 60%。

原料的粉碎：原料中的花生壳等成块或结块物质可利用粉碎机粉碎。

菌种的准备：按照饲料发酵菌种投放比例准备菌种，将菌种和少量原料混合，利用搅拌机或翻耙机混合，投放到准备发酵的原料中。

b. 马蹄渣、马蹄皮发酵处理

将混合好的原料分批装入青贮窖池中压实。装窖完成后应立即进行封顶。封顶时先在顶层按 200 ～ 250 $g/m^2$ 均匀撒上食盐粉，再铺上 20 ～ 30 cm 厚的统糠，然后铺盖塑料薄膜，薄膜的厚度一般在 0.7 mm 以上。在最上面盖土或压废弃轮胎。进行该操作时应从窖的最里面开始盖压，逐渐向窖口方向延伸，覆盖土层的厚度要在 50 cm 以上，边覆盖边拍实，顶部呈半圆形，压土后的表面应平整，并有一定的坡度，无明显的凸凹。中大型窖在封顶盖土的同时，应在窖的顶部留出排气孔，以利于排出窖内的空气，尽快形成厌氧条件。排气孔要留在窖顶的中线上，根据窖的大小，一般每隔 4 ～ 5 m 留 1 个排气孔，排气孔的直径为 20 ～ 30 cm。留排气孔时，要将顶部的塑料薄膜剪开 1 个 20 ～ 30 cm 的洞，然后将稻草扎成捆插在上面，在稻草的周围培土。封顶后 5 ～ 7 d，空气基本排尽，这时要将排气孔封死。用大于排气孔径 2 倍的塑料薄膜将排气孔盖好，覆土，压实拍平，必须做到不漏气、不漏水。

## （二）豆渣

### 1. 豆渣的主要营养成分

豆渣（图 3–29）是加工豆油、酱油、豆腐等豆制品的副产物，我国每年约产 2000 万 t 湿豆渣。作为豆制品加工生产的副产品，豆渣具有很高的营养价值，但由于豆渣口感粗糙，热能低，含水量大，易腐败变质且运输困难，通常只用作饲料直接饲喂或废弃，这样的用法并没有完全发挥豆渣的潜在利用价值。因此，豆渣的合理开发使用已逐步成为科研工作者关注的焦点之一。

如何对豆渣中所含有的丰富营养物质进行提取利用，如何对豆渣进行益生菌发酵的方式来实现资源的循环利用，已经成为新的研究热点。如果能通过益生菌发酵的方式将豆渣转化为一种可以饲喂反刍动物的发酵饲料，在改善我国的生态环境、促进农业经济有机发展以及解决饲料资源短缺等方面具有一定的意义。

与大豆相比，豆渣中仍含有丰富的蛋白质、脂肪和膳食纤维，此外还含有矿物质和必需氨基酸等营养物质，具体营养成分含量见表3–21、表3–22。

图3–29　豆渣

**表3–21　豆渣中常见营养成分含量（干样品）**

（单位：g/100 g）

| | 水分 | 蛋白质 | 脂肪 | 膳食纤维 |
|---|---|---|---|---|
| 含量 | 8.31 | 19.32 | 12.40 | 51.80 |

**表3–22　豆渣中的矿物质和微量元素含量（干样品）**

（单位：mg/100 g）

| | 锌 | 铁 | 铜 | 钙 | 镁 | 钾 | 磷 | VB1 | VB2 |
|---|---|---|---|---|---|---|---|---|---|
| 含量 | 2.263 | 10.690 | 1.148 | 210.000 | 39.000 | 200.000 | 380.000 | 0.272 | 0.976 |

2. 豆渣的发酵加工工艺

豆渣中水分含量较高，直接导致豆渣中干物质和水分结合紧密而难以分离，用普通的物理方法无法做到干湿分离，而利用耗能多的烘干法进行分离，会造成生产成本增加，经济效益差，加大了投入到实际生产中的难度。目前对于豆渣的利用开发主要有发酵法、理化法和混合法。下面主要介绍使用发酵法进行豆渣与甘蔗尾叶混合发酵饲料的开发工艺。

（1）豆腐渣发酵贮存

取新豆腐渣（含水量为 70% ～ 80%），按比例（70∶20∶10）与玉米面、米糠混合，同时按 0.35 g/kg 加入益生菌发酵制剂，搅拌均匀后装填入青贮池中，逐层压实后密封发酵，15 ～ 20 d 后即得到豆腐渣发酵料。

（2）甘蔗尾叶揉搓切碎

以甘蔗尾叶作为发酵混贮原料，将新鲜甘蔗尾叶收割，晾晒脱水，将含水量控制在 65% ～ 75% 后，再进行揉搓切碎。

（3）揉搓切碎后的甘蔗尾叶与豆腐渣发酵料按比例进行混合

将新鲜甘蔗尾叶揉搓切碎，按比例（1∶3）与豆腐渣发酵料进行均匀混合，得到混合料。

（4）将混合料装填入青贮池中，密封

将混合料装填入青贮池中，逐层填入，每层厚 30 ～ 40 cm，逐层压实，青贮池四周、四角等地方采用人工踩压的方式压紧，待青贮池装满后，用塑料薄膜覆盖，将青贮池四周用土封严，防止漏水漏气。

（5）发酵：混合料在青贮池密封发酵 14 ～ 30 d 后，得到混合青贮饲料。

（三）木薯渣

1. 木薯渣的主要营养成分

木薯渣（图 3-30）是利用木薯加工淀粉、生产酒精等产品后剩余的副产品，木薯块根中各种营养成分的含量受土壤肥力、品种、气候及生长期等多种因素的影响而存在一定的差异。淀粉是木薯块根中最主要的营养成分，但因其含氢氰酸而使得其在饲料中的用量受到限制。木薯渣的主要成分是淀粉和纤维素，粗蛋白含量较低。木薯渣的营养成分含量见表 3-23。

图 3-30　木薯渣

**表 3-23　木薯渣的营养成分含量**

（单位：%）

| 营养成分 | 检测结果 |
| --- | --- |
| 粗蛋白 | 2.92 |
| 粗脂肪 | 0.92 |
| 粗纤维 | 14.82 |
| 粗灰分 | 5.24 |
| 干物质 | 88.70 |
| 无氮浸出物 | 64.79 |
| 钙 | 0.87 |
| 总磷 | 0.05 |

2. 木薯渣的发酵加工工艺

木薯渣价格低廉、来源广，但是其营养消化吸收率极低，须经过科学发酵处理，搭配适量的蛋白质饲料和微量元素用来喂牛，可显著提高经济效益和营养消化吸收率。如果只是堆积用薄膜简单覆盖，不进行科学贮存发酵加工后饲喂，木薯渣在短时间内就会被黄曲霉毒素等污染变成黄色、黑色，牛不仅不爱吃，而且饲喂后会引起牛中毒，还可能导致疾病发生。下面具体介绍木薯渣发酵工艺。

①先用石块或砖砌个贮存池，池四周及底部用水泥浆封好，不能漏水。池的大小根据需要进行合理的设计，以能贮存够当年用的木薯渣为宜。

②取 1 包“益生菌发酵菌剂”与 5 kg 以上的玉米粉，搅拌均匀，拌入 500 kg 木薯渣。

③添加 5 ～ 7 kg 的磷酸二氢钙或者过磷酸钙（用量按 1% ～ 1.5%，添加后饲料中可不再添加）。

④添加食盐 1.5 kg。

⑤木薯渣的含水量控制在 70% 左右。最合适的含水量一般判断方法：手抓一把饲料，轻轻一握即有少量水滴出，堆放时水不自动流出。

⑥将混合料装入池中压实压平，用塑料薄膜盖好密封。首灌入的清水要盖过木薯渣表面以隔绝空气，这样贮存木薯渣才不会引起变质。

注意：发酵的木薯渣饲喂牛前需要进行营养调配，添加适量的微量元素，但不能再次添加含有钙磷的其他预混料。另外，刚从发酵池中取出的木薯渣最好在室外放置 1h 以上再进行饲喂。

（四）红薯渣发酵加工工艺

1. 红薯渣的营养成分

红薯渣（图 3–31）为红薯深加工时产生的下脚料，含水量比较高，不易贮存。鲜红薯渣中具有蛋白质含量低、粗纤维含量高、适口性差的特点，利用率较低。红薯渣主要的营养成分是淀粉、纤维素、果胶、游离氨基酸、寡肽、多肽和灰分等，具有很高的开发与应用价值，主要营养成分含量见表 3–24。利用现代的益生菌发酵技术开发红薯渣发酵饲料，可实现营养物质的转化，提高其有机酸、酶、蛋白质等营养物质的含量，增加其适口性，提高其利用率。

图 3-31　红薯渣

**表 3-24　红薯渣的主要营养成分含量**

（单位：%）

| 营养成分 | 检测结果 |
| --- | --- |
| 粗蛋白 | 4.57 |
| 粗脂肪 | 0.80 |
| 中性洗涤纤维 | 16.46 |
| 酸性洗涤纤维 | 12.66 |
| 木质素 | 1.51 |
| 粗灰分 | 1.01 |
| 干物质 | 93.77 |

2. 红薯渣的发酵加工工艺

红薯渣最好与其他物料进行配合发酵。一般配方为红薯渣 75% ～ 80%，配合玉米、豆粕或米糠 20% ～ 25%，添加 0.2% 的发酵剂；可根据红薯渣的含水量和牛只饲喂的实际情况适当地调整玉米、豆粕、米糠与红薯渣的比例。发酵红薯渣的含水量控制在 60% ～ 65% 为宜。具体发酵工艺方法如下。

①按照配方对红薯渣原料进行均匀搅拌和配制，检查发酵物料的含水量。用手握法对拌好的发酵物料进行检测，指缝见水印但不滴水，松开落地原料团即能散开为适宜。含水量太高或太低均不利于发酵。含水量太高，物料的通透性差，易导致腐败菌滋生，造成发酵失败；含水量太低会导致物料发酵慢。

②密封发酵，红薯渣发酵物料和发酵剂拌匀后装入发酵池、缸或塑料袋中，用塑料薄膜覆盖好，在自然温度下密封发酵 2 ～ 3 d。

③发酵红薯渣散发出香、甜、酒气时即可饲喂。发酵红薯渣饲料的香味与玉米粉等的添加量有直接的关系，如玉米粉添加量越多，酒香味越浓厚；添加量少，酸香味较为突出。将发酵红薯渣饲料烘干后呈深棕黄色或褐色，颜色均匀，且具有发酵红薯渣特有的香味。

（五）酒糟的发酵加工工艺

酒糟是酿酒企业的副产物，现已经作为肉牛饲料的原料在养殖业中广泛应用。酒糟除了淀粉含量低，其他如蛋白质等营养物质含量均高于原粮，营养物质丰富。酿酒业受到环境条件的影响较大，如夏季高温，这样酒糟的产量受到酒业生产季节的影响而造成季节供应不平衡。酒糟含水量为 60% 以上，极易腐败变质，如不及时处理，不但会造成资源浪费，还会对周边环境造成污染。为了提高酒糟利用效果，开发如下酒糟发酵加工工艺。下面将从生产实践发酵酒糟的过程中总结的窖藏方法进行介绍。

窖藏前先做好场地选择、窖池的修建、装窖、取用等的准备工作。

1. 场地选择

选择牛场中地势较高、干燥、方便运糟车进入的地方，根据场地条件和地下水位的高低，修建地上池或者地下池。广西气候湿润，多雨，可在发酵池上面加盖顶棚，防止雨水渗入。

2. 贮藏窖的修建

根据所养牛只的数量、酒糟量、饲喂期、饲喂量来确定所需贮藏的酒糟数量，根据酒糟的容积设计酒糟池的大小。窖池的修建要求：四周平整光滑，能够密封，防止渗水和漏气，且有利于酒糟的装填压实。窖底设计一般为 2°的坡度。根据取糟量设计取料口的大小，但开口不能太大。

3. 窖藏方法

首先，在装窖的时候对窖内每个地方进行彻底清理消毒。四壁完整无损。将购入的酒糟在干净的地面铺平，按照 1 t 酒糟计算原料含量：425 kg 酒糟，加玉米粉或者麦麸 75 kg，加酒糟发酵剂。每铺 10 ～ 15cm 的酒糟，上面撒一层玉米粉，喷洒稀释好的酒糟发酵剂液，再铺一层酒糟，撒玉米粉，喷洒稀释后的发酵剂，全部翻动 3 遍，搅拌均匀，用手握法检查发酵料的干湿度，干湿度在 60% 左右为宜，以手握发酵料手上有水印但不成滴为佳，如果发酵料太干，再次翻动适量喷洒发酵剂；发酵料太湿，可加入玉米粉，搅拌均匀的同时加入食盐。

定期检查塑料膜有无破损，是否有老鼠进行损坏，防止空气渗入，破坏发酵的厌氧环境。

4. 品质鉴定

优质的酒糟贮藏料的颜色与新鲜酒糟的色泽相近，有芳香酸味，不发粘，适口性好，肉牛采食量多。发酵酒糟添加玉米粉和不添加玉米粉营养成分的含量变化差异较大。添加玉米粉后的各营养成分含量为粗蛋白 20% ～ 25%，粗纤维 11% ～ 17%，无氮浸出物 47.9% ～ 51.9%，灰分 6.2% ～ 8.3%，钙 0.25% ～ 0.5%，磷 0.19% ～ 0.21%，微量元素不足。

根据当地的气候条件和自身的饲养情况来确定取用时间。酒糟密封 2 ～ 7 d 即可取用，取用时开口要小，尽量缩短时间，并迅速密封。饲喂的量应该严格控制，先少后多。酒糟发酵料中钙、微量元素等含量较少，应注意补充钙、微量元素和维生素等物质，或者搭配青绿饲料和干草一起饲喂。根据喂料的比例在精料中添加 0.5% ～ 1.5% 小苏打，有条件的可增加 0.2% 左右的氧化镁。

（六）菌糠发酵的加工工艺

食用菌收获后废弃的培养基残渣即菌糠，其主要成分是棉籽壳、锯木屑、稻草、玉米芯、甘蔗渣及多种农业副产物。菌糠含有大量的粗蛋白、矿物质和丰富的氨基酸及其他活性营养物质，是一类优质的畜禽非常规饲料原料。

菌糠因品种不同、基质不同，含有一些不易消化的纤维（如木质素）、一些大分子物质或者少量抗营养因子，不利于牛等动物的消化吸收，直接饲喂的效果较差。因此，菌糠饲料需要采用不同的方法对其进行处理，提高其适口性和营养价值，以及利用率。菌糠含水量高，富含营养物质，保存不当很容易造成发霉变质。发酵处理是进一步提高菌糠饲料利用率和营养价值的有效途径。目前，生产中普遍使用此种方法处理菌糠。下面对广西菌糠发酵饲料工艺进行介绍。

采集不同食用菌栽培的菌糠，主要为菌包栽培、菌包覆土栽培、大床覆土栽培等栽培方式出菇后废弃的菌糠。

将采集的菌糠除去附着在菌糠上的土粒、杂质、霉变和腐烂部分，选取菌丝洁白、料块结实的部分，经过自然晾干、粉碎后备用。

发酵菌液（以乳酸杆菌为主）的制备：将 0.1% 的复合有益菌溶于水，加入 5% 的玉米粉混入水中使有益菌复活 2 ～ 4 h。

晾晒、粉碎后的菌糠进行水分调节，调节菌糠的水分至 65% 左右，用手握法进行测定，以一触即散，指间不滴水为宜。

将复活的菌糠发酵液均匀喷洒在菌糠表面，搅拌均匀后，装入容器中用薄膜密封覆盖，厌氧发酵 15 d 备用。

## 第五节　生物发酵饲料在反刍动物中的应用

随着科学技术的发展，抗生素在畜禽生产中的副作用日益显现。人们对食品安全关注度也在逐步提高，同时很多国家对饲料中抗生素的使用提出了严格的要求，甚至明确规定禁止使用。如今，为了解决这个问题，益生菌发酵饲料逐步受到很多国家和科技工作者的重视，我国也多次组织召开关于“替抗”的会议，其作为一种新型的饲料资源对畜禽的发展起到了积极的作用。益生菌发酵饲料在畜禽饲养过程中，可以改善饲料的适口性和风味，分泌促生长因子和生物降毒素等物质，改善饲料的营养组分，提高畜禽的消化率等。

## 一、生物发酵饲料对肉牛的影响

生物发酵饲料的使用在肉牛生产中占肉牛养殖成本的一半以上，发酵饲料的处理程度以及配方的合理性直接影响着肉牛养殖效益。因此，应用益生菌制剂发酵处理配合日粮原料对于改善肉牛的饲喂效果至关重要。

1. 提高饲料的营养价值

饲料中都含有一定的抗营养因子成分，如豆类中含有抗胰蛋白酶、高粱中含有单宁碱、部分糟渣类饲料中含有一定的霉菌毒素，不经过处理会导致饲料利用率下降，甚至会使肉牛产生腹泻等疾病，而传统的抗营养因子处理方式是通过加热烘焙或者添加酸类、碱类物质进行处理，处理方法不当会造成营养物质的大量流失。采用益生菌制剂发酵处理饲料原料，在降低饲料原料中抗营养因子拮抗成分的同时，还可产生大量有机酸类和植物菌体蛋白，可以有效提高饲料的利用率。

2. 改善牛瘤胃内环境

肉牛的瘤胃内本身就含有大量的细菌、真菌和纤毛虫等，饲料原料经微生态发酵后菌类和饲料在瘤胃内充分混合在一起，和瘤胃内的细菌和纤毛虫共同完成饲料的消化，在促进饲料消化吸收上起到了协同的效果。同时微生态发酵后的饲料呈弱酸性，和肉牛瘤胃的 pH 值大致相同，有利于饲料在瘤胃中消化，促使肉牛反刍加快，进而提高消化率，更有利于肉牛后端肠道对饲料的吸收利用。

3. 降低圈舍内的氨气浓度

为了维持较高的生产性能，在肉牛饲料中通常会添加一定量的蛋白质饲料。但是肉牛在消化蛋白质饲料的过程中，将一部分不能吸收的蛋白质以粪氮和尿氮的形式排出体外，造成圈舍内氨气浓度升高，影响圈舍内的空气质量。在微生态发酵条件下，蛋白质饲料中蛋白质被分解为单肽，多肽进入体内能很快被肉牛吸收，减少了粪氮和尿氮的排放，有效地降低了圈舍内的氨气含量。

4. 为无抗饲料的开发奠定基础

随着人们无抗意识和食品安全意识的提高，我国对畜产品的抗生素残留的重视程度也在不断地提高，因饲料经微生态发酵后的有益菌类和有机酸类可有效地维持牛体内的酸碱平衡，所以，利用微生态发酵饲料进行无公害畜产品的生产，可有效地降低肉牛养殖过程中的抗生素的使用量，也为进行无公害绿色畜产品的开发生产奠定了良好的基础。

## 二、发酵饲料对肉牛应用的效果

发酵饲料作为肉牛饲料，目前是将农副产品等进行发酵来降低饲料成本，在改变饲料成本的情况下，对于饲料的贮藏，提高适口性都有积极的作用，现已被广泛应用。

为了了解发酵饲料对肉牛应用的效果，开展了以下试验。选用容县奇昌公司自主研发的复合益生菌制剂对牛的日粮精饲料进行益生菌发酵处理，选用江西宜春强益生菌科技有限公司研发的复合益生菌制剂对牛的日粮秸秆饲料进行益生菌处理后在肉牛中进行饲养试验，同时采用相对应产品对牛舍环境进行益生菌处理。经过饲养试验后对牛群生长指标、饲料消化率、环境指标等各项指标的检测结果如下。

### （一）益生菌发酵精饲料在后备肉牛生产中的应用效果

益生菌发酵精饲料对后备牛生产指标的影响见表 3–25。

**表 3–25　益生菌发酵精饲料对后备牛生产指标的影响**

| 组别 | 试验初重/kg | 试验末重/kg | 头均日增重/g | 粗蛋白消化率/% | 粗纤维消化率/% | 单位增重成本/（元/kg） |
|---|---|---|---|---|---|---|
| 试验组 | 214.27 ± 9.03 | 276.15 ± 11.98 | 1031.31 ± 56.47 | 62.11 | 53.36 | 15.49 |
| 对照组 | 217.36 ± 10.98 | 274.17 ± 12.26 | 946.91 ± 70.34 | 59.46 | 54.89 | 16.67 |

饲喂益生菌发酵精饲料的后备牛与对照组相比头均日增重提高了 8.91%，同时单位增重成本较对照组降低了 1.18 元 /kg。试验组粗蛋白消化率与对照组相比提高了 4.46%，但粗纤维消化率较对照组低。

### （二）益生菌发酵秸秆饲料在肉牛生产中的应用效果

1. 益生菌发酵秸秆饲料在后备牛生产中的应用效果

由表 3–26 可知，饲喂益生菌发酵秸秆饲料的后备牛与对照组相比头均日增重提高了 16.19%，同时单位增重成本较对照组降低了 2.90 元 /kg。牛舍氨气浓度较对照组显著降低了 36.84%（$P<0.05$），硫化氢浓度较对照组降低了 33.33%。粗蛋白、粗纤维消化率较对照组均有所提高，但差异不显著（$P>0.05$）。使用益生菌发酵精料和秸秆青贮饲料，都能够起到较好的生态养殖作用，但两者对比以发酵秸秆饲料方式添加效果较好。

**表 3–26　益生菌发酵秸秆饲料对后备牛生产指标的影响**

| 组别 | 试验初重 /kg | 试验末重 /kg | 头均日增重 /g | 牛舍氨气浓度 /（mg/m³） | 牛舍硫化氢浓度 /（mg/m³） | 粗蛋白消化率 /% | 粗纤维消化率 /% | 单位增重成本 /（元 /kg） |
|---|---|---|---|---|---|---|---|---|
| 试验组 | 187.44 ± 10.24 | 229.27 ± 9.22 | 697.14 ± 139.76 | 0.12 ± 0.02[a] | 0.002 ± 0.0018 | 66.94 | 66.00 | 19.87 |
| 对照组 | 186.76 ± 9.61 | 222.76 ± 11.15 | 600.00 ± 118.40 | 0.19 ± 0.02[b] | 0.003 ± 0.0002 | 49.53 | 59.63 | 22.77 |

2. 不同益生菌产品在青年牛生产中的应用效果

使用目前在广西应用效果最好的 4 种益生菌产品（青黄贮专用菌、加强型 EM 菌青贮饲料专用发酵剂、增香青贮微贮剂、青贮宝）进行了全株玉米微贮对青年牛生产指标的影响试验，试验组分别为添加 4 种益生菌产品，根据上述的益生菌产品顺序分别设置试验Ⅰ组至试验Ⅳ组，并设置对照组，对照组不添加任何益生菌产品，试验用微贮全株玉米配制成 TMR 日粮饲喂青年牛，结果表明（表 3–27）：从感官品质及发酵品质上看，试验Ⅲ组的增香青贮微贮剂微贮效果最优；试验Ⅲ组青年牛增重效果最好，比试验Ⅳ组（增重效果最差）提高了 14.02%，比对照组提高了 11.77%；试验Ⅲ组单位增重成本最低，比试验Ⅳ组（单位增重成本最高）降低了 12.75%，比对照组降低了 9.86%；益生菌产品对牛舍及粪便的氨气有较好的降低作用，总体的效果是试验Ⅲ组的增香青贮微贮剂对牛生产中产生的氨气降低作用最好。说明增香青贮微贮剂在青年牛生产中应用效果最佳。

表 3–27　不同益生菌产品对青年牛生产指标的影响

| 组别 | 头均日增重 /g | 粗蛋白消化率 /% | 粗纤维消化率 /% | 能量消化率 /% | 单位增重成本 /（元 /kg） |
|---|---|---|---|---|---|
| 试验Ⅰ组 | 723.33 ± 95.53 | $67.82^{Aa}$ ± 0.38 | $62.51^{A}$ ± 0.28 | $66.46^{B}$ ± 0.39 | 22.62 |
| 试验Ⅱ组 | 729.17 ± 80.32 | $67.63^{Aa}$ ± 0.22 | $50.37^{Ca}$ ± 0.21 | $61.69^{C}$ ± 0.31 | 21.48 |
| 试验Ⅲ组 | 779.17 ± 89.07 | $64.14^{Ab}$ ± 0.24 | $47.59^{CDb}$ ± 0.32 | $75.75^{Aa}$ ± 0.19 | 20.12 |
| 试验Ⅳ组 | 683.33 ± 41.94 | $58.29^{B}$ ± 0.29 | $43.46^{Dc}$ ± 0.31 | $74.99^{Ab}$ ± 0.35 | 23.06 |
| 对照组 | 697.14 ± 53.06 | $53.36^{C}$ ± 0.19 | $54.89^{B}$ ± 0.27 | $65.95^{B}$ ± 0.26 | 22.32 |

### （三）益生菌发酵糟渣类饲料在肉牛生产中的应用效果

#### 1. 红薯渣发酵饲料在肉牛生产中的应用效果

##### （1）益生菌发酵红薯渣对肉牛生长性能的影响

益生菌具有抑制肠道有害菌生长，调整肠道内菌群平衡，提高免疫机能，促进动物生长发育，提高动物生长等多种优点。为研究益生菌发酵红薯渣对肉牛生长性能、养分表观消化率的影响，试验择体重相近、健康的育肥肉牛 40 头随机分成 4 组，每组 10 个重复，每个重复 1 头，试验Ⅰ组饲喂基础日粮，试验Ⅱ、试验Ⅲ、试验Ⅳ组分别用 10%、15%、20% 益生菌发酵红薯渣替代饲粮中的玉米，预试验 10 d，试验期 60 d。结果显示（表 3–28），试验Ⅲ、试验Ⅳ组的平均日增重较Ⅰ组分别提高 16.95%、12.3%（$P<0.05$），试验Ⅱ组的平均日增重高于Ⅰ组（$P>0.05$），试验Ⅱ、试验Ⅲ、试验Ⅳ组的平均采食量均高于Ⅰ组（$P>0.05$）；试验Ⅱ组的料重低于Ⅰ组（$P>0.05$），试验Ⅲ、试验Ⅳ组的料重比较Ⅰ组分别降低 14.9%、12.4%（$P<0.05$）；说明益生菌发酵红薯渣替代饲料中不同水平的玉米，可以提高肉牛的生长性能，以 15% 的益生菌发酵红薯渣替代饲料的玉米，效果显著。这可能是红薯渣经过益生菌发酵后，可以降低红薯渣中的纤维含量，提高其他营养物质的含量，同时改善其适口性，提高其采食量，进而提高其饲料中的营养物质的转化率，因此提高肉牛的生长性能。

表 3-28　益生菌发酵红薯渣对肉牛生长性能的测定结果

| 组别 | 平均日增重 /（kg/d） | 平均采食量 /（kg/d） | 料重比 |
|---|---|---|---|
| 试验Ⅰ组 | $0.71 \pm 0.27^{b}$ | $8.61 \pm 0.23$ | $11.12 \pm 0.21^{a}$ |
| 试验Ⅱ组 | $0.77 \pm 0.24^{ab}$ | $8.72 \pm 0.23$ | $10.28 \pm 0.14^{ab}$ |
| 试验Ⅲ组 | $0.83 \pm 0.42^{a}$ | $9.88 \pm 0.34$ | $9.46 \pm 0.14^{b}$ |
| 试验Ⅳ组 | $0.81 \pm 0.14^{a}$ | $9.86 \pm 0.13$ | $9.74 \pm 0.24^{b}$ |

（2）益生菌发酵红薯渣对肉牛养分表观消化率的影响

饲料中的营养物质表观消化率是影响畜禽生长性能的重要指标之一。当饲料中的蛋白质、脂肪、粗纤维等营养物质搭配不均衡时，尤其是粗纤维过高时，会严重影响肉牛对其他营养物质的吸收，降低饲料的利用率，增加饲养成本。结果表明（表 3-29），试验Ⅲ、试验Ⅳ组干物质、蛋白质、钙、磷的表观消化率均高于试验Ⅰ组（$P>0.05$）；试验Ⅱ组的中性洗涤纤维表观消化率高于试验Ⅰ组（$P>0.05$），试验Ⅲ、试验Ⅳ组的中性洗涤纤维、酸性洗涤纤维表观消化率较试验Ⅰ组分别提高 12.7%、11.0%、18.9%、16.4%（$P<0.05$）。说明益生菌发酵红薯渣替代饲料中不同水平的玉米不仅不会影响肉牛对饲料中营养物的消化与吸收，还可以提高其饲粮中粗蛋白、中性洗涤纤维、酸性洗涤纤维表观消化率。这可能是益生菌发酵红薯渣中富含多种营养物质，会刺激消化道内消化酶的分泌，可提高营养物质的利用率，因此提高其营养物质的表观消化率。所以，这种方法具有一定推广应用价值。

表 3-29　益生菌发酵红薯渣对肉牛养分表观消化率的检测结果

（单位：%）

| 组别 | 干物质 | 粗蛋白 | 中性洗涤纤维 | 酸性洗涤纤维 | 钙 | 磷 |
|---|---|---|---|---|---|---|
| 试验Ⅰ组 | $61.02^{b} \pm 5.52$ | $54.34^{b} \pm 4.12$ | $56.18^{b} \pm 2.12$ | $36.43^{b} \pm 2.55$ | $41.22^{b} \pm 3.32$ | $40.82^{ab} \pm 2.33$ |
| 试验Ⅱ组 | $61.22^{b} \pm 4.33$ | $55.15^{ab} \pm 4.23$ | $60.42^{a} \pm 2.23$ | $37.28^{ab} \pm 2.13$ | $42.12^{ab} \pm 3.33$ | $41.28^{ab} \pm 2.33$ |
| 试验Ⅲ组 | $62.52^{a} \pm 4.21$ | $58.11^{a} \pm 5.38$ | $63.33^{a} \pm 2.12$ | $43.32^{a} \pm 2.42$ | $43.52^{a} \pm 2.32$ | $42.12^{a} \pm 2.34$ |
| 试验Ⅳ组 | $62.32^{a} \pm 3.32$ | $58.33^{a} \pm 5.13$ | $62.37^{a} \pm 2.14$ | $42.41^{a} \pm 2.12$ | $43.12^{a} \pm 2.42$ | $43.03^{a} \pm 2.31$ |

2. 马蹄渣发酵饲料在肉牛生产中的应用效果

（1）日粮中添加发酵马蹄渣对肉牛采食量及健康状况的影响

采食量指标是衡量日粮配方、饲料适口性及动物健康状况的重要指标。研究发现，日粮中添加发酵马蹄渣可替代部分全株玉米青贮饲料。根据研究将进行以下试验，试验分为 4 组，试验Ⅰ组发酵马蹄渣添加比例为 30%，试验Ⅱ组发酵马蹄渣添加比例为 50%，试验Ⅲ组发酵马蹄渣添加比例为 70%，试验Ⅳ组为对照组，无添加。采食量从高到低依次为：试验Ⅰ组 > 试验Ⅱ组 > 试验Ⅳ组 > 试验Ⅲ组。当发酵马蹄渣添加比例为 30%、50% 时可以提高日均采食量，适口性优于全株玉米青贮饲料，而发酵马蹄渣添加比例为 70% 时，采食量低于对照组。可见，发酵马蹄渣添加比例不同对肉牛采食量的影响也不同，采食量随添加比例升高反而降低，这可能与马蹄渣经过发酵后其酸碱度发生改变有关，马蹄渣经发酵后呈酸性，日粮中添加过多的发酵马蹄渣，使得饲料适口性降低，进而影响肉牛采食量。在试验过程中发现，试验组和对照组牛群精神状况表现正常，均未发病及出现其他不良反应。

（2）日粮中添加发酵马蹄渣对肉牛日增重的影响

日粮中添加发酵马蹄渣对肉牛日增重的影响结果见表 3–30。由试验结果可以看出，日粮中添加发酵马蹄渣试验Ⅱ组获得最高头均增重，而试验Ⅲ组头均总增重显著低于试验Ⅰ组、试验Ⅱ组；肉牛日增重试验Ⅱ组显著高于试验Ⅲ组、试验Ⅳ组，试验Ⅰ组显著高于试验Ⅲ组，而试验Ⅰ组、试验Ⅱ组之间差异不显著，试验Ⅲ组、试验Ⅳ组之间差异不显著。

**表 3–30　日粮中添加发酵马蹄渣对肉牛日增重的影响**

| 组别 | 采食量 /（kg/d） | 头均总增重 /kg | 日增重 /（kg/d） |
|---|---|---|---|
| 试验Ⅰ组 | $14.71^{a} \pm 0.19$ | $81^{ab} \pm 9.6$ | $1.08^{ab} \pm 0.12$ |
| 试验Ⅱ组 | $14.75^{a} \pm 0.07$ | $87^{a} \pm 8.7$ | $1.16^{a} \pm 0.12$ |
| 试验Ⅲ组 | $13.78^{c} \pm 0.24$ | $65^{c} \pm 8.9$ | $0.87^{c} \pm 0.12$ |
| 试验Ⅳ组 | $14.33^{b} \pm 0.22$ | $68^{bc} \pm 13.7$ | $0.92^{bc} \pm 0.18$ |

（3）日粮中添加不同比例的发酵马蹄渣对肉牛养殖经济效益的影响

日粮中添加不同比例的发酵马蹄渣会对肉牛养殖成本产生影响。本试验设计中仅考虑因饲料成本造成的影响，排除人力成本、牛舍折旧、设备及水电等对肉牛养殖成本的影响。由试验结果（表 3–31）可以看出，日粮中添加发酵马蹄渣后各组肉牛养殖成本均低于试验Ⅳ组。然而，在相同时间内头均总增重试验Ⅲ组显著低于试验Ⅰ、试验Ⅱ组。

**表 3–31　日粮中添加发酵马蹄渣对肉牛经济效益的影响**

| 组别 | 饲料成本 /（元 /kg） | 头均总增重 /kg | 造肉成本 /（元 /kg） |
| --- | --- | --- | --- |
| 试验Ⅰ组 | 0.53 | $81^{ab}\pm 9.6$ | $7.3^{a}\pm 0.86$ |
| 试验Ⅱ组 | 0.61 | $87^{a}\pm 8.7$ | $7.8^{a}\pm 0.83$ |
| 试验Ⅲ组 | 0.45 | $65^{c}\pm 8.9$ | $7.2^{a}\pm 1.04$ |
| 试验Ⅳ组 | 0.73 | $68^{bc}\pm 13.7$ | $11.7^{b}\pm 2.03$ |

（4）日粮中添加发酵马蹄渣对能繁母牛效果的影响

为了更好地测试日粮中添加马蹄渣对能繁母牛的繁殖效果的影响，利用本地母牛与利木赞杂交一代母牛进行测试分析。每天喂 2 次饲料，饲喂量按照预试期的采食量合理供给，每次以吃饱吃净为度，饲料计量但不限量，供给充足清洁的饮水。每天清理牛舍 2 次，保持牛舍清洁干燥。每天记录观察试验牛的喂料量、剩料量，观察记录试验牛的采食情况及健康状况。结果显示，试验期间，试验组母牛采食新鲜青贮料（发酵马蹄渣 30%+ 全株玉米青贮料 70%）的量为 6283.2 kg，而对照组采食量为 6435.0 kg（表 3–32）。

**表 3–32　能繁母牛总采食量**

（单位：kg）

| 组别 | 头均采食量 | 青贮料每组（10 头）采食量 |
| --- | --- | --- |
| 试验组 | 19.04 | 6283.2 |
| 对照组 | 19.50 | 6435.0 |

试验组用发酵马蹄渣替代30%全株玉米青贮料，经过试验观察，与对照组的母牛群一样，牛群精神状况正常，均未发病，也没有出现其他不良反应。试验组母牛发情、产仔等情况与对照组基本一致，说明添加一定比例的马蹄渣发酵料对肉牛的繁殖率没有影响（表3–33）。

**表3–33　发酵马蹄渣饲料替代部分青贮料对母牛繁殖率的影响**

| 组别 | 产后首次发情平均天数 /d | 产犊率 /% | 出生重 /kg | 犊牛成活率 /% |
| --- | --- | --- | --- | --- |
| 试验组 | 41 ± 1.23 | 100 | 59 ± 0.52 | 100 |
| 对照组 | 39 ± 1.26 | 100 | 62 ± 0.28 | 100 |

## 三、生物发酵饲料在奶牛养殖中的应用效果

生物发酵饲料在奶牛养殖中的应用主要是酵母培养物在饲料中的使用。酵母培养物已被划归入《饲料原料目录》，不再列为饲料添加剂，说明其已被认可为常规添加的饲料，具有添加的必要性及独特性。想养好牛就得养好牛的瘤胃，养好瘤胃内的益生菌，才能保证牛瘤胃的功能正常。目前既能维持瘤胃健康，帮助提升产奶量，又有助于改善繁殖性能等生产性能指标的，酵母培养物是较为有效的饲料原料。

### （一）酵母培养物对奶牛的作用机理

在奶牛养殖过程中存在多种应激因素，如环境、管理、动物生理、营养等。当这些影响达到一定程度后，奶牛的激素水平会发生相应变化，导致消化道内原有消化因子的代谢呈现异常状态，即消化道内的一些营养代谢的前体物质数量不足或消失，进而导致消化道系统内的营养代谢出现障碍，最终影响奶牛的健康水平和生产性能。研究表明，酵母培养物在缓解奶牛应激方面有着非常重要的作用，因为其包含有大量的可供代谢所用的营养物质，有助于代谢动态平衡的建立和维护。

### （二）酵母培养物的作用

酵母培养物的作用就是保持奶牛拥有一个健康的瘤胃，使饲料的利用效率最大化，优化瘤胃的发酵作用，进而达到产奶量及利润最大化。简单地说，

酵母培养物的功能为改善或维护动物胃肠道的消化吸收能力，保持动物健康，进而提高生产性能。

（1）优化瘤胃功能性益生菌的生长与平衡

添加酵母培养物可使奶牛瘤胃细菌数量增加 58% 及 35%。其中，瘤胃分解纤维细菌数分别增加 82%、59%；增加瘤胃乳酸利用菌数，降低乳酸在瘤胃内的堆积，并将乳酸转变为丙酸；增加瘤胃真菌数；增加能清除氧气的原生虫；增加益生菌蛋白合成，减少吞噬细菌的原生虫，内毛虫属原生虫可减少 21%，前毛属原生虫可减少 15%。

（2）优化瘤胃环境

稳定瘤胃酸碱值，尤其是高精饲料导致采食前后的瘤胃 pH 值发生巨大变化；部分活酵母消耗瘤胃氧气，促进瘤胃氧气清除，提高瘤胃内粗饲料及精饲料的消化率。

（3）提高能量和蛋白的供应

功能良好的瘤胃可提高瘤胃总挥发性脂肪酸，可对淀粉类进行快速消化，能提高丙酸的浓度；酵母培养物稳定瘤胃 pH 值并增加挥发性脂肪酸浓度。这些可使能量水平提高。还使瘤胃益生菌蛋白至小肠的供给提高。因此，提高生产效率

（4）提高奶牛的免疫力及健康程度

可以降低瘤胃脂多糖浓度，进而减少牛蹄炎及隐性乳房炎；提高奶牛的免疫力，包括抗炎症能力及增强自然杀伤细胞活力。

（5）具有吸附霉菌毒素的作用

酵母培养物含有酵母细胞壁成分，天然的空间结构能够非定向地吸附饲料中霉菌毒素。因此，高剂量酵母培养物具有一定的霉菌毒素吸附效果。

（三）酵母培养物在奶牛养殖中的应用前景

将酵母培养物应用于泌乳早期奶牛，可提高采食量，增加产奶量；应用于泌乳中后期奶牛，可增加产奶量，提高饲料消化率；同时使蹄病和隐性乳房炎发病率降低，乳脂率增加。从产前 21 d 起给奶牛饲喂酵母培养物可使其产前产后食欲大幅度增加，产后体况评分下降较少，产后代谢性疾病的发生

率降低，初乳产量尤其是免疫球蛋白含量增加；同样，犊牛阶段饲喂酵母培养物，可促使瘤胃绒毛发育及生长速度增加，下痢减少，改善健康状况。因此，从长远来看，随着人们对瘤胃益生菌基因组学及其功能的更多了解，对菌种的优选，发酵工艺的不断改进及突破，将会有更好的产品问世。犊牛断奶前大剂量地喂奶或自由采食酸化奶，会造成在喂乳前期采食量降低。因此，在乳中添加专用的液态酵母培养物，可以提高犊牛的消化吸收率。

目前，许多牧场以提高日粮精料比来提高产奶量，中小型牧场及养殖小区由于粗饲料品质相对大牧场差，也依赖提供精料来弥补粗饲料的不足，再加上 TMR 饲喂及管理等因素，会加大瘤胃酸中毒的程度。在低奶价的情况下，低成本运营是牧场主寻求的途径，酵母培养物在维护奶牛瘤胃及肠道健康，提高牛奶品质，增加牧场收益等方面，将会有很好的应用前景。

### （四）其他生物发酵饲料在奶牛养殖中的应用效果

在生产中，除了酵母培养物，其他的生物发酵饲料在奶牛养殖中也取得了较好的应用效果。生物发酵饲料在奶牛养殖中取得的效果主要和发酵过程中代谢的小肽和寡糖有着密切的关系。同时，生物发酵饲料中菌体和益生菌代谢也起着很重要的作用。

已有的研究表明，乳酸菌和芽孢杆菌在发酵过程中能产生大量的微生态调节剂，如小肽、寡糖、消化酶类、多种维生素及其他营养因子等，与奶牛瘤胃中固有的益生菌发生协同作用，可以调整瘤胃微生态平衡，增加瘤胃纤维分解菌数目以及瘤胃细菌总数，促进瘤胃发酵或益生菌活动，从而提高瘤胃益生菌对粗饲料的利用程度，同时提高瘤胃益生菌蛋白的含量，达到提高奶牛生产性能的目的。功能性寡糖在反刍动物中的应用较少。广西畜牧研究所的黄牛研究团队使用功能性寡糖配合复合益生菌在娟珊奶牛上进行了应用，取得了较好的效果。

#### 1. 功能性寡糖配合益生素对育成牛生长的影响

为了探索其他益生菌发酵产物和培养物在生态养殖中的作用，该试验通过饲喂功能性寡糖配合产酶益生素来研究其在肉牛和奶牛上的应用效果。试验组的饲料是 TMR 日粮中添加 5 g/（头·d）的甘露寡糖和 50 g/（头·d）复合益生菌剂，并设置对照组，对照组为正常饲喂饲料无其他添加。试验结果表明（表 3–34），饲喂寡糖配合产酶益生素 60 d 后育成牛的平均日增重提高了 13.2%。

**表 3–34　功能性寡糖配合益生素对育成牛体重的影响**

（单位：kg）

| 项目 | 试验组 | 对照组 |
| --- | --- | --- |
| 初始体重 | 349.8 ± 6.36 | 350.6 ± 9.85 |
| 第 30 d 体重 | 383.7 ± 10.12 | 379.7 ± 12.39 |
| 30 d 平均日增重 | 1.13* ± 0.09 | 0.97 ± 0.06 |
| 第 60 d 体重 | 421.5 ± 13.96 | 415.0 ± 15.65 |
| 60 d 平均日增重 | 1.20* ± 0.08 | 1.06 ± 0.11 |

注：* 表示 $P>0.05$，下同。

2. 功能性寡糖配合益生素对育成牛免疫功能的影响

试验结果表明（表 3–35），寡糖配合产酶益生素对育成牛血清中 TIg、IgG 和 IgA 抗体的水平有显著提高作用。与对照组相比，饲喂甘露寡糖配合复合益生菌剂 60 d 后育成牛血清中的总免疫球蛋白、IgG 和 IgA 的含量有了显著的提高（$P<0.05$）。TMR 日粮中添加甘露寡糖和复合益生菌对血清中 IFN–γ 含量无显著影响（$P>0.05$）。

**表 3–35　甘露寡糖配合复合益生菌剂对育成牛免疫功能的影响**

| 项目 | 试验组 | 对照组 |
| --- | --- | --- |
| IgG/（μg/ml） | 79.12* ± 2.39 | 70.25 ± 4.36 |
| IgA/（μg/ml） | 35.33* ± 1.12 | 30.19 ± 2.35 |
| 总免疫球蛋白（TIg）/（μg/ml） | 95.27* ± 2.02 | 85.42 ± 3.87 |
| γ 干扰素（IFN–γ）/（ng/l） | 740.44 ± 18.56 | 682.57 ± 20.23 |

3. 功能性寡糖配合益生素对育成牛养分消化率的影响

试验结果表明（表 3–36），添加甘露寡糖配合复合益生菌 60 d 后，试验组粗蛋白和粗脂肪的表观消化率要显著高于对照组的（$P<0.05$）。TMR 日粮添加甘露寡糖配合复合益生菌对总干物质和粗纤维没有显著性影响（$P>0.05$）。

**表 3–36　甘露寡糖配合复合益生菌剂对育成牛养分消化率的影响**

（单位：%）

| 项目 | 试验组 | 对照组 |
|---|---|---|
| 总干物质（DM） | 77.95 ± 1.69 | 74.27 ± 1.27 |
| 粗纤维（CF） | 66.73 ± 1.32 | 60.08 ± 1.56 |
| 粗蛋白（CP） | 73.58* ± 1.13 | 62.72 ± 1.78 |
| 粗脂肪（EE） | 61.34* ± 1.01 | 69.01 ± 2.05 |

4. 功能性寡糖配合益生素对牛舍氨气的影响

试验结果表明（表 3–37），添加甘露寡糖配合复合益生菌剂第 30 d，试验组牛舍中空气中氨气的含量降低，但与对照组相比无显著差异（$P>0.05$）；到试验后期（第 60 d），试验组牛舍中空气中氨气的含量进一步下降，显著低于对照组（$P<0.05$）。对照组的牛舍中氨气含量在 60 d 内变化不大。

**表 3–37　甘露寡糖配合复合益生菌剂对牛舍中氨气含量的影响**

（单位：$mg/m^3$）

| 项目 | 试验组 | 对照组 |
|---|---|---|
| 第 30 d 氨气含量 | 1.88 ± 0.12 | 2.35 ± 0.18 |
| 第 60 d 氨气含量 | 1.15* ± 0.09 | 2.60 ± 0.25 |

## 第六节　生物发酵饲料存在问题

我国的生物发酵饲料经历过青贮饲料、单细胞蛋白饲料、益生菌发酵饲料几个时期。但对生物发酵饲料的定义仍没有具体统一，随着科技和生产实践，其内涵也将会有不断地变化。广义认为生物发酵饲料是指在人为控制条件下，以植物性农副产品为主要原料，通过益生菌的代谢作用，降解部分多糖、蛋白质和脂肪等大分子物质，生成有机酸、可溶性多肽等小分子物质，形成营养丰富、适口性好，活菌含量高的生物饲料或饲料原料。生物饲料是指以饲料和饲料添加剂为对象，以基因工程、蛋白质工程、发酵工程等高新生物技术为手段，利用益生菌发酵工程开发的新型饲料资源和饲料添加剂。利用农产品副产物生产生物发酵饲料，可扩大饲料生产规模，提高饲料质量和资源利用率，对饲料行业的发展具有重大意义。但是近年来，在发展过程中虽然应用效果较为明显，但还是出现了一系列问题。

## 一、技术应用方面的问题

我国目前从事生物发酵饲料的研发和生产的企业很多，大部分是由小型饲料企业和兽药企业转型而来的。从业人员没有经过专业的培训，对益生菌知识和发酵工艺了解较少，发酵设备落后，在固态发酵阶段没有标准化的设备，有的厂家发酵设备全部暴露在饲料生产车间中，车间中的粉尘夹带有其他杂菌会对饲料发酵产生污染。生物发酵领域的核心是益生菌菌种。我国饲料使用的益生菌菌种发展非常迅速，目前允许在养殖动物和饲料中使用的已经达到 34 种，但是对益生菌菌种的研究或者技术转化力度不大，这与发展趋势相背离。还有很多益生菌相关的基础领域研究的学者掌握了大量的优质的益生菌菌种资源，却不能在畜牧和饲料领域得到较好的应用和转化，导致部分筛选出来的优良菌种还停留在实验室研究阶段。

## 二、产品稳定性问题

生物发酵饲料在养殖业上需求量很大，引发很多企业规划和设计生产此类饲料。我国采用的发酵方式多为固态发酵，因此，原料的灭菌对于大批量的生产来说成本较高。再加上缺乏专业的灭菌设备，产品的附加值得不到认可，造成在后期发酵的设备、输送系统等程序中很容易出现杂菌污染，最终导致发酵失败。开放式发酵床、发酵池等生产方式被污染的风险更大。生物发酵饲料产品的较高附加值的使用价值没有彻底被公认，产品生产成本没有大幅度降低，生物发酵饲料产品处于两难的境地。

在生物发酵饲料固态发酵过程中没有标准化的设备，发酵过程只有空气和水分两种介质，发酵的物料不能像液态发酵那样具有均一性，出现了以下一些发酵不良的问题：①发酵料发酵不均匀，不同部位水分蒸发快慢不同，导致局部菌种生长不良。②发酵过程中由于益生菌呼吸代谢作用，内部易出现缺氧、温度过高现象，在没有完全实现人工控制的情况下，影响发酵效果。③生物发酵饲料的生产过程中 pH 值很难调控把握，发酵一段时间后培养基呈现偏酸性，不利于后续发酵的进行。

### 三、产品安全性问题

生物发酵饲料是目前研究和开发的热点，在保障我国饲料资源、饲料和畜产品安全，促进减排、降低环境污染等方面都表现出了极大的应用前景。近年来，广大养殖户对生物发酵饲料使用效果的认知度越来越高，让越来越多的生物发酵饲料应用于饲料工业和养殖业中。因此，生物发酵饲料的安全问题值得引起我们的关注。

#### （一）发酵原料的安全性

生物发酵饲料的原料种类繁多，对这些原料作为饲料和发酵原料的合理性的科学研究不够深入，缺乏针对不同原料的筛选、评测、发酵菌种等生产过程中各个环节的系统研究。虽然有的发酵原料本身可以直接饲喂动物，但是经过长时间的发酵可能会分解出不利于动物健康和产品安全的有毒有害物质。对于发酵产品缺乏统一、有效的品质成分分析检测法，对各类饼粕发酵饲料的养殖应用研究不够深入。市场上现有的各类饼粕类发酵饲料用法、用量随意性很强，差异也很大，缺乏有关使用的科学有效的评判方法。此外发酵饼粕类饲料的安全风险评估方面的研究目前还很少，对发酵原料、过程及产品中霉菌、毒素的数量变化及控制研究等涉及不够。

生物发酵是一个复杂的生物化学过程。发酵过程中饲料化学成分发生变化，还会引起发酵环境的改变。目前，一些工厂对生物发酵饲料的检测手段粗放，很难保证原料和发酵饲料产品质量的稳定性和安全性。发酵过程中对参数进行控制可以有效保证发酵产品质量，但目前监控技术还不是很成熟，国内外对固态发酵过程参数的智能监控技术亟须进行探索。

#### （二）发酵菌种的安全性

目前，生物发酵饲料所用的发酵菌种，大部分都是通过购买或者自己筛选获得的。购买的菌种在长期使用时缺乏代次稳定性和变异性的检测，很难保证稳定性。自己筛选的发酵菌种通过鉴定，符合添加剂的要求即可作为发酵菌种使用。然而，有研究者认为这些过程还不够完善，判断一个菌种是否优良、是否可用，还需要大量的验证。筛选发酵菌株还要考虑人和动物的安全性，并通过动物临床试验来验证其应用效果，从而评价菌株是否优良。单是通过耐受性体外试验就判断其能够在肠道内定植，缺乏科学性和准确性，通过动物临床试验将更加科学合理。

发酵饲料菌株的安全性是最重要的。在适宜的条件下，只有有益菌大量繁殖，才能将原料转化成对动物有益的代谢产物，而有害菌的繁殖会产生有害物质，最终影响动物健康。应该对已筛选的菌种进行大量研究之后，再投入生产中应用。

（三）代谢产物的安全性

目前，发酵饲料的好坏主要通过色泽、气味和质地等感官指标，以及乳酸菌、酵母菌和芽孢杆菌的数量来判断。但是，这些评价指标是否科学并未得到验证。生物发酵饲料经过发酵的复杂过程，代谢产物很多，能够认识到的却十分有限。这些代谢产物是否安全有效，是衡量发酵饲料品质的好坏的一个重要因素。在这方面需要进行严格的分析，并将它们迅速地应用到生物发酵饲料领域，以提供有力的理论支撑和技术支撑。由于发酵原料特色和个人感官敏感度的不同，肉眼的所见并不能代表发酵饲料的真实变化。在目前没有科学的评价指标的前提下，不应单纯地依靠感官指标中某一个或多个指标做出判断，应结合已知的理化指标并结合具体的饲养试验进行综合评定其质量及营养价值，才能正确地判断发酵饲料是否成功发酵。

## 第七节　生物发酵饲料的应用前景

近年来，生物发酵饲料产业的发展非常迅速，各种生物发酵饲料也逐步在畜牧业生产中得以应用，前景广泛。为了确保动物的健康和经济效益，人们在养殖畜禽期间大量地使用抗生素，使动物机体和动物体内的有害微生物产生抗药性，如果人们长期食用这些畜产品就会引起健康问题。如何利用现代的益生菌发酵技术来替代抗生素等药物的使用，给人们提出了新的挑战和机遇。现阶段，针对生物发酵饲料在应用中存在问题需要攻坚克难，未来生物发酵饲料的应用前景将会更加广阔。

### 一、饲料原料匮乏问题得以解决

近年来，饲料资源严重制约着全世界饲料行业的发展，精饲料资源（玉米、豆粕等）紧缺且价格较高，而廉价的粗饲料因无法充分被动物利用而被大量废弃或烧毁，造成了资源的严重浪费和环境污染。目前我国的饲粮占粮食总量的 35% ～ 45%，预计到 2030 年这个比重可达到 50%，但是粮食预期年增量约为 1%，饲粮缺口严重，尤其是蛋白质饲料资源将更加紧张。因此，利用新型饲料原料代替日渐紧缺的常规饲料原料将成为未来饲料业发展的必然趋势。食品深加工所得的一些副产品（麸皮等）、农副产品的废弃物（农作物秸秆、糟渣类等）以及工业有机废水、废渣等也将成为一个重要的研究趋势。这些物质数量丰富，并且富含膳食纤维和蛋白质等营养成分。目前，我国对这些资源的利用还不充分，造成资源的浪费。尤其是对于农副产品废弃物的利用，有的直接丢弃，有的进行焚烧，不但造成资源的浪费，还会对环境构成破坏。因此，通过益生菌发酵的方式利用这些资源进行饲料生产研究，不仅可以实现资源的再利用，还能缓解我国饲料资源紧缺的问题。

### 二、抗生素带来的危害得以解决

我国作为世界畜禽生产大国，曾因为抗生素的含量不符合其他国家制定的标准而被拒绝出口。为了保障我国国民的公共卫生安全和适应国际上其他国家对畜禽产品制定的安全标准，我国政府更加严格地限制抗生素类饲料添加剂的使用。我国在饲料中批准使用的抗生素种类逐渐减少，人们开始寻求其他的替代品，以保证畜牧业生产的效率和效益不受影响。

动物肠道内的病原菌可直接危害动物的身体健康，同时也是食品污染的主要来源。自 20 世纪 50 年代开始，有人发现在动物饲粮中添加抗生素能显著促进动物生长，并对集约化畜牧业的发展有巨大的促进作用。但是，随着科技的发展，抗生素的副作用逐渐被发现。主要表现在以下方面。

①抗生素在消灭病原微生物的同时也消灭了动物体内的有益微生物，破坏了动物机体内的菌群平衡，从而导致更多感染或疾病发生。

②长期使用抗生素，会导致病原微生物产生抗药性，使有害人类健康的病原菌产生抗药性，影响到人类公共卫生与安全。

③抗生素在动物体内残留和富集，在食用畜产品后会通过食物链直接威胁人类健康和生命安全。因此，寻求能够替代抗生素并能发挥抑制病原菌的生长，促进畜禽生长作用的新型饲料变得越来越重要。

### 三、造成的环境污染问题得以解决

根据《第二次全国污染源普查公报》公布的数据显示，2020 年我国秸秆理论产生量约为 7.97 亿 t，可收集资源量约为 6.67 亿 t。这些农作物秸秆能用于青贮饲料的仅为少数，大多数被用于燃料和肥料，作为饲料的秸秆资源直接饲喂家畜，消化利用率很低。大部分被农户在田间地头焚烧掉，造成了资源的极大浪费，还严重污染环境。目前，饲料化的秸秆资源为 17.99%，相当于 4000 万 t 的饲料粮，约为目前全国每年饲料用量的一半。生物发酵技术，特别是酶制剂和益生菌的使用，大大降低了养殖场外部周围环境的污染问题。

精饲料资源短缺，但丰富的粗饲料资源未被合理地开发利用，使得废弃物资源再生成为研究的热点问题，同时，抗生素的滥用、畜禽粪污的不合理排放，导致畜禽养殖疾病风险增加，养殖成本上升，环境被污染，食品安全压力增大。一系列问题的出现使得健康、环保、安全的养殖逐步成为人们的共识，而发展益生菌发酵饲料产业成为解决上述问题的重要途径之一。

### 四、传统饲料升级和养殖模式的转变

随着科学技术水平的进步，农户的养殖观念与养殖方式开始转变，规模化、标准化、专业化养殖模式发展较快，工业饲料普及率逐年提高，人力、土地、粮食的产出率逐步提高，这为我国饲料工业的发展提供了广阔的空间。随着生态养殖理念得到推广，为构建资源节约、生态环保的养殖业奠定了良好的基础，发展饲料工业和规范养殖将从整体上提高资源综合利用率。其中，生物技术的迅速发展，将进一步促进益生菌发酵饲料的发展。益生菌发酵饲料可以大大降低动物疾病发生率，改善动物整体健康状况，还可以生产出无抗生素残留的优质畜禽产品，满足人们对绿色健康食品的迫切需要。

但是，要获得优质价廉的生物发酵饲料，首先必须拥有规模较大、自动化程度较高的固态发酵设备，其次是筛选出适应不同饲料原料发酵的菌种。

这些都成为今后发展生物发酵饲料的关键。在生物技术不断发展的今天，通过酶工程、基因工程和发酵工程等相关技术的深入研究，相信在不久的将来，新型的菌种、设备等都将在饲料生产、加工过程中得到广泛的应用，饲料资源利用前景和市场将更加广阔，这将为我国畜牧业的发展做出巨大贡献。

## 第八节　发酵损失

发酵过程会产生菌体蛋白等物质，同时能改善饲料品质，提高消化率。饲料发酵后检测的蛋白质含量比例有可能增加，这个结果导致目前很多养殖企业盲目地对饲料进行发酵处理，认为发酵处理可以提高饲料中的总蛋白质和总能量含量。甚至有部分企业认为可以通过发酵饲草等生产高蛋白质饲料，这实际是个错误的理解。饲料中的蛋白质比例增加，是发酵导致了饲料干物质整体损失较多。其是以消耗饲料中的蛋白质和干物质总数为代价，最终出现干物质损失比例大于蛋白质的损失比例的情况，才达到提高蛋白质含量比例的目的。实际结果是饲料中的总蛋白质、总能量、干物质都在减少。

饲料发酵后给畜禽采食的过程实际上类似于在食物链环节中增加了一个益生菌发酵处理环节，会有发酵损失。当发酵消耗整体小于改善饲料消化率时，发酵可以提高饲料整体利用效率；当发酵消耗整体大于改善饲料消化率时，发酵会降低饲料整体利用效率。

以 1 kg 某饲料进行发酵，饲料中蛋白质的变化为例。其发酵前后蛋白质消化情况见表 3–38。

**表 3–38　1 kg 某饲料发酵前后蛋白质消化情况表**

| | 总重量 /kg | 蛋白质含量 /% | 蛋白质总量 /g | 消化率 /% | 可消化蛋白质总量 /g |
|---|---|---|---|---|---|
| 发酵前 | 1.00 | 45 | 450 | 70 | 315.0 |
| 发酵后 | 0.80 | 48 | 384 | 80 | 307.2 |

首先发酵后饲料的总重量肯定会有损失，其主要原因是发酵过程会消耗能量和蛋白质，生产二氧化碳、水、氮气、氨气等；蛋白质含量可能会增加，

这是由于干物质损失包含了碳水化合物与蛋白质（且往往碳水化合物较多），而蛋白质损失仅仅是自身，明显就会大概率出现蛋白质损失比例低于干物质损失比例（蛋白质 + 碳水化合物），这样就会出现发酵剩余的饲料中蛋白质比例高于原饲料；但实际饲料中的蛋白质是以氮元素计算，发酵过程益生菌代谢消耗部分蛋白质，产生氮气、氨气等释放出去，饲料中整体的蛋白质含量必然是下降；由于部分饲料中蛋白质转变成菌体蛋白，一般来讲菌体蛋白量会显著高于植物性饲料中的蛋白质，发酵后的蛋白质消化率会得到明显提升。很多时候，发酵过程也相当于饲料在动物体外预消化，如果饲料本身蛋白质品质较好，最终饲料中的可消化蛋白质有可能比发酵前更多；如果饲料本身蛋白质品质较差，最终饲料中的可消化蛋白质有可能比发酵后更少。

所以在生产中生物饲料发酵是不会有凭空制造出蛋白质和能量的情况，只能在一定程度上改善饲料品质。对于品质较差的饲料可以进行发酵处理，提高利用效率和使用效果；对于本身品质较好的饲料除有特殊要求外，尽可能少进行发酵处理。

## 第九节　牛饲料原料选购与采购成本评估

### 一、现有牛场采购饲料存在的问题

1. 不重视饲草料采购团队建设，原料采购收集工作粗放

现有的各类规模牛场普遍存在不重视饲草料原料采购收集的问题。主要表现在缺乏专门的采购和饲草料收集团队。特别是有些拥有 1000 头牛以上的大型牛场，每年需要的饲料量在 5000 t 以上，而很多企业采购只配置 1 ～ 2 名采购经理，甚至很多是由总经理等兼职解决采购问题。由于采购收集团队人员有限，不能很好地组织收集当地饲草料资源；很多牛场虽然建设在玉米、甘蔗等产区中心，但还需要到几百千米甚至上千千米的外地批量采购各类商品化的饲草料。这些导致成本直线上升，严重压缩养殖的利润空间。

2. 采购原料评估能力差，饲草料使用成本高效果差

采购原料时，很多养殖场只看原料价格，不评估饲草料的干物质含量、品质、运输成本等，不比较原料使用的综合效果。特别在南方地区，青绿饲

料多，水分含量高，很多养殖场盲目采购或使用价格低的青绿饲料，有些原料水分为80%以上，出现“千里拉水”“运费远超饲料成本”等情况。某些看似更贵、更差的原料，却能实现较低的增重成本。

3. 饲草料贮存与多点采购意识不强，饲料采购成本高且不稳定

部分养殖场存在贮存意识不强、采购饲料计划性差的问题，导致在秸秆生产旺季价格低时不采购收集并贮存，到生产淡季再以高价采购饲草料，获得的原料品质不稳定，饲喂增重成本严重增加。饲料采购成本不稳定不仅是采购团队人员缺乏，还有采购人员采购时图方便，同一种原料往往只和一两个供应保持采购关系，一旦出现供应问题，就会导致部分原料出现断货的情况，容易出现临时高价采购饲料的情况。

## 二、牛饲料原料选购与定价评估

### （一）干物质成本比较法进行原料选购

干物质采食量不足是广大养殖户甚至部分规模养殖场普遍存在的问题，特别是我国南方地区气候适宜，无霜期长，部分区域甚至全年有青绿饲料供应，秸秆也异常丰富，就会大量饲喂青绿饲料，导致牛干物质采食量不足，出现“草腹”牛，主要表现为牛吃得很多，肚子撑起来变得很大，整体却很消瘦。因此，目前很多牛场干物质采食量是牛配方中首要考虑因素。部分同类型原料，其品质相差不是特别大，但是水分差异大时，可用干物质成本比较法进行简单的比较。该种比较方法是通过计算并比较其干物质成本来确定哪种原料更实惠，以实现更低的增重成本。具体比较步骤如下。

1. 计算比较原料的干物质成本

原料干物质成本是指原料扣除水分后，其干物质的采购成本。计算公式为：

原料干物质成本=原料成本÷干物质含量

其中，原料成本为原料采购后运输到使用点的价格，包含采购与运费等。

例如，某全株玉米原料到场成本价格为400元/t，检测或预估其干物质含量为30%（即水分含量70%），经过计算，该全株玉米的干物质成本为1333元/t。

2. 以全株玉米为标准饲料比较原料间的干物质成本

目前全株玉米是公认常见综合效益最好的肉牛饲草料。在日常的生产中，一般建议以全株玉米干物质价格作为参照物来对比其他原料成本。通过其他原料采购干物质成本与全株玉米原料干物质成本进行比较，可以粗略地评价不同水分和价格的原料是否具有采购价值。

比较案例 1：某全株玉米与鲜象草采购成本比较，具体见表 3-39。

**表 3-39　全株玉米与鲜象草采购成本比较表**

| 名称 | 单价 /（元 /t） | 水分 /% | 干物质含量 /% | 干物质成本 /（元 /t） |
|---|---|---|---|---|
| 全株玉米 | 400 | 70 | 30 | 1333 |
| 鲜象草 | 220 | 84 | 16 | 1375 |

注：该表格为模拟计算案例，非试验数据。

表 3-39 中，特定成本、水分条件下，全株玉米干物质与鲜象草干物质成本分别为 1333 元 /t、1375 元 /t。在该种采购条件和水分情况下，鲜象草的干物质成本还高于全株玉米（且一般认为全株玉米干物质优于鲜象草干物质），在该种采购条件与水分情况下，牛场使用全株玉米优于使用鲜象草。

比较案例 2：以南方某牛场，稻草、麦秸与某全株玉米采购成本比较，具体见表 3-40。

**表 3-40　全株玉米与稻草、麦秸采购成本比较表**

| 名称 | 单价 /（元 /t） | 水分 /% | 干物质含量 /% | 干物质成本 /（元 /t） |
|---|---|---|---|---|
| 全株玉米 | 400 | 70 | 30 | 1333 |
| 稻草 | 600 | 20 | 80 | 750 |
| 麦秸 | 1100 | 13 | 87 | 1379 |

表 3-40 中，南方某牛场，特定成本、水分条件下，全株玉米干物质成本为 1333 元 /t、稻草干物质成本为 750 元 /t。当地收购稻草的干物质成本远低于全株玉米，在不考虑稻草与全株玉米品质的情况下，采购稻草可获得更多的干物质。全株玉米干物质成本为 1333 元 /t、麦秸 1379 元 /t。北方采购麦秸

的干物质成本高于全株玉米（一般认为全株玉米的干物质优于麦秸的），高运输成本的麦秸在南方地区使用价值较低，使用全株玉米优于使用麦秸。

以上干物质成本比较法，通过对比原料实际干物质采购成本，可以简单评估常见饲草料干物质成本高低，让牛场以更低的成本获得更多的干物质，对于解决当前牛场盲目使用高水分饲草料，干物质采食不足，饲料原料采购成本高等问题具有一定的指导意义。

（二）对比原料可消化能收购控制价模型

干物质成本比较法，是简单剔除原料中水分对原料成本的影响，无法比较其原料品质。对比原料可消化能收购控制价模型，是以《奶牛饲养标准》（NY/T 34—2004）中原料可消化能为基础，结合原料的水分，以全株玉米成本为标准进行原料采购成本评估的一种方法。一般用于牛场以能量为主的饲料原料评价，如饲草、秸秆、淀粉等能量较高、蛋白质较低的饲料原料评价。具体评估步骤如下。

1. 计算本场全株玉米采购到场的干物质成本。

与干物质成本比较法一致，先获得原料的干物质含量、原料成本等。

计算公式如下：

原料干物质成本=原料成本 ÷ 干物质含量

例如，某全株玉米原料到场成本价格为 400 元 /t，检测或预估其干物质含量为 30%（即水分含量 70%），经过计算，该全株玉米的干物质成本为 1333 元 /t。

2. 计算原料与全株玉米可消化能比值

查阅《奶牛饲养标准》中原料干物质的可消化能（原料不一致时取相近原料或平均值），并与全株玉米对比获得原料与全株玉米可消化能比值。计算公式如下：

原料与全株玉米可消化能比值=某原料干物质可消化能 ÷ 全株玉米干物质可消化能

例如，计算玉米秸秆干物质与全株玉米可消化能比值。经查阅，某玉米秸秆干物质可消化能为 10.72 MJ/kg，全株玉米干物质可消化能为 11.52 MJ/kg。

玉米秸秆干物质与全株玉米可消化能比值：10.72 ÷ 11.52=0.93。

该比值反映原料与全株玉米提供可消化能的强弱，即原料干物质可消化能是全株玉米干物质可消化能的 N 倍。

3. 计算饲草料采购预期控制成本

以全株玉米为标准饲料，通过结合其他原料水分、干物质与全株玉米可消化能比值，从而估算饲草料采购预期控制成本。计算公式如下：

饲草料采购预期控制成本 = 全株玉米干物质成本 × 某饲草干物质含量 × 干物质与全株玉米可消化能比值

计算案例一：某基地玉米秸秆收购控制价计算，该基地常见饲草料收购控制价估算表见表 3–41。

例如某玉米秸秆，干物质为 35%，查阅后可知，可消化能为 10.72 MJ/kg，计算得出玉米秸秆干物质与全株玉米可消化能比值为 0.93。最后经过计算，玉米秸秆采购预期控制成本为 434 元 /t。

在该场，收购该玉米秸秆，最高的采购使用成本应该控制在 434 元 /t 以下，如高出这个价格，意味着直接使用全株玉米能获得更高的消化能。

**表 3–41　某基地常见饲草料收购控制价估算表**

| 种类 | 全株玉米 | 玉米秸秆（青） | 大豆杆（干） | 稻草（干） | 小麦秆（干） | 花生藤（干） | 象草 |
| --- | --- | --- | --- | --- | --- | --- | --- |
| 干物质 /% | 30 | 35 | 90 | 85 | 87 | 87 | 16 |
| 干物质成本 /（元 /t） | 1333 | 1240 | 918 | 996 | 966 | 1260 | 1223 |
| 可消化能 /（MJ/kg） | 11.52 | 10.72 | 7.93 | 8.61 | 8.35 | 10.89 | 10.57 |
| 干物质与全株玉米可消化能比值 | 1.00 | 0.93 | 0.69 | 0.75 | 0.72 | 0.95 | 0.92 |
| 饲草料采购预期控制成本 /（元 /t） | 400 | 434 | 826 | 847 | 841 | 1096 | 196 |

注：该表格为模拟计算案例，非试验数据。

由表 3–41 可知，按如上方法可以做一个属于自己养殖场能量类饲草料采购预期控制成本清单。表中饲草料采购预期控制成本就是某种原料采购成本上限，如果超出上限，该种原料即可停止采购，采用采购全株玉米的方式替代其他原料。

综合以上计算过程，以原料可消化能为基础的饲草料收购控制成本计算公式如下：

$$原料采购控制成本=全株玉米价格\times\frac{原料干物质含量\times原料干物质可消化能量}{全株玉米干物质含量\times全株玉米干物质可消化能量}$$

（三）对比可消化蛋白原料收购控制价模型

以上干物质成本比较法与可消化能原料收购控制价模型，均无法评价原料蛋白质等情况。故可在对比可消化能原料收购控制价模型基础上，以豆粕成本为标准，进行蛋白类原料采购成本评估。一般用于牛场以蛋白质为主的饲料原料评价，如糟渣类等以添加蛋白质为主要目的的原料评价。具体评估步骤如下。

以豆粕为标准饲料，通过结合豆粕和其他原料水分、原料与豆粕可消化蛋白质、从而估算蛋白类原料采购预期控制成本。计算公式如下：

$$原料采购控制成本=豆粕价格\times\frac{原料干物质含量\times原料干物质可消化蛋白质含量}{豆粕干物质含量\times豆粕干物质可消化蛋白质含量}$$

原料采购预期控制成本，意味着以采购蛋白质为目的的饲料原料不能高出这个价格。如高出之后养殖场直接采购豆粕将获得更多的可消化蛋白质。

例如，某场获得的豆粕价格为4000元/t，该豆粕干物质中可消化蛋白质为380 kg/t，该豆粕干物质含量为90%；计划采购的菜籽饼，干物质可消化蛋白质为257 kg/t，该菜籽饼干物质含量为92%。该种情况下菜粕的采购控制成本计算方法如下：

$$菜籽饼采购控制成本=豆粕价格\times\frac{菜籽饼干物质含量\times菜籽饼干物质可消化蛋白质含量}{豆粕干物质含量\times豆粕干物质可消化蛋白质含量}$$

$$=4000元/t\times\frac{92\%\times257\ kg/t}{90\%\times380\ kg/t}$$

$$=2765元/t$$

这说明该养殖场在该原料水分、可消化蛋白质条件下，菜籽饼采购成本控制价为2765元/t，超出该价格后，直接采购使用豆粕可获得更多的可消化蛋白。

（四）增重成本比较法

该种方法是在固定其他次要的少量原料后，对某一种或几种原料变动导致的增重成本变化来比较原料使用的经济效果。

模拟案例：某牛场对比象草和全株玉米（表 3–42）。

某牛群，其他饲料原料一致的情况下，对比象草和全株玉米。两批牛采用投喂同样干物质的象草和全株玉米，对比两者的增重成本。如表 3–42 在减去其他原料成本的情况下，全株玉米单一原料增重成本 3.23 元 /kg，象草单一原料增重成本 4.12 元 /kg。明显在该模拟案例中使用全株玉米增重成本要低于使用象草，即在该种条件下，使用全株玉米可获得好的养殖效益。

**表 3–42　某牛场象草和全株玉米单一原料增重成本对比模拟案例**

| 种类 | 单价 / 元 | 饲喂量 /kg | 成本 / 元 | 干物质饲喂量 /kg | 增重 /kg | 单一原料增重成本 /（元 /kg） |
|---|---|---|---|---|---|---|
| 全株玉米 | 380 | 8.5 | 3.23 | 2.55 | 1.0 | 3.23 |
| 象草 | 220 | 15 | 3.30 | 2.55 | 0.8 | 4.12 |

注：该表格为模拟计算案例，非试验数据。

（五）能量、蛋白质价值为基础的饲料定价评估体系

1. 模型构建原理与使用方法

饲料中最关注的营养为能量和蛋白质，本模型以玉米和豆粕为标准，计算出单位能量和单位蛋白质的价值，并以单位能量和单位蛋白质的价值去评估计算其他饲料原料的价值。当计划采购原料价格与模型计算价值相等时，意味在当下价格背景下采购计划采购原料可获得与采购玉米、豆粕一致的综合效益。该模型的推导过程与使用方法如下。

（1）饲料中能量、蛋白质价值确定

假设玉米和豆粕的价值全部只考虑能量、蛋白质。设单位能量价值为 $X$，单位蛋白价值为 $Y$。玉米能量含量为 $a$（干物质基础），玉米蛋白质含量为 $b$（干物质基础），玉米干物质含量 $f$，玉米市场价格为 $e$；豆粕能量含量为 $A$（干物质基础），豆粕蛋白质含量为 $B$（干物质基础），豆粕干物质含量 $F$，豆粕价格为 $E$。

则在不同的市场行情时玉米和豆粕的价值构成如下。

玉米的价值构成计算方法：

玉米市场价格＝玉米中能量含量 × 玉米干物质含量 × 能量价值＋玉米中蛋白质含量 × 玉米干物质含量 × 蛋白价值

即

$e=afX+bfY$

豆粕的价值构成计算方法：

豆粕市场价格＝豆粕中能量 × 豆粕干物质含量 × 能量价值＋豆粕蛋白质含量 × 豆粕干物质含量 × 蛋白价值

即

$E=AFX+BFY$

经过推导饲料中能量、蛋白质价值分别为：

$X=\dfrac{e/bf-E/BF}{a/b-A/B}$ ；$Y=\dfrac{e/af-E/AF}{b/a-B/A}$

（2）某原料采购价值计算与定价评估

以市场上计划采购原料能量含量为 $N$（干物质基础），计划采购原料蛋白质含量为 $M$（干物质基础），计划采购原料干物质为 $G$。

计划采购原料价值＝计划采购原料能量 × 能量价值 × 干物质含量＋计划采购原料蛋白质 × 蛋白质价值干物质含量

即

计划采购原料价值＝$NG\dfrac{e/bf-E/BF}{a/b-A/B}+MG\dfrac{e/af-E/AF}{b/a-B/A}$

通过计算评估，某种原料，如果计划采购的实际价格大于计划采购原料计算价值时，则不建议采购使用该种原料；如果计划采购的实际价格小于计划采购原料计算价值时，则建议采购使用该种原料。即该模型计算出的计划采购原料价值可以作为计划采购的原料最高采购定价标准。

（3）多种原料采购效益对比

生产中，多个原料通过以上模型的评估，适宜作为采购对象。但是究竟哪个原料综合经济效益更好，可以采用“价值 / 价格”的比值进行对比；比值越高的原料，采购使用的综合经济效益更好。“价值 / 价格”的比值计算公式如下：

“价值 / 价格”的比值 = 计划采购原料价值 / 计划采购原料采购价

“价值 / 价格”的比值大于 1 时方可作为备选原料。多个原料对比时选择比值大的原料进行采购。也可以理解为采购比值高的原料，用同样的资金可以获得更多的能量、蛋白价值。

2. 模型使用效果初报

应用牛场为广西来宾市某规模为 1200 头牛的养殖场。该牛场使用模型前正处于玉米、豆粕价格大幅上涨，牛销售价格严重下滑时期。牛场的增重成本高于销售价格，牛场出现严重亏损，被迫降低精料的使用量，开始出现了严重的牛群滞销状况。

该模型建立后，在 2023 年 5 月至 2024 年 4 月期间，进行了近 1 年的实际应用，取得了较好的应用效果。使用详细情况和效果如下。

（1）实现农副产品替代玉米豆粕型精饲料

在牛场周边不同地方收集了豆腐渣、木薯渣、茉莉花渣、糖蜜、棕榈粕、罗汉果渣、白酒糟、混合果皮果渣等能找到的各种农副产品与到场报价（表 3–43），利用以上模型进行计划采购原料价值计算和“价值 / 价格”比值计算。

**表 3–43 农副产品价值计算和“价值 / 价格”比值表**

| 品类 | 干物质含量 /% | 粗蛋白 /（g/kg） | 可消化能 /（MJ/kg） | 评估价值 / 元 | 价格 / 元 | 价值 / 价格 | 选择结果 |
|---|---|---|---|---|---|---|---|
| 玉米 | 87 | 9.5 | 16.8 | — | 2800 | — | — |
| 豆粕 | 87 | 45 | 18.4 | — | 3750 | — | — |
| 豆腐渣 1 | 10 | 11 | 17.7 | 341.33 | 420 | 0.81 | 否 |
| 豆腐渣 2 | 15 | 11 | 17.7 | 511.99 | 450 | 1.14 | 是 |
| 豆腐渣 3 | 13 | 11 | 17.7 | 443.73 | 450 | 0.99 | 否 |
| 茉莉花渣 1 | 83 | 25 | 16.8 | 2963.35 | 1850 | 1.60 | 是 |

续表

| 品类 | 干物质含量/% | 粗蛋白/(g/kg) | 可消化能/(MJ/kg) | 评估价值/元 | 价格/元 | 价值/价格 | 选择结果 |
|---|---|---|---|---|---|---|---|
| 茉莉花渣 2 | 80 | 25.0 | 16.8 | 2856.24 | 1800 | 1.59 | 是 |
| 木薯渣 1 | 25 | 7.0 | 14.4 | 683.17 | 275 | 2.48 | 是 |
| 木薯渣 2 | 30 | 7.0 | 14.4 | 819.80 | 300 | 2.73 | 是 |
| 木薯渣 3 | 32 | 7.0 | 14.4 | 874.46 | 320 | 2.73 | 是 |
| 糖蜜 | 72 | 4.0 | 14.1 | 1879.88 | 1850 | 1.02 | 否 |
| 棕榈粕 | 88 | 14.8 | 15.8 | 2780.79 | 1880 | 1.48 | 是 |
| 罗汉果渣 | 26 | 8.5 | 13.4 | 672.88 | 285 | 2.36 | 是 |
| 白酒糟 | 89 | 23.6 | 14.2 | 2735.69 | 1450 | 1.89 | 是 |
| 混合果皮果渣 | 10～20 | 9.0～16.0 | 14.0～18.0 | 253.00～625.00 | 160～300 | 1.58～2.08 | 是 |

注：1. 价格为商家报的到场价为准，包括原料、运费、装卸等费用；2. 消化能、粗蛋白为干物质基础数值，其中部分数据为检测结果，部分为 NY/T 34-2004 及数据库综合查询结果，部分缺失数据的为经验估算值。

单个原料评估时，选用“价值 / 价格”比值大于 1 的原料。部分的“价值 / 价格”比值大于 1 的原料，价格波动时会出现“价值 / 价格”比值小于 1 的情况，这时候要及时放弃该原料的采购，反之可以优先选择采购该原料。

多个原料时优先选择“价值 / 价格”比值较大的原料。通过这些原料的评估对比，在备选原料中选择能量、蛋白质较优的原料配制出符合牛需要的能量和蛋白质，实现牛在教料和后期强制育肥阶段外，完全替代了玉米豆粕型精料。

（2）筛选使用最优的饲草秸秆等粗饲料

牛场饲草料在饲料成本中占有较大的比例，因此选择优质廉价的饲草料对控制饲料成本具有重要意义。同时，饲草料在提供能量、蛋白质的同时，饲草料中的纤维对维持牛瘤胃正常功能具有重要意义。牛场在不同时期和价格条件下，对能收集到的饲草料进行了评估比较，使用“价值 / 价格”比值更高的饲草料，以获得更低的饲养成本（表 3–44）。

**表 3–44　饲草原料价值计算和“价值 / 价格”的比值表**

| 品类 | 干物质含量 /% | 蛋白质含量 /% | 可消化能 /（MJ/kg） | 评估价值 / 元 | 价格 / 元 | 价值 / 价格 | 选择结果 |
|---|---|---|---|---|---|---|---|
| 玉米 | 87.0 | 9.5 | 16.80 | — | 2800 | — | — |
| 豆粕 | 87.0 | 45.0 | 18.40 | — | 3750 | — | — |
| 全株玉米 | 24.0 | 12.6 | 12.00 | 583.40 | 400 | 1.46 | 是 |
| 甘蔗尾叶 | 24.6 | 6.1 | 9.69 | 459.56 | 200 | 2.30 | 是 |
| 甘蔗枯叶 | 86.0 | 4.5 | 8.40 | 1379.03 | 450 | 3.06 | 是 |
| 象草 | 16.0 | 8.0 | 10.00 | 315.30 | 220 | 1.43 | 否 |
| 玉米秸秆 | 25.0 | 7.5 | 10.70 | 520.68 | 180 | 2.89 | 是 |
| 甜玉米秆 | 14.0 | 8.5 | 11.00 | 302.26 | 240 | 1.26 | 否 |
| 卷心菜（次） | 7.8 | 15.8 | 11.00 | 131.33 | 400 | 1.00 | 否 |
| 稻草 | 87.0 | 3.1 | 8.61 | 1400.06 | 550 | 2.55 | 是 |
| 麦秸 | 88.0 | 5.5 | 8.51 | 1448.48 | 1200 | 1.21 | 是 |

模型使用时，在计算能量、蛋白质价值基础上，饲草“价值 / 价格”比值均大于 1。故在选择时，以当地的全株玉米“价值 / 价格”比值作为选择的最低标准。

（3）综合使用效果

该牛场通过该模型的对比，确定了在特定成本条件下，尽可能地选购能量、蛋白质价值更高的原料，以实现获得更低的饲料成本，降低整体的增重成本。经过统计对比该牛场使用前后一年的饲料成本情况见表 3–45。

表 3–45　饲料成本对比情况表

| 项目 | 2022 年 5 月至 2023 年 4 月 | 2023 年 5 月至 2024 年 4 月 |
|---|---|---|
| 平均存栏 | 1256 | 1218 |
| 饲草料 / 万元 | 141.96 | 112.13 |
| 头均年饲草料成本 /（元 / 年） | 1130.25 | 920.61 |
| 精饲料 / 万元 | 396.40 | 10.22 |
| 农副产品 / 万元 | 8.67 | 315.77 |
| “精料 + 农副产品”头均年成本 /（元 / 年） | 2986.23 | 2676.44 |
| 其他添加剂 / 万元 | 4.87 | 4.64 |
| 年饲料成本 /（万元 / 年） | 521.90 | 442.76 |
| 头均年饲料成本 /（元 / 年） | 4155.25 | 3635.14 |
| 头均日饲料成本 /（元 / 天） | 11.38 | 9.96 |
| 育肥牛群增重情况 /（kg/d） | 0.54 | 1.14 |
| 母牛牛群状况 | 整群消瘦，普遍可见 3 片肋骨以上，多数可见全部肋骨 | 膘情正常，普遍见不到肋骨，少部分见 2 片肋骨 |

由表 3–45 统计的财务数据可知，牛群整体数量基本相同的情况下，经过模型的使用前后对比：①饲草料年降低成本 29.83 万元，头均年节约饲草料成本 209.64 元 / 年。②“精料 + 农副产品”年降低成本 79.08 万元。头均年节约“精料 + 农副产品”成本 309.79 元 / 年。③头均年饲料成本降低 520.11 元 / 年，头均日成本降低 1.42 元 / 天。④该场在使用“精料 + 饲草”的情况下，由于资金投入的不足，母牛群出现了极度消瘦的情况，育肥牛群增重速度缓慢。应用该模型后，降低了饲草成本，几乎替代了玉米豆粕型精饲料。实现全场膘情和增重速度正常的情况下，该牛场年节约饲料成本 79.14 万元，整场饲料成本降低 15.16%。该评估技术的应用效果显著。

3. 模型使用注意事项与展望

该模型以玉米、豆粕估算出蛋白质价值与能量价值，再以蛋白质价值、能量价值对其他饲料原料进行估算，并且在实际应用中以可消化能等为能量指标，在一定程度上评估了饲料原料的优劣。同时还引入干物质含量进入模型进行计算，剔除了各种原料因水分带来的价值差异。其评估出来的结果，可以更低的成本满足牛群干物质、能量、蛋白质等需求。同时通过评估，牛场以豆腐渣、果皮果渣、茉莉花渣、木薯渣、白酒糟等主要原料，实现了牛群日常能量蛋白的需要。牛场除犊牛和强制育肥阶段牛群外，基本实现豆粕、玉米的全替代。

该模型可以开发利用更多的各种原料。在牛群日粮的配置中，要注意以下方面：①部分有轻微毒性、霉菌毒素高的原料要注意使用量。避免出现中毒、流产等影响生产的情况。②要注意原来的水分含量和体积，配置时要保障牛日粮的营养密度，避免牛群出现极限采食量也达不到营养的需求的情况。③适口性较差的原料也要控制投喂量，避免牛群采食量达不到要求。部分原料可采用缓慢添加的方法，以提高牛群的采食量。④各种农副产品原料水分高，可通过发酵等技术保存。

该模型综合考虑了各种原料的水分、能量、蛋白质等价值相关指标，在传统营养价值评定的基础上，引入了经济指标，可以直接指导生产中饲料的采购、定价评估等，便于采购企业在市面上众多饲料原料中筛选出更具经济价值的原料。除了在牛场应用，其他的畜禽场或饲料场均可以应用该模型。

## 三、展望与建议

由于牛饲料使用的原料千差万别，在进行原料评价时，以上方法均存在一定的使用局限性。养殖企业可根据自身容易掌握的原料信息和需要评价的主要方向选择合适的方法，进行原料比较。根据目前各养殖场存在的饲料采购问题提出以下 5 点建议。

### （一）养殖场以饲草料资源确定养殖规模

很多肉牛养殖企业建设肉牛基地，不优先考虑饲草料来源，就建设大规模养殖场，最后饲草料无法本地化解决，需要大量的外调，导致生产成本居高不下，无法长期维系。建议投资建肉牛养殖场，以当地能收集的饲草料资源为测算依据，确定最大养殖规模。

（二）多花时间和精力去收集便宜饲草料资源

现阶段，很多肉牛养殖企业重点还是在引种、建场、养殖管理上，忽略了饲草料对养殖成本的重要性。目前市场上同一种饲草料收集或采购成本差异为 1 ～ 3 倍，饲草料对成本的影响远大于其他管理和技术的实施带来的影响。饲草料资源收集能力逐步成为肉牛养殖企业最主要的竞争力。

（三）原料便宜季节多贮存饲料

很多饲草或秸秆跟随其生产时间有较规律的价格变化，同一种原料，每年最高价季节和最低价季节的价格相差 1 倍以上。肉牛养殖企业需要做好生产计划，预留足够的流动资金，合理地在便宜的时节贮存饲草料。

（四）多途径收集和采购原料

建立更多途径的原料采购渠道，可避免单一渠道导致采购不稳定、议价能力低下等情况。特别是中小批量农副产品等原料，往往价格更便宜，但是存在供应不稳定的情况。通过建立多途径采购，即使是出现了部分货源断供的情况，也可以正常使用价格便宜的该原料。

（五）大规模场要建立强大的采购团队

肉牛养殖产业是资源禀赋型的产业，抢夺低价优质饲料资源将逐步成为肉牛养殖企业的核心竞争力。因此，重视采购团队的建设，尽可能收集更小规模、更便宜、更易保存的饲料原料，并像做销售一样去维系和原料供应商的关系，这些都是今后肉牛养殖企业发展的主要方向。

# 第四章　牛场常见饲草种植技术

## 第一节　养殖场常用饲草种类

### 一、青饲料

青饲料（green fodder）是指含水量在60%以上的青绿多汁的植物性饲料，一般含水量为70%～80%，营养丰富，适口性好，是牛的理想饲料。具体营养特性如下。

1. 含水量高

青饲料的含水量高，干物质含量低，能值低。因此，在饲喂高产奶牛里，要注意与精饲料补充料配合使用，限量饲喂。

2. 含有丰富的优质粗蛋白

青饲料中粗蛋白含量一般占干物质的10%～20%，所含的必需氨基酸较全，其中赖氨酸、组氨酸含量高，并且含有大量的酰胺，对牛的生长、繁殖和泌乳有良好的作用。

3. 维生素、矿物质元素含量高

青饲料中含有大量的胡萝卜素，为50～80 mg/kg，高于其他饲料。此外，青饲料中还含丰富的硫胺素、核黄素、烟酸及B族维生素。青饲料的矿物质中钙、磷含量丰富，比例适当，豆科饲料中含量尤其丰富。此外，青饲料中还富含铁、锰、铜、硒、锌等必需微量元素。

4. 无氮浸出物含量丰富，粗纤维含量少

青饲料中粗纤维的含量占干物质的18%～30%，无氮浸出物占干物质的40%～50%，故青饲料易消化。牛对青饲料中有机物的消化率为75%～85%。

### 二、常见青饲料及其利用

（一）牧草

牧草是指可供家畜和野生动物采食的植物，以草本植物为主，也包括藤本植物、半灌木和灌木。自然界的牧草以其自身的特点及经济特性，可分为野生牧草和人工牧草。野生牧草对自然界有较强的适应性，但往往生产性能不高，人工牧草则是人类按照一定的经济特性，利用一定的技术对野生牧草进行引种、驯化、杂交、选育而得到的。现代生物学利用远缘杂交、转基因分子生物学技术等，培育出高抗、高产的优质牧草。

牧草是家畜饲养中应用最多的重要饲料来源之一，种类很多，目前生产利用的牧草种类的划分主要有以下分类方法。

1. 按植物学分类

根据植物学可分为以下 3 类。

（1）豆科牧草

豆科牧草是牧草中最重要的一类牧草，由于特有的固氮性能和改良土壤效果，使其早在远古时期就被应用于农业生产中。尽管豆科牧草种类不及禾本科牧草多，但是因其富含氮素和钙而在农牧业生产中占据重要地位。目前，生产上应用最多的豆科牧草有紫花苜蓿、拉巴豆、柱花草、合萌、白三叶、红三叶、毛苕子、紫云英、胡枝子等。

（2）禾本科牧草

禾本科牧草栽培历史较短，但种类繁多，占栽培牧草的 70% 以上，是建立放牧、刈割兼人工草地和改良天然草地使用的主要牧草。目前利用较多的禾本科牧草有宽叶雀稗、无芒雀麦、披碱草、老芒草、冰草、羊草、多年生黑麦草、苇状羊茅、鸭茅、碱茅、小糠草、象草、苏丹草及玉米、高粱、黍、粟、谷、燕麦等，作为草坪绿化利用的牧草还有草地早熟禾、紫羊茅、硬羊茅、剪股颖、高羊茅（苇状羊茅）等。

（3）其他科牧草

其他科牧草是指不属于豆科和禾本科的牧草。无论在种类数量，还是栽培面积上，都不如豆科牧草和禾本科牧草，但有些种类在农牧业生产上仍发挥重要作用，如菊科的苦荬菜和串叶松香草，苋科的千穗和籽粒苋，紫草科的聚合草，蓼科的酸模，藜科的饲用甜菜、驼绒藜和木地肤，伞形科的胡萝卜，十字花科的芜菁等。

2. 按生育特性分类

根据生长发育在形态、生长习性和利用特性上的差异，将牧草划分多种类型以便于在牧草生产上进行选择。依据牧草寿命和发育速度的不同，可将牧草分为一年生牧草、两年生牧草和多年生牧草。

（1）一年生牧草

播种（或移栽）一次只能利用一年。一般秋春季播种，夏秋季开花结实，随后枯死。这类草播种后生长快、发育迅速、短期内生产大量牧草，如毛苕子、普通苕子、杂交狼尾草（做一年生利用）、珍珠粟、苦荬菜、栽培稗、绿豆、饭豆、豇豆、紫云英、苏丹草、燕麦等，还有一些是用来补充冬季青饲料缺乏的牧草，如多花黑麦草、燕麦、苕子、金花菜等。

（2）两年生牧草

这类牧草的生长年限为两年，播种当年仅进行营养生长，可生产较多牧草，第二年返青后迅速生长，并开花结实，随后枯死。如紫云英、草木樨、苦麦菜等。

（3）多年生牧草

播种（或移栽）一次可以多年利用。这类牧草生长年限在两年以上，一般第二年就能开花结实，一次播种可多年利用，其显著特点是根量远高于一年生、两年生牧草，大多数牧草属于此类，是农牧业生产的主体。这些牧草品种在不同地区可以春播，也可以秋播，多年生牧草依据其利用的年限又可分为短期多年生牧草和长期多年生牧草。

①短期多年生牧草。此类牧草寿命四年至六年，第二、第三年可形成高产，第四年之后显著衰退而减产。如红豆草、红三叶、白三叶、老芒草、多年生黑麦草、苇状羊茅、鸭茅、猫尾草等。

②长期多年生牧草。此类牧草寿命为十年以上，第三、第四年可形成高产，之后显著衰退而减产。如沙打旺、胡枝子、羊草、皇竹草等。

3. 按再生性分类

种植牧草的最终目的是利用，因此依据牧草地上枝条生长特点和枝条发生部位的不同可分为放牧型牧草、刈割型牧草和刈牧兼用型牧草。

（1）放牧型牧草

这类牧草地上部茎叶发生于茎基节上，或者从地下根茎及匍匐茎上发生，株丛低矮密生，高度一般不超过 20 cm，仅能放牧利用，不适宜刈割。如草地早熟禾、紫羊茅等。

（2）刈割型牧草

这类牧草地上部的生长增高是靠枝条顶端的生长点延长实现的，或者是从地下枝条叶腋处的芽新生出再生枝，故而放牧或低刈后因顶端生长点和再生芽被去掉而造成再生不良，一般不适于放牧。如老芒草、无芒雀麦、羊草、苜蓿等。

（3）刈牧兼用型牧草

这类牧草地上部的生长增高是靠每一个枝条节间的伸长实现的，或者是从地下的根茎节、分蘖节、根颈处新生出再生枝，因此，此类草放牧或低刈后仍能继续生长再生，耐践踏，既能放牧又能刈割。如多年生黑麦草、垂穗披碱草、白三叶等。

（二）禾谷科和豆类饲料作物

禾谷科和豆类饲料作物指常见植物的农作物，如玉米、高粱、大麦、黑麦、燕麦等禾谷类作物，以及豌豆、大豆等豆类作物，不能获取籽实，而以绿色植物体为收获物，做饲料利用。其种植方法与农作物基本相同。

（三）根茎瓜类、叶菜类作物

根茎瓜类、叶菜类作物指蔬菜等作物，如甘薯、甜菜、马铃薯、胡萝卜、南瓜、甘蓝、苋菜、苦荬菜等，因其大多原是蔬菜或与蔬菜同类，所以种植方式与蔬菜相同。

（四）其他饲料

其他饲料如水生饲料等，还有一切可作为饲料的茎叶类资源。

**三、禾本科牧草栽培技术**

（一）禾本科牧草的重要地位

栽培牧草中 75% 为禾本科牧草，禾本科植物在人类生活中占有重要地位，是人类粮食的主要来源。在家畜饲养业中，它们是各类家畜的饲草饲料。在草原地带，禾本科牧草是植被的重要组成部分。在栽培牧草中，禾本科牧草种类也占多数。禾本科牧草生境极为广泛，因此表现出相当强的生态适应性，尤其是抗寒性及抗病虫害的能力，远比豆科及其他科牧草强。除靠种子繁殖外，亦能无性繁殖。不少禾本科牧草还含有许多生长点，这些生长点无论是发育成根茎、匍匐茎或枝条，均具有极强竞争力的生长习性，因此分布极广，从热带到寒带，从酸性土壤到碱性土壤，从高山到平原，从干旱的沙漠到湿地乃至积水的湿地，以及河、湖、沟、塘都有禾本科牧草。禾本科牧草具有较强的耐牧性，即使践踏仍不易受损，再生性强，在调制干草时叶片不易脱落，茎叶干燥均匀。由于碳水化合物含量较大，易于调制成品质优良的青贮饲料，有很高的青饲和放牧饲用价值。

（二）禾本科牧草的生物学特性

1. 对光照的要求

在一定范围内，光照强度越大，牧草光合能力越强，但超过一定范围，光合作用并不能随之增强，会出现光饱和现象。夏季田间日光充足时，光照强度在 85000 ～ 110000 lx，温带冷季禾本科牧草单叶在光照强度 2000 ～ 3000 lx 时出现光饱和，而热带禾本科牧草直到 6000 lx 时也未出现光饱和。在接近光饱和时冷季禾本科牧草的光能转化度在 3% 以下，而热带禾本科牧草则在 5% ～ 6%。各种禾本科牧草所需的光照强度不同，猫尾草因遮光而减产最多，而多年生黑麦草、牛尾草减产最少。按牧草对光照的需要程度将一些牧草进行排序，鸡脚草耐阴性较强，能在低光照下生长，无芒雀麦、多年生黑麦草、牛尾草次之，燕麦、小糠草、加拿大燕子茅的耐阴性极弱。

禾本科牧草对日照长短的反应不同，多数来自中纬度地区或高纬度地区的禾本科牧草如无芒雀麦、鸡脚草、草芦等为长日照植物，需较长日照或短夜，即需 14 h 以上的光照才能开花，而来自低纬度的苏丹草、狗牙根等则为短日照植物，需较短日照或长夜。也有一些禾本科牧草如画眉草对日照长短要求不严，在长日照或短日照下均可开花结实，称中日照植物。

2. 对温度的要求

温带禾本科牧草生长适宜的温度是在 20℃以下；热带禾本科牧草生长最适温度为 29 ～ 32℃，16℃以下生长甚微；冷季禾本科牧草相对生长率在昼夜温度为 16 ～ 21℃和 25 ～ 30℃时最高，当温度升至 31 ～ 36℃时生长率减少

40%；暖季禾本科牧草相对生长率在昼夜温度为 31 ～ 36℃时最高，当温度降至 10 ～ 15℃时生长率减少 75%。

3. 对土壤的要求

牧草对土壤墒情具有一定的抗性。抗干旱的牧草有无芒雀麦、苇状羊茅、冰草，较耐湿的牧草有草地早熟禾、多年生黑麦草、老芒草，耐湿性强的牧草有草芦、小糖草、牛尾草、猫尾草等。

具有根茎的禾本科牧草要求土壤中有充足的空气，土壤通气良好能使生长在土壤中的根茎呼吸增强，生长旺盛，适宜生长在湿润土壤或积水中的禾本科牧草及密丛型禾草能在通气微弱的土壤中生长。

4. 对养分的要求

一般禾本科牧草对氮的要求比其他养分高。氮能促使分蘖和茎叶的生长，使叶片嫩绿，植株高大，茎叶繁茂，产草量高，品质好。许多研究表明，只需单纯供给氮素，禾本科牧草就能达到含有同样多或多于豆科牧草的蛋白质数量。如氮素供应不足，会对生长不利。禾本科牧草最高产量的需氮量因品种和气候条件而不同。一般产量越高，对氮素的需要量越大。例如，供氮量达 1800 $kg/hm^2$ 时，象草的产量继续增加。鸡脚草的产量在 400 $kg/hm^2$ 供氮量时已达到最大值，再多施氮肥则产量下降。冷季禾本科牧草的产量随着供氮量增加而增加，当供氮量达到每年 560 $kg/hm^2$ 时可获得的最高干物质产量每年为 18 $t/hm^2$，而供氮量在每年 560 $kg/hm^2$ 以上时禾本科牧草的密度和产量趋于下降。当禾本科牧草的生长条件适宜时，生长季越长则产量越高，对营养元素的需要量也就越大。优良禾本科牧草的产量和需氮量由大到小的顺序通常为热带禾本科牧草、温带禾本科牧草、冷带禾本科牧草。施氮量大幅度提高禾本科牧草产量的同时，也加速了土壤中其他元素的消耗，主要是磷和钾元素的消耗。如土壤中没有足够可利用的磷和钾元素时，会影响氮素的供应。因此，在大量施氮肥的草地上，磷和钾元素缺乏往往成为增产的限制因子，只有均衡施肥，才能保证饲草持续高产。

（三）禾本科牧草种子特性

禾本科牧草种子较小且有一定的硬度。种子只有在适宜的环境条件下才能萌发，这些环境条件包括水分、温度和空气。没有充分的水分，种子不能完全吸胀，内部的物质转化不能顺利进行，种子不能萌发。种子内部物质的分解和转化需要在一定的温度范围内进行，且种子萌发过程中因呼吸作用需要足够的氧气，否则种子不能萌发，或萌发后发育不良而死亡。一般禾本科牧草种子，只有在土壤水分含量为10%以上时才能萌发。热带型禾本科牧草种子一般发芽的最低温度为10℃，最高温度为40℃，最适温度为30～35℃。温带型禾本科牧草种子一般发芽的最低温度为0～5℃，最高温度为35℃，最适温度为15～25℃。

（四）禾本科牧草生长发育特性

当种苗发育到一定阶段，幼叶出现3～5片，往往从第一片叶或第二片叶内侧的叶腋处相继形成新分蘖。分蘖的数量和位置因牧草的种类而异，并受光照、温度和营养条件的影响。当种苗的主茎生长到5～10片叶时，分蘖节中的节间开始伸长，牧草进入拔节生长期。许多多年生禾本科牧草如鸭茅、草地羊茅、多年生黑麦草等，分蘖迅速，但在花序开始发育之前，仅有少量的分蘖节间伸长，大部分分蘖处于未拔节状态，生长点和基部分生组织处于近地面的位置，家畜采食或刈割都不能伤害其生长点和分蘖节，仍可产生新叶和分蘖簇。有些禾本科如燕麦草、老芒麦、拔碱草等，当植株还在苗期时，节间伸长便开始了，而且拔节后的植株保持直立，使顶端生长点和许多腋芽长出地面；但刈割或放牧时，生长点被除去，再也长不出新的叶和芽，新分蘖也无法从上部叶腋中长出，这类牧草经不起重度利用。某些禾本科牧草的分蘖很快又发育为匍匐生长的枝条，如匍匐剪股颖、狗芽根等。部分禾本科牧草产生的分蘖在地下沿水平方向生长，形成根茎，如羊草、无芒雀麦、象草等。

禾本科牧草种子发芽时长出的初生根通常只发挥几周的作用，很快就被从分蘖枝条的分蘖节上形成的次生根替代，形成禾本科牧草的须根系。根系的生长在第一年就可达到最大深度，但因草种、土壤类型和地上水位的高低而有差异。大多数温带型禾本科牧草在土壤表层10 cm以内的根的重量占根总重量的60%，50 cm以下的土层中仅有少量根。

## 四、豆科牧草栽培技术

（一）豆科牧草的重要地位

豆科牧草含有丰富的蛋白质、钙和多种维生素。开花前粗蛋白占干物质的15%以上，可消化蛋白质为9%～10%。鲜草含水量较高，草质柔软，大部分草种的适口性很好。因生长点位于枝条顶部，可不断萌生新枝，耐刈割，再生能力较强，开花结实期甚至种子成熟后茎叶仍呈绿色，所以利用期长，为各类家畜所喜食。调制成干草粉的豆科牧草因纤维含量低、质地绵软，可代替部分豆粕和麸皮作精饲料用。

许多用绵羊和牛的放牧试验和储备饲草饲喂效果证明，豆科牧草比禾本科牧草具有更好的饲喂品质。通常反刍家畜从豆科牧草中获得的最优生产性较禾本科牧草多，这是因为豆科牧草消化较快，动物采食量较大，对养分利用效率较高或是豆科牧草中特殊养分的含量较高。

豆科牧草的饲用价值和营养价值优于禾本科牧草。羔羊放牧于豆科牧草草地的增重率远超过放牧于禾本科牧草草地，其豆科牧草自由采食量比具有相似消化率和代谢能的禾本科牧草高20%～30%。豆科牧草特别是白三叶在成熟时消化率下降的速度比禾本科牧草慢，所以推迟收获损失较少，放牧和割草都是如此。对羊来说，豆科牧草的营养价值高于具有中等或较低代谢能的禾本科牧草。但对牛来说，在代谢能含量较高的情况下，利用率的提高可能较少，但却能改变畜体组成而产生瘦肉较多的胴体。当控制豆科牧草采食量而防止瘤胃胀病时，用豆科牧草喂牛羊都可获得较高的增重率。如黑白花阉牛自由采食白三叶时日增重为1.2 kg，而喂禾草时日增重为0.9 kg。在奶牛饲喂中，用豆科牧草可降低饲养成本。

（二）豆科牧草生物学特性

1. 对水分的要求

多年生豆科牧草的蒸腾系数比多年生禾本科牧草稍低，但比农作物高得多。在水分不足的情况下（低于土壤饱和持水量的50%），豆科牧草很明显地减少蒸腾并有抑制蒸腾的能力。豆科牧草的需水量因种类而异，紫花苜蓿、红三叶等品种需水最多，而黄花苜蓿、草木樨、沙打旺等品种需水较少。豆科牧草对水分过多较为敏感，尤其在秋季，常因土壤积水而受淹死亡。虽然在春季土壤因解冻后会变得过分潮湿，但是对一些品种的影响不大，如草藤、杂三叶、红三叶等品种都能忍耐地面水淹。

2. 对光照的要求

多数豆科牧草是喜光植物。豆科牧草对光照强度的敏感性比禾本科牧草强。在豆科牧草中，红三叶比紫花苜蓿、紫花苜蓿比百脉根在弱光下生产更多的干物质。多数豆科牧草在光照强度达 20000 ～ 30000 lx 时出现光饱和。

3. 对温度的要求

热带豆科牧草的生长最低温度、最适温度、最高温度分别为 15℃、30℃和 40℃，其相对生长率在昼夜温度为 31 ～ 36℃时达到最高值，当温度降至 10 ～ 15℃时，相对生长率减少 15%。温带牧草生长的最低温度、最适温度、最高温度分别为 5℃、20℃和 35℃，温带豆科牧草对低温逆境不是十分敏感，但对高温逆境反应敏感；相反地，热带豆科牧草对低温逆境十分敏感。豆科牧草地上部分对温度条件的显著差异具有极大的敏感性，同时过低的温度对豆科牧草根瘤菌的固氮作用有不良影响。研究表明，能够进行固氮的最低温度是 8 ～ 9℃，最高温度为 30℃。

4. 对土壤空气的要求

土壤通气良好，有显著的下降水流动，同时底土渗透性良好是豆科牧草生长发育良好的必需条件。分根型豆科牧草根系较浅，只有土壤表层通气良好，根茎上才能长出比较多的新芽。主根型豆科牧草根系较深，土壤底层的通气较为重要。

在豆科牧草生长发育过程中，有两个时期对土壤通气特别敏感。第一时期是春季，此时根颈萌芽第一批分枝；第二时期是夏末，此时在根颈处形成未来嫩枝的新芽。春季较夏末敏感。

5. 对养分的要求

豆科牧草凭借根瘤菌能直接利用大气中的游离氮，对氮肥的敏感性不如禾本科牧草，但对磷、钾、钙等元素非常敏感，从土壤中吸收的磷、钾、钙等元素的量也比禾本科牧草多。豆科牧草和禾本科牧草对磷、钾、钙消耗量的比较详见表 4–1。

**表 4-1　豆科牧草和禾本科牧草对磷、钾、钙消耗量的比较**

（单位：kg/hm$^2$）

| 牧草种类 | 钾 | 钙 | 磷 |
|---|---|---|---|
| 禾本科牧草 | 50 | 18 | 20 |
| 豆科牧草 | 60 | 60 | 27 |

注：资料来源为陈宝书的《牧草饲料作物栽培学》。

（三）豆科牧草种子特性

豆科牧草与禾本科牧草的种子萌发相同，环境温度、土壤水分、通气状况等因素均影响豆科牧草种子的萌发。豆科牧草种子的种皮呈胶质状态，形成坚硬的种皮，阻碍水分和空气的进入。因种子长期处于硬实状态，很难萌发，常要借助于外力或自然环境的变化破除硬实才能萌发。土壤水分对豆科牧草幼苗的生长十分重要，如果土壤水分过多，降低土壤的通气性，就会造成根浅或根颈小，引起幼苗死亡。

豆科牧草出苗后形成的莲座叶丛，由于下胚轴和初生根上部结构变粗变短，形成豆科牧草根和地上部分交接处膨大的根颈。秋播豆科牧草往往以莲座叶丛越冬，翌年从根颈上每个叶腋处产生新枝条。春播豆科牧草莲座叶丛生长一段时间，每个叶的叶腋处开始长腋芽。腋芽向上生长产生新的枝条。豆科牧草有明显的主根，为直根系植物。当地上部分开始形成真叶时，根系进一步伸长，往往超过地上部分几倍至数十倍，根瘤亦增多。以后主根上部连同上胚轴增粗，在接近地面处膨大，形成根颈，这时就形成了豆科牧草完整的根系。地上部分产生新的枝条时，根系变化不大，当地上部株丛形成后，根系又有所增长，至入冬时根颈直径为 2 ～ 3 cm。豆科牧草根系入土深度随草种不同而异，一般入土深 1.5 ～ 2.5 cm，紫花苜蓿为 3 ～ 6 cm，白三叶的根系主要分布在 40 ～ 50 cm 的土层中。豆科牧草的根系常与根瘤菌共生形成根瘤，根瘤菌利用豆科牧草吸收太阳能，同时固氮素供豆科牧草利用。多年生豆科牧草在土壤中可进行有机氮的积累，从而提高土壤肥力。豆科牧草中的紫花苜蓿、红三叶、紫云英等的根系无论对深潜水或浅潜水都具有很高的敏感性。当根系分布区被潜水淹没时，豆科牧草的根与潜水直接接触，发育常受到不良的影响，导致根死亡。雨水多的地区，因排水不良常造成低洼地区豆科牧草烂根死亡。

从禾本科牧草和豆科牧草的生长发育特点可以看出，禾本科牧草由于根系较浅，其抗旱能力相对较弱，而豆科牧草的根系较深，对水淹敏感。豆科牧草的根系具有根瘤，能固定空气中的氮素，因此禾本科牧草需要更多的氮素营养。

（四）豆科牧草根瘤菌接种

豆科牧草能与根瘤菌共生固氮，只有在土壤中存在某一豆科牧草专有的细菌并达到一定数量时，才能使豆科牧草的根上形成根瘤，这种细菌称为根瘤菌。根瘤菌能从空气中固定游离的氮，转变成豆科牧草便于吸收利用的含氮化合物，供豆科牧草生长所需。对于豆科牧草来说，根瘤菌的共生固氮作用是增加草产量、节省氮肥用量的有利特性。根瘤菌的有无与多少、固氮率的高低，都会直接影响牧草产量的高低。因此在未种植过相应种类的豆科牧草的地区接种根瘤菌是种植豆科牧草成功的关键。即使是种植过豆科牧草的地区，接种高效的根瘤菌种，也是增加牧草产量的有效措施。因此，在播种前对豆科牧草种子进行根瘤菌接种，能提高牧草的产量和品质。

根瘤菌的特异性很强，不同种族具有专一性。某一种族的根瘤菌只能对相应的豆科属、种有效，并可以相互接种，而对不同种族的豆科植物则表现无效，如苜蓿根瘤菌对三叶草不起作用，不能形成根瘤。因此，对于不同种豆科牧草需选用专有的根瘤菌接种才能发挥作用。

1. 接种原则

根瘤菌与豆科植物的共生关系是非常专一的，即一定的根瘤菌菌种只能接种相应的豆科植物种，这种对应的共生关系称为互接种族。互接种族，是指同一种族内的豆科植物可以互相利用其根瘤菌侵染对方形成根瘤，而不同种族的豆科植物间则互相接种无效。因此接种时应遵循这一原则。

2. 接种方法

根瘤菌接种的方法有多种，最广泛的有干瘤或鲜瘤接种和根瘤菌制剂拌种。

（1）干瘤接种

在豆科牧草开花盛期，选择健壮的植株，将其根部轻轻掘起，用水洗净，再把植株地上茎和叶片切掉，然后放于避风、阴暗、凉爽、不易受日光照射的地方，让其慢慢晾干。在牧草播种之前，可将干根取下、捣碎拌种，每亩播种用的种子可用 5 ～ 10 株干根。也可用比干根重 1.5 ～ 3 倍的清水，在 20 ～ 35℃的条件下浸泡干根，经常搅拌，使其繁殖，经 10 ～ 15 d 便可用来处理种子。

（2）鲜瘤接种

在 0.25 kg 晒干的菜园土或河塘泥中加入 1 杯草木灰，拌匀后盛入大碗中并盖好，然后蒸 0.5 ～ 1 h，待其冷却，将选好的根瘤 30 个或干根 30 株捣碎，用少量冷开水或米汤拌成菌液，与蒸过的土壤拌匀。如果土壤太黏，可加适量细沙以调节疏松度，然后放置在 20 ～ 25℃的温室中 3 ～ 5 d，每天加适量冷水翻拌，即可制成菌剂。拌种时每亩地用 50 g 左右。

（3）根瘤菌制剂拌种

播种前按照说明的规定用量，制成菌液洒到种子上并充分搅拌，使每粒种子都能均匀沾上菌液。种子拌好后，应立即播种。用根瘤菌接种的标准比例是 1 kg 种子用 5 g 根瘤菌。接种根瘤菌的种子要当日使用，并防止日晒。增加接种剂量可提高结瘤率。

## 第二节　全株玉米种植技术

全株玉米并不是指玉米品种，而是基于用途分类的概念。全株青贮玉米是指收获包括玉米果穗的地上鲜嫩整株，最后制成青贮饲料。玉米是禾本科一年生高产作物，选择专用的玉米品种可获得较高的产量。一般在中等地力条件下，专用青贮的玉米品种亩产鲜生物量为 4500 ～ 6300 kg。全株玉米柔嫩多汁，营养丰富，鲜样中粗蛋白含量为 6% ～ 8%，粗脂肪含量 2.9% ～ 4%，粗纤维含量 23% ～ 29%，同时还含有丰富的糖类。全株玉米如图 4–1 所示。

图 4-1　全株玉米

## 一、栽培管理技术

1. 选地与整地

应选择具备灌溉条件、有机质丰富、土层深厚的土地，以利于出苗。土质疏松肥沃，有机质含量丰富的地块有利于获得高产。适时整地，清理地面杂物，翻耕，耕深 25 ～ 30 cm，耙碎土块，平整土地。行沟深 20 ～ 30 cm，行沟宽 40 ～ 60 cm。有坡的地块，横向作畦，减少土壤流失。

2. 施基肥

施用尿素 30 ～ 45 $kg/hm^2$，钙镁磷肥 150 ～ 225 $kg/hm^2$，氯化钾 150 ～ 225 $kg/hm^2$，腐熟农家肥 15000 ～ 22500 $kg/hm^2$ 或复合肥（N：P：K 为 15：15：15）150 ～ 225 $kg/hm^2$，可在耕地翻土时将其均匀撒入，然后用土覆盖，也可以在撒种时在种子附近穴播。

3. 播种期

春秋季均可播种，播种时间以春季桂南 2 ～ 3 月，桂中、桂北 3 ～ 4 月为佳；以秋季桂南 7 ～ 8 月，桂中、桂北 6 ～ 8 月为佳。

4. 播种量

合理密植有利于高产。若采用精量点播机播种，播种量为 2 ～ 2.5 kg/ 亩；

若采用人工播种，播种量为 2.5 ～ 3.5 kg/ 亩。一般全株玉米的亩保苗数为 5000 ～ 6000 株。

5. 播种方法

采用大垅条播，实行垅作，行距 60 cm，株距 15 ～ 20 cm，单条播或双条播都可，但双条播可获得较高产量。单条播：按一定行距 1 行或多行同时开沟、播种、覆土，种植深度 2 ～ 3 cm。穴播：在行间按一定株距开穴点播 2 ～ 4 粒种子。

条播和穴播深度为 3 ～ 4 cm，沙壤土以 4 cm 为宜，黏土以 3 cm 为宜。播种后盖土 1 ～ 2 cm。

6. 混播

全株玉米与秣食豆混播是一项重要的增产措施，同时还可大大提高全株玉米的品质。以全株玉米为主作物，在株间混种秣食豆。秣食豆是豆科作物，根系有固氮功能、植株耐阴，可与全株玉米互相补充，合理利用地上地下资源，从而提高产量，改善营养价值。混播量为全株玉米 1.5 ～ 2.0 kg/ 亩，秣食豆 2.0 ～ 2.5 kg/ 亩。

7. 田间管理

与大田作物管理方法相同，需要进行除草、间苗、施肥及中耕等。

（1）定苗与补种

当幼苗长到 2 ～ 3 片真叶时间苗，拔除病弱苗，留苗数是定苗数的 1.5 ～ 2 倍；4 ～ 5 片叶时定苗，按株距 20 ～ 30 cm 留苗；如有缺苗，要及时补播或移苗补栽，补苗时取稠密地段的苗子，并对其偏施肥水，促其迅速赶上正常苗。

（2）中耕除草

第一次显行后进行，第二次结合定苗进行，第三次结合追肥在拔节时进行。中耕除草的目的是培土、壮根、促生长并及时打杈。

（3）施肥

结合进行中耕培土，对玉米苗一次性施用 60 $kg/hm^2$ 碳铵用于提苗。将全生育期氮肥总量的 60% 于拔节期追施，追施尿素 75 ～ 150 $kg/hm^2$，钙镁磷肥

75 ～ 150 kg/hm$^2$，结合中耕除草，适当培土。

（4）浇水

在正常天气条件下，玉米 4 片叶前期（小喇叭期）禁止浇水，定苗后（小喇叭期）浇水 1 ～ 2 次；抽穗时期（大喇叭期）浇水 1 ～ 2 次，根据降水量的多少决定浇水次数，一般情况下全程浇水 4 ～ 5 次。

（5）培土

全株玉米经过 3 次除草，4 ～ 5 次上述的浇水后，部分根裸露于地面，并且长出气生根，应进行培土，保证植株吸收足够的养分、水分，并防止倒伏。

（6）病虫害防治

全株玉米生长过程中主要的病虫害有纹枯病、小地老虎、黏虫和玉米螟等。防治纹枯病用 3% 井冈霉素水剂 500 倍稀释液。小地老虎可用 50% 沙蚕毒素可湿性粉剂或 90% 敌百虫晶体拌炒香的米糠或麦麸（50% 沙蚕毒素与饵料 1∶50 或 90% 敌百虫晶体与饵料 1∶100）撒于玉米地中对幼虫进行诱杀。黏虫和玉米螟可用苏云金芽孢杆菌可湿性粉剂撒施玉米心叶内，每株撒施 2 g；或用 90% 敌百虫晶体 2.5 kg 加细土 15 kg 制成杀虫土，撒施玉米心叶内，每株撒施 3 ～ 5 g；或用 18% 杀虫双水剂 500 倍稀释液，或 50% 敌敌畏乳油 800 倍稀释液，或 50% 辛硫磷乳油 1000 倍稀释液，这些药液均按每株 10 mL 的用量灌注心叶或玉米雄穗。

**二、收获**

1. 收获时期

全株玉米最适收获期为玉米籽实的乳熟末期至腊熟前期，一般在生长期的 100 ～ 110 d，此时收获可获得产量和营养价值的最佳值。

2. 收获天气

收获时应选择晴朗的天气，避开雨季，以免因雨水过多而影响青贮饲料品质。全株玉米一旦收割，应当尽快完成青贮，不可放置过长时间，避免因降雨或本身发酵而造成损失。

3. 收获方法

大面积全株玉米地都采用机械收割。小面积全株玉米地可用人工收割，把整棵的玉米秸秆运回青贮窖附近后，切短装填入窖。

在收获时必须要保持全株玉米秸秆有一定的含水量，正常情况下要求全株玉米的含水量为 65% ～ 75%。如果全株玉米秸秆在收获时含水量过高，应在切短之前晾晒 1 ～ 2 d 后再切短装填入窖。水分过低不利于把青贮原料在窖内压紧压实，容易造成青贮原料的霉变，因此选择适宜的收割时期非常重要。

## 第三节　象草种植技术

象草类牧草是禾本科多年生植物，为广西主要牧草品种之一，其适应性广，优质高产，青绿多汁，适口性好，牛、羊、兔、鹅等畜禽和草食鱼类均喜食。推广比较多的象草类牧草品种有桂牧 1 号杂交象草、桂闽引象草、王草等（图 4–2）。科学的种植技术可确保象草类牧草生产规范化、标准化，获得高产、高效益，促进养殖业的发展。

图 4-2　象草

### 一、种植技术

1. 选地

象草类牧草对土壤要求不严，一般坡地和平地都可种植，以土壤疏松、肥力较高和排水通畅的地块为好，最好选择建在有猪舍或牛舍的下方。

2. 整地

地块一犁一耙，耕翻深度 20 ～ 30 cm，犁翻后的地块耙碎、平整、起畦、开沟（图 4–3），做好墒，墒沟深 20 ～ 30 cm，宽 30 ～ 40 cm。在有坡的地块，横向作畦，减少土壤流失。

图 4–3　象草种植（开沟）

3. 播种种植时期

2 月底至 10 月底均可种植，以 3 ～ 6 月种植最佳。在平均气温 15℃时即可种植，在桂南 2 月下旬种植最好，也可全年种植。

4. 用种量

矮秆型：种茎用量 1500 ～ 1800 kg/hm$^2$，高秆型：种茎用量 1500 ～ 2250 kg/hm$^2$。

5. 基肥

最好用有机肥作基肥，放基肥 15000 ～ 30000 kg/hm$^2$，也可用复混肥作基肥，每亩放肥 112.5 ～ 225 kg/hm$^2$。

6. 种植方法

（1）种茎种植

栽培时开行，矮秆型的株行距 20 cm×（30 ～ 40）cm；高秆型的株行距 30 cm×（35 ～ 45）cm。矮秆型的种茎砍成 2 ～ 4 节一段，高秆型的种茎砍成 2 节一段，将种茎斜放于行壁上，覆土露出种茎 2 ～ 4 cm。干旱季节种茎宜平放。种植后保持土壤湿润（图 4–4、图 4–5）。

图 4-4　象草种茎被砍成 2 节一段种植

图 4-5　象草种茎种植

（2）分蔸种植

除了用种茎种植，还可利用分蔸种植，用分蔸种植的成活率高。在雨季或有灌溉条件下可利用分蘖植株分蔸种植。

7. 田间管理

（1）补苗

及时查苗补蔸。种苗成活后，应及时进行查苗，发现缺苗应尽快用壮苗补蔸。如果补蔸太迟，可能会出现弱蔸缺蔸，严重影响产量。

（2）中耕施肥

新建饲草园一般应中耕除杂草 1 ～ 2 次，并结合施肥。苗期和每次刈割后应中耕除杂草，以防田间有害杂草如牛筋、狗牙根、千金子、鱼花草等生长而影响幼苗生长。同时，中耕利于保水、保肥，促进根系发育和植株再生。新建饲草园应多施有机肥、少施或不施化肥。苗期需肥量较少，拔节后会在相当长的生长期内迅速生长，需肥量最多。为了满足需要，每次刈割后及时追施氮肥 150 ～ 225 kg/hm$^2$，或追施腐熟的有机肥 15000 ～ 22500 kg/hm$^2$。注意将肥料埋入土中，或趁小雨天气追施，避免肥料裸露挥发。一般出齐苗后追施尿素 150 kg/hm$^2$ 或粪水 22500 ～ 30000 kg/hm$^2$，提小苗赶大苗，达到苗齐苗壮，以壮蔸促苗，加快饲草的生长发育。

（3）培土、促分株

待象草长至 40 ～ 50 cm 时覆土培蔸将小分枝基部埋入土中，可使小分枝变成较粗壮的分株。

（4）排渍、抗旱与合理灌溉

新建草地清沟时，要把主沟、围沟、腰沟和厢沟都清理通畅，促使排灌以降低地下水位，促进根系和地下茎的生长。一般秋冬季易遇干旱，通常土壤含水量低于 18% 时，就应及时灌溉。但是如台湾甜象草需水又怕被水淹，当饲草地渍水时就会造成烂蔸，不仅导致减产，还会导致饲草园衰败。因此，在雨季要特别注意清沟排水、防止土壤渍水或地下水位过高。干旱必须采取措施进行灌水抗旱保苗，有条件的可采用喷灌的方法进行灌溉，目前生产上仍采用沟灌。为了防止烂蔸，灌透水后及时排干，但若灌水时间太长，或排水不及时，则会烂蔸。灌水宜在早晚进行，切忌在炎热的中午进行。

**二、利用**

种植 50 d 后开始刈割利用（图 4–6）。每隔 20 ～ 35 d 刈割 1 次，一年刈割 6 ～ 8 次。首次刈割留茬 5 cm，此后齐地刈割。矮秆型在 50 ～ 70 cm 时刈割，用作兔、鹅等小畜禽或草食性鱼类的饲料；高秆型在 70 ～ 100 cm 时刈割，用作牛、羊等大家畜和大象、鸵鸟等动物的饲料。利用时宜切成 3 ～ 5 cm 长度。

图 4-6　象草类齐地刈割利用

## 第四节　饲用高粱种植技术

甜高粱（*Sorghum bicolor* cv.Dochna）是一种热带作物，但由于它的种质资源十分丰富，品种繁多，生育期 3 个月至 7 个月不等，因此在热带、亚热带、温带地区均可栽培。我国是一个盛产高粱的国家，粒用高粱栽培面积达 282.8 万 $hm^2$，总产量达 703.4 万 t，占全世界的 10.73%。我国甘蔗单位面积的产量与世界持平，甜菜单位面积的产量为世界平均单位面积产量的 54%，而粒用高粱单位面积的产量却为世界平均单位面积产量的 285%。甜高粱的生物学特性与粒用高粱类似，有实践表明，我国非常适合甜高粱的栽培，因此，多种植甜高粱。

甜高粱（图 4–7），也叫“二代甘蔗”。因为植株上边长粮食，下边长甘蔗，所以又叫“高粱甘蔗”。植株高 5 m，最粗的茎秆处直径为 4 ～ 5 cm；茎秆含糖量很高，因而甘甜可口，可与南方甘蔗媲美。甜高粱可以生食、制糖、制酒，也可以加工成优质饲料。甜高粱叶子可作饲草喂畜禽，高粱穗脱粒以后所剩的苗子还可以制作笤帚、扫帚、炊帚，真可谓“全身是宝”。

图 4-7　甜高粱

## 一、栽培技术要点

种好甜高粱的目的不仅在于收获籽粒，更重要的是收获富含糖分的茎秆。甜高粱适应性很强，为了得到高产，必须满足其生长发育的要求。所以，应满足甜高粱生长所需的环境条件，严格规范甜高粱栽培技术，加强田间管理。

1. 选地

最好选择具备灌溉条件、有机质丰富、土层深厚的土壤栽培甜高粱。甜高粱籽粒较小、顶土能力较弱，整地要精耕细耙。播种时墒情要好，以利出苗。

2. 整地

适时耕翻，耕深度 20 ～ 30 cm，清除杂草。将犁翻后的地块耙碎、平整、起畦、开沟，做好墒，墒沟深 20 ～ 30 cm、宽 30 ～ 40 cm。在有坡的地块，横向做畦，减少土壤流失。

3. 播种种植期

适时播种可提高播种质量，是保证苗全、苗齐、苗壮和保证甜高粱生产的关键环节。依当地气候、品种、栽培目的选择适宜的播种时期。做好生产前整地保墒和种子处理，在适宜的播种期内及时播种，做到 1 次播种，保证全苗。甜高粱种子发芽的最低温度为 8 ～ 10℃，在生产上把 5 cm 土层的日平均温度稳定在 12℃左右作为播种的温度指标。在我国南方，一年可种二茬，头茬以 3 月下旬至 4 月上旬播种的产量较高。在北方适宜的播种期为 4 月中下旬。播种过早，地温低，出苗慢，容易烂种，影响出苗率；播种太晚，土壤墒情差，造成出苗不齐、不全，而且影响甜高粱正常生长。在生产上应做到“低温多湿看温度，干旱无雨抢墒播种”。

4. 播种深度、播种量和栽培密度

播种深度对出苗影响很大。甜高粱种子较小，芽鞘偏短，顶土能力较弱，因此，对播种深度要求较严格。播种过浅，种子落在干土上，水分不足，不能出苗；播种过深，出苗时，种子根茎相应伸长，消耗较多的养分，幼苗也较弱小。尤其是播种后灌水，土壤板结，幼苗出土难，以致不能出苗。必须严格掌握适当的播种深度，沙壤土以 4 cm 为宜，黏土以 3 cm 为宜，春播时如温度较低，直播可稍深。

根据种子质量、整地质量、土壤墒情等情况确定播种量。甜高粱种子较小，千粒重 20 ～ 25 g，考虑到田间出苗率及病虫害等的影响，一般播种量为 7.5 ～ 11.25 kg/hm$^2$，整地质量不好的地块应根据情况适当增加播种量。播种后为确保出苗率，要进行镇压。墒情较差时，播种后应立即镇压，尽量减少水分的蒸发；土壤水分较多时，播种后应隔 1 ～ 2 d 等到水分适宜时再镇压。出苗前如遇降水造成田块板结时，用轻型钉齿耙进行耙地，破除板结，深度以不超过播种深度为宜，以免造成土壤干燥而影响种子发芽。

早熟品种可采取 20 cm × 60 cm 的株行距，每亩约 5556 株；晚熟品种可采用 20 cm × 70 cm 的株行距，每亩约 4762 株。

5. 基肥

施肥量要根据土壤肥力而定，土地肥沃可以少施肥，土地贫瘠要多施肥。在甜高粱播种前要施足底肥，农家肥施用量 60 t/hm$^2$ 左右，采用化肥可沿植沟施 150 kg/hm$^2$ 尿素或 450 kg/hm$^2$ 复合肥，与底土混匀后再播种。

6. 育苗移栽

为解决在麦茬地直播的甜高粱生育期不足的矛盾，可以采用育苗移栽的方法。育苗地应在栽培地附近，在移栽前 20 ～ 30 d 开始育苗，播种量为保苗数的 2.5 倍。当小苗有 5 ～ 6 片叶时即可移栽。为减少运输会出现的问题，起苗时可不带土坨，但要尽量少伤根；为减少水分蒸发，起苗后立即剪去叶尖，尽快种植于整理好的植沟内，栽苗深度以埋至幼苗基部白绿色交界处为宜，植后立即浇水。育苗移栽用种量少，当种子数量有限时，这是扩大种植面积的有效方法。

7. 田间管理

（1）补苗

播种质量不好或地下害虫为害等原因造成的缺苗断垄应及时补苗。补苗时取稠密地段的壮苗，方法与育苗移栽相同，补苗后对其偏施肥水，促其迅速赶上正常苗。

（2）间苗、定苗、除蘖

甜高粱的亩播量往往比保苗数多，必须间苗。早间苗可以避免幼苗互相争夺养分与水分，减少地力消耗，有利于培养壮苗。甜高粱第一次间苗在 2 ～ 3 片叶期进行，拔除过于稠密地段的弱苗。在 4 ～ 5 片叶期按预定的株行距进行第二次间苗。甜高粱具有分蘖的习性，蘖芽的多少依品种的不同而差异很大，多的十几个，少的一两个。分蘖过多会消耗大量养分，影响主茎生长速度。留种田及作为糖料、酿酒作物栽培时需掰除全部分蘖。若作为青饲料栽培则不必掰除分蘖，但应在播种量上进行调节，以防止密度过大造成倒伏。

第一次中耕在 2 ～ 3 片叶的幼苗期，可结合间苗进行，起到提高地温，消灭杂草，防旱保墒的作用；第二次中耕在 5 ～ 6 片叶时结合定苗进行，深度在 10 cm 左右，以切断表层根系，促使根系下扎；第三次中耕一般在第二次中耕后 10 ～ 15 d 进行，并结合小培土。当植株长到 70 cm 高时结合追肥进行大培土，将行间的土壤培于甜高粱的基部，在行间形成垄沟，促进支持根的生长，增强吸收能力，防止倒伏、利于排涝、更便于灌溉。

（3）追肥

施肥的种类和数量取决于土壤肥力、土壤类型和水分状况。因甜高粱的生物量极高，应于植前施足基肥，多施磷钾肥。氮肥要早施且不能过量，以免影响汁质。追肥结合培土进行，施肥量应略高于当地玉米的施肥量。中期重点是以促为主，使植株生长健壮。甜高粱拔节以后是生长最为旺盛的时期，对养分的需求也最大，如肥水不足会造成植株营养不良。第一遍铲趟之后，每隔 10 ～ 12 d 铲趟 1 次，做到甜高粱生育期铲趟 3 次。拔节前 6 ～ 7 片叶期，每公顷追施尿素 150 kg。在拔节至抽穗期如遇干旱，应及时灌溉。后期重点是增强根系活力，以根保叶，促进有机物质向穗部转移，力争粒大饱满，提早成熟。此时应及时灌水，以保持后期有较大的绿叶面积。为满足甜高粱后期生长对养分的需求，要进行叶面施肥，以提高植株糖分，促进早熟，增加粒重。可喷施磷酸二氢钾、过磷酸钙、丰产素等。8 月中旬，拔大草 1 ～ 2 次，做到不砍株、不伤根。结合拔大草，进行甜高粱打底叶，去掉底部干叶和黄叶，使其通风透光，促进早熟，增加甜高粱籽粒成熟度。

（4）灌水与排水

甜高粱十分耐旱，但为获得高产，须依当地的气候条件和植株的发育阶段进行适当的灌溉。苗期一般无须灌溉，在拔节以后，茎秆每天长高 4 ～ 10 cm，若缺水则会抑制植株生长和幼穗分化。孕穗阶段是甜高粱的旺盛生育期，这一时期不能缺水；开花期为需水高峰期，须有足够的水分供开花、授粉之需并为结实和秆中糖分的积累打下牢固的基础。若气候长期干旱，应及时灌溉，保证甜高粱正常生长。在我国大部分地区，甜高粱的旺盛生长期适逢雨季，为甜高粱的生长提供了有利的条件。

8. 防鼠害

铲除种茎田四周杂草，如发现鼠害，应采取有效灭鼠措施。

9. 病虫害防治

（1）蚜虫

甜高粱糖度高，易受蚜虫为害，在高温干旱少雨的年份，蚜虫侵害可能大量发生。发现蚜虫应及早防治。7 月中下旬发现高粱蚜虫为害时，可施用 2.5% 溴氰菊酯或 20% 杀灭菊酯 5000 ～ 8000 倍稀释液；每公顷施 50% 抗蚜威可湿性粉剂 150 ～ 300 g 兑水 450 ～ 750 kg 于侵害发生期对植株进行喷雾防治。

（2）螟虫

发现有螟虫为害心叶时，即喷吡虫啉；若螟虫已进入甜高粱秆内为害，可在心叶处撒数粒呋喃丹防治；甜高粱抽穗后，螟虫上到穗部为害，可用吡虫啉喷杀。产卵盛期用 50% 辛硫磷乳油 50 mL 兑水 20 kg，每株 10 mL 灌心；开花后，用敌杀死 1200 倍稀释液喷施于穗部，即可防治。

10. 防鸟害

麻雀特别喜欢吃甜高粱的种子，尤其是在小面积种植时，一个品种在一天内可以被吃个精光。除设法驱鸟外，减少该因素危害的办法是：在植株进入乳期开始有鸟类为害时，将 4 ～ 8 株甜高粱的穗头捆扎在一起并用塑料或尼龙纱袋套起来，以防鸟吃。

## 二、收获

当绝大部分植株果穗下部的籽粒达到蜡熟期时即可收穗。将果穗收割进行晒干、脱粒后妥善保存。收穗后的植株的叶片能继续进行光合作用，茎秆中的糖分仍继续增加，糖分大约在收穗后一星期将达到高峰。因此，最好在收穗后 5 ～ 7 d 收秆，并考种和测产。在生长季节短、有可能遭受霜冻的地方，可在收穗的同时砍秆。甜高粱在整个生育期营养成分和产量都在不断变化，及时收获对保证产量和品质具有重要意义。甜高粱在籽粒蜡熟后期收获，一般在 9 月末至 10 月中旬，应注意保证收获质量。收获时要捆小捆，码小码，立码晾晒，避免甜高粱霉垛。甜高粱籽粒单运、单放、单脱粒、单品种交售，确保其不与普通高粱混杂，以保证种子纯度。

## 三、饲用价值

1. 牧草产量

甜高粱属于碳四（$C_4$）途径植物，具有很高的光合速率，为目前世界上生物量最高的作物，有“高能作物”之称。其植株高度为 4 ～ 5 m，一般产茎秆 75 $t/hm^2$ 左右，籽粒 1.5 ～ 7.5 $t/hm^2$。在德国，最高鲜生物学产量籽粒为 1.5 ～ 7.5 $t/hm^2$，最高鲜生物学产量可达 169 $t/hm^2$，它所合成的碳水化合物的产量是玉米或甜菜的 2 ～ 3 倍。由于甜高粱具有抗旱、耐涝、耐盐等优良的特性，它对土壤的适应能力很强，在 pH 值为 5.0 ～ 8.5 的土壤中各品种均能很好生长，故又有作物中的“骆驼”之称。只要选择合适的品种，年平均积温在 2900 ～ 4100℃的地区均可栽培。

2. 营养价值

甜高粱在株高 130 ～ 150 cm 的拔节期被刈割，其粗蛋白的含量占干物质的 7.9%，粗脂肪、粗纤维、无氮浸出物和粗灰分分别占干物质的 2.70%、31.4%、45.87% 和 9.6%，并含有丰富的钙、磷等元素和多种维生素。粗蛋白含量高，粗纤维含量低，饲用品质好。甜高粱营养成分含量见表 4–2。

表 4–2　甜高粱营养成分含量

（单位：%）

| 品种 | 粗蛋白 | 粗脂肪 | 粗纤维 | 无氮浸出物 | 粗灰分 | 钙 | 磷 |
|---|---|---|---|---|---|---|---|
| 甜高粱 | 7.9 | 2.70 | 31.4 | 45.87 | 9.6 | 0.68 | 0.5 |

注：资料来源为黎大爵、廖馥荪的《甜高粱及其利用》。

## 第五节　拉巴豆生产技术

拉巴豆（图 4–8）为一年生或多年生蔓生草本植物。茎长 3 ～ 6 m，主根发达，侧根多。适宜于亚热带、热带地区生长，在年降水量为 750 ～ 2500 mm 的地区种植。在沿海中部地区和内陆地区均有分布，是广西主要的优良多年生栽培草种之一。拉巴豆具有非常晚熟的特性，不同品种生育期限各异。在广西，3 月播种，10 月至翌年 2 月孕蕾、开花，翌年 1 月初种子开始成熟，生育期长可达 300 d。种子产量为 500 $kg/hm^2$。

拉巴豆可在多种土壤上栽培，在排水良好、肥沃的中性砂壤土中生长更好，不宜连作，因其不耐涝，不耐盐碱。要求温暖的气候条件，许多栽培种能耐短时间的高温（35℃）和短时间的霜冻，但十分冷凉的气候条件不利于拉巴豆开花、受粉和结实。其植株繁茂，叶量大，因此蒸发量高，是需水较多的作物。

图 4–8　拉巴豆

## 一、栽培技术要点

1. 整地施肥

种植拉巴豆的田块在直播或移栽前，要认真清理前季作物残留物，并进行耕地，翻耕后晒土 2 ～ 3 d。施底肥时，以农家肥为主，腐熟农家肥 15000 ～ 22500 kg/hm$^2$ 或施复合肥 750 ～ 1500 kg/hm$^2$，撒施后耙平、整细土壤，尽量使肥料落入底土层。对生长势强、分枝力强的品种根据土壤原有肥力，底肥可少施或不施。

2. 播种

播期早，则利用期长，产量越高，一般以 2 ～ 5 月播种为宜。既可以单播，又可和玉米间种、混播。穴播，行穴距可为 50 cm × 40 cm，每穴播种 2 ～ 4 粒，用种量 30 ～ 50 kg/hm$^2$，如收种子，用种量 15 ～ 20 kg/hm$^2$；间种播种量为 30 kg/hm$^2$。玉米是与拉巴豆套种效果最好的作物，混播时播种量为 6∶2（玉米∶拉巴豆）。

3. 田间管理

播种后 7 ～ 10 d，应及时补播或移苗补栽，确保全苗。出苗后要及时拔除杂草和间苗，苗期除杂草 2 ～ 3 次，在未封行前中耕培土 1 ～ 2 次。苗期追施尿素 75 ～ 150 kg/hm$^2$，每次刈割后结合中耕追施钙镁磷肥 75 ～ 150 kg/hm$^2$。

## 二、饲用价值

1. 营养价值

拉巴豆植株不同部位的营养成分含量不同，整株含粗蛋白 17% ～ 21%，幼嫩的植株是很好的青饲料；花期干物质含粗蛋白 21.32%、粗纤维 27.61%、粗灰分 13.89%、钙 0.43%、磷 0.79%，此外还含有丰富的维生素，牛、羊、猪等动物喜食。青豆中含有氢氰酸（HCN），有一定的毒性，遇热后毒性消失，因此要煮熟后饲喂。生长 77 d 时的消化率为 61.3%，140 d 后的消化率降为 48.6%。在巴西等地，用拉巴豆饲喂奶牛，日产奶量增加了 1.5 ～ 15 kg。拉巴豆的营养成分含量见表 4–3。

表 4-3　拉巴豆的营养成分含量

（单位：%）

| 品种 | 水分 | 粗蛋白 | 粗脂肪 | 粗纤维 | 无氮浸出物 | 粗灰分 | 钙 | 磷 |
|---|---|---|---|---|---|---|---|---|
| 拉巴豆 | 83.67 | 21.32 | 4.92 | 27.61 | 32.26 | 13.89 | 0.43 | 0.79 |

2. 牧草产量

拉巴豆在夏季生长迅速，产量很高，一年可刈割 3 ～ 4 次，产鲜草 45000 kg/hm$^2$，风干率 22% ～ 25%，产干草 9900 kg/hm$^2$。拉巴豆具有非常晚熟的特性，因此秋季的长势很旺，正好可以补充夏季饲料作物和冬季饲料作物交替造成的饲料断档期，还可作为绿肥种植。

**三、利用技术要点**

1. 青饲

在植株长到 60 cm 时，可进行轻度放牧或刈割，留茬高度 40 cm 以上，以利再生。将刈后青草用铡刀或切草机切短，长度为 1 ～ 5 cm，然后直接投喂。茎叶等植株的表绿部分直接喂饲牛、羊、鹅等畜禽；秸秆粉碎，拌以适量能量、矿物质元素，再配合饲料，喂猪、鸡、兔等畜禽。

2. 调制青贮饲料

拉巴豆制成青贮饲料后，饲喂肉牛的效果非常好，有些畜种需要饲喂几天后才喜食。

## 第六节　银合欢种植技术

银合欢（图 4–9）在气温 10 ～ 42℃均可生长，在 20 ～ 30℃时生长最好。气温低于 12℃时生长缓慢，受轻霜后部分叶片脱落，中等程度霜冻时地上部分死亡，树基翌年还能长出新枝。长时间重霜冻则不能越冬。在桂南，冬天不落叶；在桂北，冬天有落叶。在海拔 500 m 以下的热带、亚热带地区生长良好；因其较耐旱，在年降水量 250 mm 的地区也能生长。在石山的岩石缝里只要有湿土就能着根生长。适应于多种类型的土壤上种植，但最适于中性或微碱性，pH 值为 6.0 ～ 7.7 的土壤；耐高铝低铁，但土壤中锰含量过高对其生长不利。生长过程中要施一定量的石灰和磷肥。较耐旱，但长期干旱生长量会下降。不耐水淹、不耐阴。银合欢的根系非常发达，主根粗壮，直立向下，一年生的幼年植株根可达到 1 ～ 2 m。接近地表的假冒根上有根瘤生长，其直径在 2 ～ 20 mm，表面不平，根瘤内呈浅粉红色。银合欢草地建植很慢，苗期难以管理。银合欢种子千粒重 46 g，硬实率达 90%；种子的自繁能力很强。

图 4–9　银合欢

## 一、营养品质及生产性能

1. 营养价值

银合欢有“蛋白质仓库”之称，对扩大植物性蛋白的来源、补充饲料的不足，尤其在畜牧饲料严重不足的热带地区有着重要的意义。银合欢营养成分见表 4–4 至表 4–6。

表 4–4 银合欢营养成分含量

（单位：%）

| 部位 | 粗蛋白 | 粗脂肪 | 粗纤维 | 无氮浸出物 | 粗灰分 | 钙 | 磷 |
| --- | --- | --- | --- | --- | --- | --- | --- |
| 春季叶 | 26.8 | 6.5 | 7.9 | 50.4 | 8.4 | 1.7 | 0.3 |
| 夏季叶 | 27.9 | 4.7 | 7.6 | 53.1 | 6.7 | 1.4 | 0.2 |
| 秋季叶 | 27.5 | 6.6 | 9.0 | 49.8 | 7.2 | 1.5 | 0.3 |
| 种子 | 28.2 | 6.2 | 12.8 | 48.0 | 3.9 | 0.3 | 0.3 |

表 4–5 银合欢氨基酸含量（干物质基础）

（单位：%）

| 部位 | 采样地点 | 生育期 | 缬氨酸 | 苏氨酸 | 蛋氨酸 | 异亮氨酸 | 亮氨酸 | 苯丙氨酸 | 赖氨酸 | 组氨酸 | 精氨酸 |
| --- | --- | --- | --- | --- | --- | --- | --- | --- | --- | --- | --- |
| 叶 | 广西畜牧所 | 花期 | 1.3 | 1.1 | 1.0 | 1.0 | 2.1 | 1.5 | 1.4 | 0.5 | 1.5 |
| 种子 | 广西畜牧所 | 花期 | 1.3 | 1.0 | 3.7 | 1.0 | 2.2 | 1.4 | 1.7 | 0.8 | 3.1 |

表 4–6 银合欢的元素含量

（单位：mg/kg）

| 部位 | 铜 | 锌 | 铁 | 锰 | 硒 |
| --- | --- | --- | --- | --- | --- |
| 叶 | 4.8 | 11.1 | 67.3 | 55.4 | 0.1 |

2. 生产性能

银合欢一般先育苗，一年后移栽，当年就可开花结果；因其再生能力强，刈割后萌芽抽枝多、生物量大。约每隔 50 d 可收割 1 次，一年可收 3 ～ 5 次，每亩年产鲜茎叶 4 t 左右。可刈割青饲或加工成干草、草粉、草颗粒，也可放牧，牛、羊、兔均喜食。

种子产量每亩 50 ～ 150 kg，年收 2 次。银合欢含有的含羞草素及其代谢产物对家畜有毒性，通常采摘用于饲喂牛羊的嫩枝叶（其茎叶比约为 45.1 ∶ 54.9）含羞草素含量为 3.05%，如长时间进行单一饲喂，家畜会发生中毒，因此，多与禾本科混合饲喂。在正常放牧条件下，牛、羊适量进食不会出现中毒症状。

## 二、栽培技术

1. 播种期

播种时期一般桂南在 2 ～ 5 月，桂中、桂北在 3 ～ 5 月，育苗移栽的一般播种期在 2 ～ 4 月。在早春土壤解冻后就可以进行。

2. 苗床整理

银合欢喜光照，忌低洼积水，育苗地宜选择阳光充足、排灌便利的台地、平地或开垦成梯田的坡地。秋冬时节，先把苗圃清理翻晒，翌年春日碎土耙平，除净石块草根，起畦作床，为方便整理，床长 10 m、宽 1 m、高 0.3 m，不足 10 m 的边角地视情况而定，床和床之间留步道 40 cm。播种前放足基肥，将苗床耙平后，开条播沟，沟宽 10 cm、深约 15 cm，条播沟间距 20 cm，基肥一般是火烧草皮土 80%、粪肥 10%、过磷酸钙 5%、石灰 5%，拌均匀放入条播沟内，沟泥与肥料也要拌匀，每公顷用肥 15 t。

3. 种子处理

银合欢种子硬实率较高，不经处理的种子发芽率低，所以播前必须进行种子处理。

（1）种子清选

种子清选是播种前必不可少的一道工序。种子清选有风选、筛选、水选 3 种方法。播种前用簸箕或筛子将种子中的杂质及瘪粒种子清选出去，也可用温水或盐水清选。目的是清选籽粒饱满的优良品种的种子，剔除病粒、虫、杂质、劣粒，并进行种子的纯度、净度、发芽率等播种品质检验，使种子达到播种质量标准要求。

（2）晒种

播前将种子晒 1 ～ 2 d，以提高发芽率和增强发芽势。

（3）硬粒种子处理

银合欢种子硬实率较高，不经处理过的种子发芽率低，所以播前必须进行种子处理。常用种子擦皮机拌等量河沙，机械摩擦种皮，并将其磨破，提高发芽率。

（4）浸种

种子 5 kg，加热水 7.5 ～ 10 kg，用热水（82℃）浸种 3 ～ 5 min 或沸水

（100℃）温水浸种 50 ～ 100 s，或用浓硫酸浸泡 10 min（浸后用清水反复冲净硫酸，至中性）。浸泡后置阴处，隔数小时翻动 1 次，晾干即可播种，土壤干旱则不应浸种。

（5）根瘤菌接种

在新开垦或从未种过银合欢的土地上种植时，应接种根瘤菌。用清水将根瘤菌剂拌成糊状，然后与处理过的种子拌匀，并拌以钙镁磷肥、土灰等。接种根瘤菌应注意避免太阳直晒，不与其他药剂、生石灰接触。如无法买到根瘤菌时，可用曾接过菌种的银合欢草地土壤适当代替。

在出现以下情况时应对银合欢种子进行根瘤菌接种：在过去五年内未种植过银合欢的土地；土壤耕作层已被破坏，或者土壤为强酸性、强碱性或土壤主要养分不足。

用根瘤菌接种时应注意几点：①根瘤菌不能直接接触日光；②根瘤菌与化学药物处理过的种子拌种时应随拌随播，根瘤菌与化学药剂接触不能超过 30 ～ 40 min，在实际生产中对种子进行消毒时常将消毒后的种子堆于小堆中闷一定时间，播种时可将根瘤菌剂和麦麸、锯末或其他惰性物质混合，并将其预先撒入土壤内，然后再播种化学药品消毒过的种子；③已接种的种子不能与生石灰或高浓度肥料接触；④大多数根瘤菌适于中性或微碱性土壤，过酸的土壤对根瘤菌不利，应在播种前施用石灰；⑤根瘤菌不适于干燥土壤。

4. 选地、整地

银合欢对土壤要求不严，中性到微碱性土壤中生长最好；在酸性红壤土仍能生长，以透气良好、土层深厚、有机质丰富、有适当的保水力、酸碱度适当、能顺利排水的地块为佳。银合欢幼苗较弱，顶土力差，苗期生长特别缓慢，播种之前要精细整地，以彻底清除杂草，改变耕层土壤的物理状况，使土壤水、肥、气、热状况得到改善，为银合欢播种出苗，幼苗健壮生长发育及丰产创造一个良好的土壤环境。

耕地是土壤耕作最主要、最基本的措施。耕地一般分为深耕和浅耕两种。深耕一般用拖拉机牵引五铧犁或三铧犁，耕翻深度一般为 20 ～ 30 cm。浅耕一般用拖拉机牵引旋耕机进行耕翻，耕翻深度为 15 ～ 20 cm。前茬作物根系较深、残渣较多、杂草严重、土壤质地紧实的地块应采取深耕措施；前茬作物根系较浅、残渣较少、杂草较少、土壤质地比较疏松的地块可采取浅耕翻措施。耕地一般尽量采用深耕措施，少采用浅耕措施。

（1）播种方式

银合欢的播种深度为 2 ～ 3 cm，在粗粒土壤中应深些，如在砂质土壤以 3 cm 为宜。直播的播种期一般桂南在 2 ～ 5 月，桂中、桂北在 3 ～ 5 月。直播适用于营造大面积人工刈割地或放牧地，可用手播、机械播种或飞机播种。银合欢种子直播有条播、撒播、穴播、混播等播种方法。

①条播。收种用的银合欢，一般采用宽行条播，在无灌溉条件下，行距为 80 ～ 100 cm，灌溉区以 100 ～ 120 cm 为宜，有时甚至达 150 cm。收草用的银合欢在潮湿地区或有灌溉条件的干旱地区种植，其行距可适当密一些，一般行距为 30 cm。在干旱条件下，收草用的银合欢一般采用 50 cm 的行距进行条播。

②撒播。撒播是指将银合欢种子尽可能均匀地撒在土壤表面，然后轻耙覆土。进行撒播时应先将整好的地用镇压器压实，撒上种子，然后用轻耙或镇压器镇压。撒播多在降水量比较充足的地区，特别要求土壤播前需清除杂草，以减轻苗期的危害。此外，这种方法多用于改良草场，即增加现有草场豆科牧草时使用。

③穴播。穴播是指在行上或垄上开穴播种，或在行中开沟隔一定距离点播种子。此法最节省种子，出苗容易，繁殖系数大。

④混播。银合欢除单播外，也常与禾本科牧草混播，一般用作生产商品草的银合欢草地多用单播，而作为牧场放牧时多用混播。播种要尽可能同禾本科牧草条状混播间种，比例为 1 ∶ 1 ～ 1 ∶ 3，即先播银合欢一行，成苗后再播禾本科牧草 1 行～ 3 行，条（行）距约 90 cm。混播能避免在纯银合欢地放牧牛羊时，牲畜因采食银合欢过多而发生膨胀病。混播对土壤的改良作用也更为显著，银合欢与禾本科牧草混播时能供给禾本科牧草氮素，其数量是禾本科牧草地上部分氮素的 8%。

（2）育苗移栽

育苗移栽要提前育苗，选择在气候条件适宜、温度和湿度都有保证的情

况下育苗。一般播种期在 2 ～ 4 月。育苗地应该选择距离大田较近、交通方便、土壤肥沃疏松、有灌溉条件的地块。选好育苗地后起垄做畦，育苗畦宽 1.5 m 左右，长度可以根据需要和具体地势、地形灵活安排，以能够平整畦面为限。畦面要求平整而细碎，施腐熟过筛的厩肥 4 ～ 6 kg/m$^2$。在质地黏重的土壤上育苗时，最好在畦面上铺一层薄沙土。播种前施过磷酸钙 60 g/m$^2$，并用敌克松药 500 ～ 800 倍稀释液对育苗地进行消毒。育苗地整平后，浇透底水，水渗完后播种，播种方式为开行条播，行距为 20 cm × 45 cm，覆盖 2 ～ 3 cm 的沙土或砂壤土。一般每亩银合欢种子播种量控制在 1.3 ～ 2.6 kg。

播种之后需加强管理，畦面要保持湿润。出苗后要防止高温、暴晒、霜冻、水淹、干旱等不利因素对幼苗的伤害。如发现幼苗分布局部过密或过稀可适当间苗或补苗，及时清除杂草。

当幼苗高度为 20 ～ 100 cm，有 6 张以上的真叶，即可移栽到整好的地块上。移栽前要精细整地，对于未耕翻的土地要进行深翻，冬前已耕翻过的土地应进行浅耕或耙地。整地要求地面平整、疏松、细碎。结合整地，每亩施腐熟的厩肥 2 ～ 4 t，如无厩肥，每亩施磷酸二铵 30 kg 左右，缺钾地区还要适当增施钾肥。起苗前 6 ～ 8 h 浇透水，起苗时注意不能伤根，起苗力求带好土块，保护根系，尤其不要使根系失水，减轻根系损伤，缩短缓苗期。在平地上采用条植或穴植均可，移栽定植行距（60 ～ 80）cm ×（100 ～ 150）cm；如在山坡（海拔 800 m 以下）可沿等高线带状半垦作穴，穴径 50 cm，深 50 cm；如在其他零星地块也可采用穴植，但须加保护设施，防止人畜践踏。最好是雨天移植，成活率高。移栽之后要及时补苗，并进行中耕松土。一般情况下每亩需要 2 m$^2$ 苗床的幼苗。

**三、收获**

当银合欢长高至 120 ～ 150 cm 即可刈割利用，一般种植当年可刈割 1 ～ 2 次，翌年以后每年可刈割 3 ～ 5 次。每次刈割留茬高度不低于 50 cm。

## 第七节　多花黑麦草种植技术

多花黑麦草（*Lolium muliflorum* Lamk.）原产地为意大利，为禾本科黑麦草属一年生或越年生草本植物，在广西冬春季能良好生长，是广西主要的饲料牧草品种之一。其适应性广、优质高产、适口性佳，牛、羊、兔、鹅等畜禽和草食鱼类均喜食。

## 一、多花黑麦草大田种植技术

### 1. 选地、整地

多花黑麦草适应性较强，可以在多种土壤中生长。为了获得较高的产量和品质，应选择肥沃、排水良好的土壤进行种植。此外，多花黑麦草对光照要求较高，应选择阳光充足的地方进行种植。

在种植前，应对土地进行深翻、平整、施肥等处理。深翻可以改善土壤结构，增加土壤肥力；平整可以使土地表面平整，便于播种和管理；施肥可以为多花黑麦草提供充足的养分，促进其生长。

### 2. 播种

多花黑麦草种子适宜的发芽温度为 13 ～ 20℃，低于 5℃或高于 35℃会造成种子发芽困难。2 ～ 11 月都可种植，春季播种在 3 月中下旬，秋季播种在 8 月上旬到 11 月底。秋季播种桂南在 10 ～ 12 月，桂北在 9 ～ 11 月，最迟不晚于 12 月中旬。每亩用种量为 2 ～ 3 kg。

播种时施足底肥，施厩肥 22500 $kg/hm^2$。碱性土壤加施过磷酸钙，黄壤土、红壤土施钙镁磷肥，一般施磷肥 150 ～ 225 $kg/hm^2$。

栽培方式有全垦撒播或条播、重耙撒播、稻田直播、育苗移栽。

播种深度：条播 1 ～ 3 cm，撒播 0 ～ 1 cm。条播种植行距 15 ～ 25 cm。

（1）全垦撒播

播种地要深耕 20 ～ 25 cm，耙碎并精细整地使之平整和土层疏松，并起畦和开沟。每畦大小视地势而定，要求管理和排灌方便。适用于人工草地的建植及冬闲田的种植。

（2）重耙撒播

原草地用重耙耙 1 次或 2 次，然后把种子均匀撒播于地表。

（3）稻田直播

在水稻收割前 10 ～ 15 d，土壤较湿润的情况下，把多花黑麦草种子均匀地撒播于田间。

（4）育苗移栽

选择肥力较好，地势较平，供水方便的地块作为育苗地。育苗地应深耕耙碎并精细整地使之平整和土层疏松，并起好畦。种子用量 5.6 ～ 7.5 g/m$^2$，均匀撒播于畦面，盖薄土，然后淋水使地湿透并加盖一层草木灰。出苗后长高至 10 cm，即可移至大田栽培。大田应深耕耙碎并精细整地，起好畦和开沟，移栽时应选择下雨天或雨后阴天。小苗根部要带泥移栽，按株距 15 ～ 20 cm、行距 25 ～ 30 cm 进行栽植，根部深埋地中 3 ～ 5 cm。返青前，应注意抗旱排涝。

3. 田间管理

苗期如有缺苗，要及时补种，保证全苗。出苗约 15 d 后，封行前施尿素 75 ～ 120 kg/hm$^2$。多花黑麦草苗期生长较慢，要及时清除田间及地边杂草。黑麦草生长过程中，应注意浇水、除草、施肥等管理工作。浇水要保持土壤湿润，但不能过于湿润，以免引发病虫害；除草要及时清除田间的杂草，以免影响黑麦草的生长；施肥要根据黑麦草的生长情况适时施肥，以保证其充足的养分供应。

每次刈割后结合灌水及时追施氮肥或复混肥 75 ～ 112.5 kg/hm$^2$。干旱时及时灌溉，积水时及时排出。

**二、多花黑麦草利用**

1. 收获

多花黑麦草一般在种植后的 4 ～ 6 个月可以达到成熟期，可以进行采收。采收时间最好选择在早晨或傍晚，避免阳光强烈时采收。多花黑麦草长到 30 ～ 40 cm 时，可开始刈割利用；每隔 20 ～ 30 d 可刈割 1 次，生长期间可刈割 3 ～ 5 次，每次刈割时要留茬 3 cm。每次刈割后施高效氮肥（尿素）1 次，每次施 75 ～ 90 kg/hm$^2$。冬闲田种植多花黑麦草，最后一茬可在栽稻前 10 ～ 15 d 翻耕沤烂作绿肥。

2. 利用

多花黑麦草茎叶干物质中含粗蛋白 13.7%、粗脂肪 3.8%、粗灰分 14.8%，草质柔嫩多汁，适口性好，各种家畜均喜采食。适宜青饲、调制干草或青贮，亦可放牧，是饲养马、牛、羊、猪、禽、兔和草食性鱼类的优质饲草。

（1）青饲

用于牛、马、羊青饲尤以孕穗期至抽穗期刈割为佳，可采取直接投喂或切段饲喂；用以饲喂猪、兔、家禽和草食性鱼类，在拔节至孕穗期间刈割为佳，切碎或打浆拌料饲喂。由于多花黑麦草的水分含量较高，青饲时应搭配饲喂粗纤维含量较高的干草，也可采取提前一天收割，摊开晾晒萎蔫后利用，可避免畜禽腹泻。

常以单播或与多种牧草作物如紫云英、白三叶、苕子等混播种植，以便进行放牧利用。

（2）调制干草

多花黑麦草属于细茎草类，干燥失水快，可调制成优良的绿色干草和干草粉。一般可在开花期选择天气良好的时候刈割，刈割后将水分控制在 14% 以下时打捆或堆垛。也可制成草粉、草块、草饼等，与精料及其他饲料搭配利用。

（3）青贮

在抽穗期至开花期刈割，边割边青贮。如果多花黑麦草水分含量超过 75%，则应添加干物辅料进行水分调节，或晾晒清除部分水分后再贮存。

## 第八节　高山草地改良与放牧

在我国，山地、高原、丘陵占 69.3%。南方地区，山地和丘陵占 70% ～ 80%；西部地区，海拔多数在 1000 m 以上。我国为草地资源大国，草地面积约 4 亿 $hm^2$，其中南方亚热带草地有 0.67 亿 $hm^2$。这部分草地资源水热条件优越，冬无严寒，夏无酷暑，适合草类植物生长，生产潜力较高。宋代以来普及梯田技术，明清以来引种玉米和马铃薯等旱地高产作物支撑了南方移民和西部移民繁衍，但过度垦殖造成生态退化。因此，不会治山就难以治贫，南方草地草坡资源的开发利用对我国粮食生产具有重大战略意义。

20 世纪 80 年代以来，我国南方大力进行山地栽培优质牧草。贵州省威宁县灼甫草场、云南省曲靖市郎木山草场、湖南省城步苗族自治县南山草场等 43 个县的草场，均为成功范例。在适度放牧条件下草场四季常绿，蔚为壮观，可长期保持生态稳定性，开辟了畜牧业发展和农村致富的道路。

但是天然植被生长季短，产草量低，饲用品质差。要达到草山草坡的高效利用，必须在进行人工草地改良的同时结合科学的放牧管理。该技术的核心内容有 2 项：一是草地品种改良及高产草地可持续调控的人工调控技术；二是科学优化的放牧系统管理。这 2 项技术的配套使用，可使南方中高海拔（1000 ～ 2500 m）的草山草坡牧草干物质产量为 8000 ～ 10000 kg/hm$^2$，载畜量每公顷达到 8 ～ 10 个绵羊单位，干物质中粗蛋白含量为 12% ～ 15%，消化率为 65% 以上。草山草坡改良和高效利用配套技术的应用，可使单位面积产草量是天然草地的 5 ～ 10 倍，饲用的草量及品质大幅度提高，并保持草地的持续高产和质量的优质，显著增加家畜生产性能。高山草地如图 4-10 所示。

图 4-10　高山草地

## 一、适合高山草地改良的牧草品种

### （一）牧用型多年生黑麦草

#### 1. 生物学特性

多年生黑麦草属越年生的禾本科草本植物。须根系强大，主要分布在 15 cm 的表土层中。植株高 80 ～ 120 cm。茎秆直立、光滑。叶片长 10 ～ 30 cm，宽 0.7 ～ 1.0 cm，柔软下披。穗状花序长 10 ～ 20 cm，种子外稃无芒，这是区别于一年生黑麦草的主要特征。发芽种子的幼根在紫外线灯光下不能产生荧光，而一年生黑麦草则可显示荧光。种子千粒重 1.8 ～ 2.2 g。多年生黑麦草的营养成分含量见表 4-7，牧用型多年生黑麦草如图 4-11 所示。

**表 4-7　多年生黑麦草的营养成分含量**

（单位：%）

| 品种 | 粗蛋白 | 粗脂肪 | 粗纤维 | 无氮浸出物 | 粗灰分 | 钙 | 磷 | 绝干物质 |
|---|---|---|---|---|---|---|---|---|
| 多年生黑麦草 | 18.07 | 5.57 | 24.05 | 27.18 | 16.42 | 0.74 | 0.27 | 8.52 |

图 4-11　牧用型多年生黑麦草

多年生黑麦草喜温暖和湿润气候，在昼夜温度为 27℃和 12℃时，生长最快，在秋季和春季比其他禾本科牧草生长快。在潮湿、排水良好的肥沃土壤和有灌溉条件下生长良好，不耐严寒和酷热。长江流域低海拔地区秋季播种，翌年夏季即死亡。而在海拔较高、夏季较凉爽的地区，管理得当可生长 6 ～ 7 年。多年生黑麦草柔嫩多汁，适口性好，各种家畜均喜采食，适宜青饲、调制干草或制成青贮饲料，亦可放牧；也是草食性鱼类秋季和春季利用的主要牧草。每投喂 20 ～ 22 kg 优质多年生黑麦草，草食性鱼类即可增重 1 kg。

2. 利用技术

青饲为孕穗期或抽穗期；调制干草或制成青贮饲料为盛花期；放牧宜在植株高 26 ～ 35 cm 时进行。

3. 栽培技术

播种前耕翻整地，结合施农家肥作底肥。宜秋播，行距 15 ～ 30 cm，播种深 1 ～ 2 cm，每亩播种量 1.5 ～ 2.0 kg；可与水稻轮作撒播，或在水稻收割后立即整地播种；可用紫云英与多年生黑麦草混播，以提高产量和质量。翌年初夏，即可刈割、翻耕插栽水稻；可与青饲、青贮作物如玉米、高粱等轮作。多年生黑麦草喜氮肥，每次刈割后宜追施速效氮肥。每年可刈割 3 ～ 6 次，产鲜草 4000 ～ 6000 kg。

（二）宽叶雀稗

宽叶雀稗（*Paspalum wettsteinii* Hack.）（图 4–12）原产于南美巴西、巴拉圭、阿根廷北部等亚热带多雨地区。

图 4–12　宽叶雀稗

1. 植物学特征

宽叶雀稗为禾本科雀稗属多年生禾本科草本植物，丛生型，具匍匐茎，须根层高 50 ～ 60 cm，株高可达 145 cm，叶片长 12 ～ 32 cm、宽 13 mm。圆锥花序直立开展，具穗状花序 4 ～ 9 个，互生，下部的长 8 ～ 10 cm，上部的长 3 ～ 5 cm。总状花序轴纤细，长 8 ～ 9 cm、宽 0.5 ～ 0.7 mm。种子长卵圆形，千粒重 1.35 ～ 1.40 g。

2. 生物学特性

宽叶雀稗喜高温多雨的气候，在我国南方地区 6 ～ 9 月生长旺盛。不耐寒，对霜冻敏感。在我国南亚热带地区种植可四季常青，冬季下霜期间生长停止，叶尖发黄，霜期过后即恢复生长。对土壤要求不严，耐酸性土壤，较耐瘠薄，在干旱贫瘠的红壤、黄壤坡地亦能生长，但在肥沃壤上生长最好。种子于气温稳定在 20℃时即可萌发。在广西南宁，3 月播种，4 月出全苗，出苗 2 周后进入分蘖期，5 月下旬拔节，6 月下旬抽穗，7 月中旬开花，8 月中旬大量结实。花果期较长，一年可收种子 375 ～ 450 kg/hm$^2$。

3. 饲用价值及其利用

宽叶雀稗耐牧性强，适宜放牧利用，水牛、黄牛均喜食。茎叶比分别为 40%、54%，风干率为 26%，干物质中含粗蛋白 13.83%、粗脂肪 17%、粗纤维 33.99%、无氮浸出物 42.10%、粗灰分 8.91%。亦可刈割青饲或晒制干草。

4. 栽培技术

宽叶雀稗用种子繁殖，可在 3 ～ 4 月播种，播种前应把土地进行翻耕或用重耙反复耙平耙碎。播种时可用钙镁磷肥或草木灰与种子拌匀或做成丸衣种子再播种。可使用条播，行距 40 ～ 50 cm，播种后不覆土，播种量 7.5 ～ 15 kg/hm$^2$。如果将其用于放牧地，可与大翼豆、柱花草、山蚂蝗、三叶草等混播，亦可采取分株移植的方法进行无性繁殖，在雨季移植极易成活。生长期间要追施速效氮肥，单一宽叶雀稗草地，每利用一次应追施氮肥（尿素）45 ～ 75 kg/hm$^2$。宽叶雀稗草地栽种当年即可利用，应及时采收，种子产量为 525 kg/hm$^2$。

（三）鸭茅

鸭茅（*Dactylis glomerata* L.）（图 4–13）分布于我国新疆、天山山脉的森林边缘地带，四川的峨眉山、二郎山、邛崃山脉、凉山及岷山山系海拔 1600 ～ 3100 m 的森林边缘、灌丛及山坡草地，并且散见于大兴安岭东南坡地。栽种的鸭茅除驯化的当地野生种外，多引自丹麦、美国、澳大利亚等国。青海、甘肃、陕西、吉林、江苏、湖北、四川及新疆等省（区）均有栽培。

图 4-13 鸭茅

1. 植物学特征

鸭茅为多年生草本植物，疏丛型。须根系，密布于 10 ～ 30 cm 的土层内，深的则在 1 m 以上。秆直立或基部膝曲，高 70 ～ 120 cm（栽培的为 150 cm 以上）。叶稍无毛，通常闭合达中部以上，上部具脊；叶舌长 4 ～ 8 mm，顶端撕裂状；叶片长 20 ～ 30（45）cm、宽 7 ～ 10（12）mm。圆锥花序展开，长 5 ～ 20（30）cm；小穗多聚集于分枝的上部，通常含 2 ～ 5 朵花；颖披针形，先端渐尖，长 4 ～ 5（6.5）mm，具 1 ～ 3 脉；第一外稃与小穗等长，顶端具长约 1 mm 的短芒。颖果长卵形，黄褐色。鸭茅营养价值高，鲜草营养期粗蛋白含量可高达 18.4%，相当可观，可青饲或调制干草、制作青贮饲料，也可放牧利用。

2. 生物学特性

鸭茅喜欢温暖、湿润的气候，最适生长温度为 10 ～ 28℃；温度在 30℃以上发芽率低，生长缓慢。耐热性优于多年生黑麦草、猫尾草和无芒雀麦，抗寒性高于多年生黑麦草，但低于猫尾草和无芒雀麦。对土壤的适应性较广，在潮湿、排水良好的肥沃土壤或有灌溉的条件下生长最好；比较耐酸，不耐盐渍，最适土壤 pH 值为 6.0 ～ 7.0。耐阴性较强，在遮阳条件下能正常生长，尤其适合在果园下种植。

3. 栽培技术

单播以条播为好，混播时撒播、条播均可。播种宜浅，稍加覆土即可，也可用堆肥覆盖。幼苗期应加强管理，适当中耕除草，施肥灌溉。鸭茅需肥较多，每次刈割后都宜适当追肥，特别是氮肥尤为重要。有研究显示，每亩施氮肥 37.5 kg 时，其产草量最高，亩产干物质可达 1200 kg；但每亩施肥量若超过 37.5 kg，则植株数量减少，产量下降。鸭茅以抽穗时刈割为佳，此时茎叶柔软，质量较好。收割过迟，纤维增多，品质下降，还会影响再生。据测定，初花期收割与抽穗期收割相比，再生草产量下降 15% ～ 26%。此外，割茬不能过低，否则将严重影响再生。留种时宜稀播，氮肥不宜施用过多。其种子约在 6 月中旬成熟，当花梗变黄时即可收获，每亩可收种子 15 kg 左右。

4. 饲用价值及其利用

鸭茅草质柔软，牛、马、羊、兔等均喜食，幼嫩时可用于喂猪。叶量丰富，叶约占 60%，茎约占 40%。鸭茅的化学成分随其成熟度上升而下降。再生草叶多茎少，基本处于营养生长状态，其成分与第一次刈割前的孕穗期相近。其钾、磷、钙、镁的含量也随成熟度上升而下降，铜含量在整个生长期变化不大。第一次收割的草含钾、铜、铁较多，再生草含磷、钙、镁较多。鸭茅抽穗期的维生素含量很高，尤其胡萝卜素含量较高、为 30 mg/kg，维生素 E 为 248 mg/kg。微量元素含量也丰富，铁 100 mg/kg、锰 136 mg/kg、铜 7.0 mg/kg、锌 21.0 mg/kg。鸭茅的必需氨基酸含量高，鸭茅形成大量的茎生叶和基生叶，可用作放牧或制作干草，也可收割用于青饲或制作青贮料。叶量丰富的放牧用草种，冬季保持青绿，在冬季气候温和的地方还能提供部分青料。在连续重牧条件下，不能较好地长久保持生长；如果放牧不充分，形成大的株丛，就会变得粗糙而降低适口性，故适于轮牧。播种当年刈割 1 次，亩产鲜草 1000 kg，而第二、第三年可刈割 2 ～ 3 次，亩产鲜草 3000 kg 以上。若生长在肥沃土壤条件下，亩产鲜草为 5000 kg 左右。此外，鸭茅较为耐阴，可与果树结合，建立果园草地，在我国果品产区应用发展前景可观。

（四）白车轴草

白车轴草（*Trifolium repens* L.）（图 4–14）又名白三叶、白花三叶草、白三草、车轴草、荷兰翘摇等。豆科牧草，为栽培植物，有时逸生为杂草，侵入旱作物田，危害不重，对局部地区的蔬菜、幼林有危害。其适应性广，抗热抗寒性强，可在酸性土壤中旺盛生长，也可在砂质土中生长，有一定的观赏价值，是世界各国主要栽培牧草之一。在我国主要用于草地建设，具有良好的生态价值和经济价值。

图 4–14　白车轴草

1. 植物学特征

短期多年生草本，生长期达 6 年，植株高 10 ～ 30 cm。根：主根短，侧根和须根发达。茎：茎匍匐蔓生，上部稍上升，节上生根，全株无毛。掌状三出复叶；托叶卵状披针形，膜质，基部抱茎成鞘状，离生部分锐尖；叶柄较长，长 10 ～ 30 cm；小叶倒卵形至近圆形，长 8 ～ 20（30）mm，宽 8 ～ 16（25）mm，先端凹头至钝圆，基部楔形渐窄至小叶柄，中脉在下面隆起，侧脉约 13 对，与中脉作 50° 角展开，两面均隆起，近叶边分叉并伸达锯齿齿尖；小叶柄长 1.5 mm，微被柔毛。花序球形，顶生，直径 15 ～ 40 mm；总花梗甚长，比叶柄长近1倍，具花20～50（80）朵，密集；无总苞；苞片披针形，膜质，锥尖；花长7～12 mm；花梗比花萼稍长或等长，开花立即下垂；萼钟形，具脉纹10条，萼齿5，披针形，稍不等长，短于萼筒，萼喉张开，无毛；花冠白色、乳黄色或淡红色，具香气。旗瓣椭圆形，比翼瓣和龙骨瓣长近1倍，龙骨瓣比翼瓣稍短；子房线状长圆形，花柱比子房略长，胚珠3～4粒。荚果长圆形；种子通常3粒，种子阔卵形。

2. 生物学特征

白车轴草对土壤要求不高，尤其喜欢黏土、耐酸性土壤，也可在砂质土中生长，适宜pH值为5.5～7.0，有时pH值为4.5也能生长。喜弱酸性土壤，不耐盐碱，pH值在6.0～6.5时，对根瘤形成有利。白车轴草为长日照植物，不耐阴，日照超过13.5 h则花数可以增多。白车轴草喜阳光充足的旷地，具有明显的向光性运动，即叶片能随天气和每天时间的变化以及光源入射的角度、位置而运动。具有一定的耐旱性，35℃左右的高温不会萎蔫，其生长的最适温度为16～24℃。喜光，在阳光充足的地方生长繁茂，竞争能力强。白车轴草喜温暖湿润气候，不耐干旱和长期积水，最适于生长在年降水量800～1200 mm的地区。种子在1～5℃时开始萌发，最适温度为19～24℃；在积雪厚度达20 cm、积雪时间长达1个月、气温在-15℃的条件下能安全越冬；在平均温度大于或等于35℃，短暂极端高温达39℃时也能安全越夏。

3. 栽培技术

（1）整地、基肥

白车轴草种子细小，苗期生长缓慢，与杂草竞争力弱。因此，播前要精细整地，除净杂草。在土壤黏重、降水量多的地方种植，应开沟作畦以利排水。整地同时施足基肥，一般每亩施钙、镁、磷肥20～25 kg，对有机质十分缺乏的土壤还要同时施厩肥，对酸性过强的土壤每亩补加50 kg石灰做基肥。山地栽培如肥源困难，可就地制作焦泥灰和草木灰做种肥，并以野草和树叶制成沤肥做基肥。

（2）拌根瘤菌

白车轴草与红三叶草、草莓三叶草的根瘤菌相同，每10 g根瘤菌种与

1 kg 白车轴草种子用少量水拌匀后播种。

（3）播种

春秋季均可播种。春季适宜于 2 月至 3 月之间进行播种，秋季适宜于 8 月至 10 月之间进行播种。播种量为 30 ～ 45 kg/hm$^2$。白车轴草与禾本科牧草如黑麦草、鸭茅、猫尾草等混播，适于建立人工草地。

（4）管理

除草。白车轴草出齐后实现了全地覆盖，机械除草难以应用，多用人工除草。当年进行 2 ～ 3 次人工除草，可去除杂草，保证生长。一般当年覆盖的草地除完草后，翌年以后杂草只零星发生，基本上可免除杂草危害。

水分管理。白车轴草抗旱性较强，耐涝性稍差。水分充足时长势较旺，干旱时应适当补水，雨水过多时及时排涝降渍，以利于生长。成坪后除了出现极端干旱的情况，一般不浇水，以免发生腐霉枯萎病。白车轴草的浇水以少次多量为原则。

4. 饲用价值及其利用

白车轴草适口性良好，消化率高，为各种畜禽所喜食，适宜饲喂牛、羊、草食性鱼类等。营养成分及消化率均高于紫花苜蓿、红三叶草。在天然草地上，草群的饲用价值也随白车轴草比重的增加而提高。干草产量及种子产量则随地区不同而异。白车轴草具有萌发早、衰退晚、供草季节长的特点，在南方供草季节为 4 ～ 11 月。白车轴草茎匍匐，叶柄长，草层低矮，故牛在放牧时多采食叶和嫩茎。同时，随着草龄的增长，其消化率的下降速度也比其他牧草慢。白车轴草具有耐践踏、扩展快及形成群落后与杂草竞争能力较强等特点，故多作放牧用。但要适度放牧，以利白车轴草再生长。饲喂时，应搭配禾本科牧草饲喂，可达到碳氮平衡，并可防止单食白车轴草引发臌胀病。另外，其可晒制草粉作为配合饲料的原料。

## 二、草山草坡系统放牧优化技术

### （一）以草定畜，合理选择放牧草场

南方土地肥沃，温、光、水条件良好，适合牧草生长。草场可分为山地草甸草场、山地草丛草场、灌木草丛草场、疏林类草场、灌丛类草场及农林隙地类草场，草场级别差异较大。南方多山地丘陵，地势不平，而且往往草、

林、农三者交叉，草场分散。所以合理选择适宜放牧草场很重要，要充分考虑不同品种、饲养阶段牛的习性。一般选择成片的草场，小的牛群也可以选择农林隙地类草场（图 4-15）。放牧草场植被条件要好，产草量要高，坡度应低于 35°，坡过陡，不利于牛的采食，易对牛造成伤害。尽量不选择山间洼地或者种植水稻的水田，因为牛体重大，易陷进去。

图 4-15　放牧草场

（二）确定合理的放牧季节、时段和方法

根据本地区气候情况，广西适宜的放牧季节是每年的 3 月中旬至 11 月底，全年适宜放牧时间 7 个半月。

开始放牧时间和收牧时间，要根据不同地区气候和草场情况而定。每天放牧 2 次，一般第 1 次时间为 6: 00 ～ 9: 00，第 2 次时间为 16: 00 ～ 18: 00，每天放牧 5 h，每天具体的放牧时间还要根据草场情况和牛的采食情况而定。牧草生长茂盛，则减少放牧时间；牛吃饱后会自动回牛场，放牧人员要遵从牛的意愿，不人为严重干预放牧时间。霜期过后，牛吃露水草有益，长膘快。

开春牧草鲜嫩，含水分高，纤维少，大量采食会引起肠胃不适。如果过量采食苕子、紫云英、白三叶等豆科牧草，会在瘤胃内产生大量气体，引起臌胀病。为避免拉稀胀肚，在开始放牧的前 15 d 左右，每天第 1 次放牧前先喂干稻草至半饱，然后再放牧。

秋季牧草变老，水分减少，干物质增加，适口性下降，宜增加第 1 次放牧时长，缩短第 2 次放牧时间。

（三）选择适宜的牛品种

南方草山草坡往往比较陡峭，坡度较大。非人工种植的原生态草场，草的生长情况不一，不是所有品种和生长阶段的牛都适合放牧。

通常情况下，南方本地牛、安杂牛等更适合放牧。南方牛个体小，蹄质坚实，四肢强壮，行动敏捷，适应山地放牧。大型品种，如西门塔尔、夏洛莱等在山地放牧适应性较差。育肥牛对营养要求高，应尽量减少不必要的运动，南方草场质量不高，不适于放牧。若是草产量较高的人工草场，也可以放牧育肥牛。

放牧牛群主要是母牛和育成牛，南方草山草坡原生态草场基本符合母牛、育成牛的营养需要。母牛怀孕 8 个月时不再放牧，否则易造成流产。母牛产后前 2 个月不适宜放牧，因为此时若带犊放牧，犊牛易受伤，但不带犊牛放牧，母牛采食不安心，屡屡跑回牛舍，很难管理。

（四）实施合理的轮牧和分群放牧

非人工种植的放牧草场属于原生态草场，二、三级草场居多，牧草种类禾本科占 60% 左右，杂类草占 30% 左右，豆科牧草占 10% 左右，产草量参差不齐，载畜量差异较大。南方属于黄壤或黄红壤土质，通透性不如砂质土，经踩踏后易板结，野生牧草耐踩踏性比较差，在同一地块上放牧时间过久极易造成草场退化。为此，要根据草场情况确定载畜量，并采取轮牧措施。一般草场，牛的载畜量为 2 头 /$hm^2$，将草场隔断成若干地块，每块牧草放牧 3 ～ 5 d，然后轮牧到其他地块，让牧草休养生息，恢复生长。

放牧牛采取分群措施，避免公母牛、大小牛混放，可以将放牧牛群分为育成牛群、空怀及怀孕前期牛群、带犊牛群三大类，分群放牧。

（五）放牧牛的管护

合理配置放牧人员与放牧牛只的比例。在大规模草场上，每人可以放牧

200 头左右；在小型牧场，特别是山坡地草场，每人放牧 50 头左右。要做到人随牛走，任牛采食，人与牛距离保持 10 m 左右。

在牛没有出现啃食庄稼、树木等情况下不驱赶，远离噪声较大的地方，在草场附近不能放炮开山，为牛创造一个安静的放牧环境。

认真观察牛群的采食情况，判断牛的采食情况，当发现牛主动回牛舍时，说明牛已经吃饱。注意对个别牛的观察，及时发现发病的牛。注意天气变化，发现天气异常，应及时收牧。特别注意观察牛发情动态，出现爬跨、稳栏等情况应及时记录，告诉技术人员适时配种。在比较大或者离牛舍较远的草场应安装补水设施，以便牛及时饮水。饮水设施宜安装在树荫下，同时满足牛群乘凉和饮水的需求。

（六）采取放牧与补饲相结合的方式

放牧养牛是经济有效的饲养方式，但枯草季节、恶劣天气不能放牧，草场质量不好时牛吃不饱，这些情况均需要补饲。补饲分为季节性补饲和临时性补饲。季节性补饲主要是在枯草季节，采取舍饲，每天饲喂 2 次，时间为 6: 00 ～ 9: 00 和 15: 00 ～ 18: 00。成年牛每天补饲干草 3 kg、青贮饲料 5 kg，配合精饲料 0.8 kg；空怀及怀孕前期母牛每天补饲干草 4.5 kg、青贮饲料 4 ～ 5 kg，配合精饲料 1 kg。

临时性补饲主要是在放牧季节天气或者草场质量不好时进行。遇到下雨天不能放牧，把储备的干草、精饲料放到牛舍内饲喂，育成牛每次饲喂干草 2 kg、精饲料 0.2 kg，空怀及怀孕前期母牛每次饲喂干草 3 kg、精饲料 0.4 kg。草场质量不好时，根据牛采食情况及膘情，适当补饲干草及精饲料。

（七）放牧牛疫病防治

放牧牛群风吹日晒，有时淋雨易患疾病；草丛中蜱较多，易被寄生还会引起焦虫病；草场地势陡峭，石头多，经常易引起外伤。

（1）感冒

用 30% 的安乃近 20 ～ 40 mL 加入青霉素 40 万～ 640 万 IU 进行肌内注射，2 ～ 3 次 /d，连用 2 d 即可痊愈。

（2）除蜱

对全群牛使用伊维菌素 0.02 mL/kg，皮下注射；或用敌百虫配成 2% 溶液喷洒体表，1 次 /d，连喷 2 d，并对牛舍进行清扫消毒。

（3）焦虫病

将血虫净配成 5% 的溶液进行深部肌内注射，7 mg/kg，1 次 /d，连用 3 d，最多不超过 5 d。

（4）外伤

小伤口先用生理盐水清洗，再用络合碘进行消毒，最后撒上消炎粉。大伤口消毒后要缝合，并注射精制破伤风抗毒素 1.5 万～ 3.0 万 IU，尽早应用抗生素等药物。

根据牧草产量确定适当的载畜量；营建分区围栏，采用轮牧制（包括幼畜钻栏放牧）；监测牧草生长速率，确定逐月或逐旬的牧草供应量（生长量），根据家畜类别、数量和生产目标确定饲草需求量，建立动态的草畜供求平衡预算；产羔或产犊期安排在春季牧草开始快速生长的时间（一般在 3 月中旬），保证妊娠晚期和泌乳早期母畜和幼畜的营养需要，在秋季为母畜提供足够的优质牧草，保证家畜有较高的繁殖率；入冬前出售淘汰家畜及育肥的商品肉畜。

注意事项：新建人工草地需要适当保护，禁止放牧，一旦牧草开始分蘖或分枝，即可轻牧。已经建植成功的草地不要过分保护，避免杂草丛生、牧草过于成熟老化、口感及营养价值下降；陡坡地种植牧草要注意防止水土流失，最好在秋季整地、种植；春季或夏季降水强度大，容易造成表土冲刷流失。注意防治牧草病虫害；分区围栏可采用水泥柱、木桩加铁丝的“工程围栏”，也可就地取材，营建由灌木加乔木组成的“生物围栏”，形成林网化轮牧小区。

# 第五章　生物垫床现代生态养殖模式与栏舍设计

南方夏季高温、多雨潮湿，传统牛舍运动场通常采用露天设计，雨天粪污被水冲刷，造成环境污染严重，且需人工清粪，生产效率低下。针对南方高温多雨、阳光充足的气候特点设计的生物垫床生态养殖模式，是目前南方地区应用范围最广的一种生态养殖模式。其零污水、不需要清粪等优点受到大家的喜欢，很多养殖场均采用这种模式，是现阶段养殖肉牛、种牛比较理想的一种模式。

## 第一节　原理与工艺流程

牛生物垫床生态养殖模式融合益生菌学、生态学、发酵工程学、畜牧学等技术原理，设计出适合南方牛生态养殖用的生态牛舍，该模式最核心的内容是养护好生物垫床。

### 一、生物垫床的作用原理

生物垫床的主要作用是吸收粪尿中的水分，暂时贮存后分散蒸发水分；粪污被垫料包裹吸收后，垫床中的益生菌实现快速除臭并降解粪污中的有机成分。可见垫床的主要作用是吸收并蒸发水分和对粪污进行降解和除臭。

生物垫床腐坏的原因是水分过高，而不是菌种不够或不好。所以该种模式日常养护核心是提高垫床整体的蒸发效率，降低其水分的含量，即可保障生物垫床模式的正常运行。

生物垫床的益生菌和栏舍的氨气浓度有较大的关联，日常生产中要选择除臭效果好的菌种才能起到较好的除臭效果。

### 二、工艺特点

牛生物垫床生态养殖模式的工艺要求主要是建设透光、通风、挡雨的栏舍，养护生物垫床，保持垫床相对干燥。主要包括遮雨透光牛棚、微生态垫料床、节水环保饮水系统，该系统组成是适合南方规模养殖的高效环保生态栏舍。该模式采用生物饲料，同时养殖、垫料、废弃物处理各环节利用益生菌技术，实现养殖全程无污染。

后续产生的粪污通过益生菌的微生态处理后，进行短时间堆积即可生产粪尿一体化有机肥，有机质含量为 80% 以上，真正实现粪污零排放和资源的综合利用，实现肉牛养殖利益的最大化。

## 第二节　栏舍建设与设施设备

### 一、栏舍建设

（一）选址要求

牛生物垫床生态养殖模式要求栏舍有较好的蒸发能力，如果选址位置湿度大，不利于蒸发，则生物垫床在使用的时候更容易水分富集，更易腐坏。所以选址的时候除了要考虑常见的防疫、规划要求，更重要的是考虑其是否有利于蒸发水分。一般选择地势高燥、阳光充足、通风条件好的位置比较适宜。

（二）栏舍总体结构

1. 牛舍总体结构

牛舍采用全开放式钟楼结构，这样利于栏舍的整体通风。牛舍采用双列式布局，中央为走道、两边为垫床栏舍。双列式比单列式能更高效地利用中间走道，更节约投料的时间。

2. 牛舍长度

一般建议牛舍长度以 40 ～ 100 m 为宜。过短的牛舍养殖的牛数量太少，不方便管理，与同样养殖规模下相比，建筑投资成本高。牛舍过长时对选址的要求更高，同时生产管理中也不利于两栋之间的转换操作。所以建设要因地制宜，根据现有土地情况合理设计栏舍长度。

3. 牛舍跨度

牛舍跨度建议在 24 ～ 40 m（图 5-1）。由于中央走道是固定的，牛舍跨度过窄时，将对中央走道造成严重的浪费，使中央走道利用率不高，这样会提升整体的建设成本。牛舍跨度过宽时，首先，会存在栏舍建设困难的问题，需要采用更坚固的结构和材料，极大地提升建设成本；其次，牛舍的屋檐高度有限，跨度增加会导致栏舍通风能力降低，不利于水分蒸发；再次，跨度过大时，养殖的牛数量增加，在中央走道的采食区域宽度固定的情况下，会导致牛采食区域过于拥挤，或部分牛没有位置采食。理想状态是采食位置刚好够全部的牛采食。

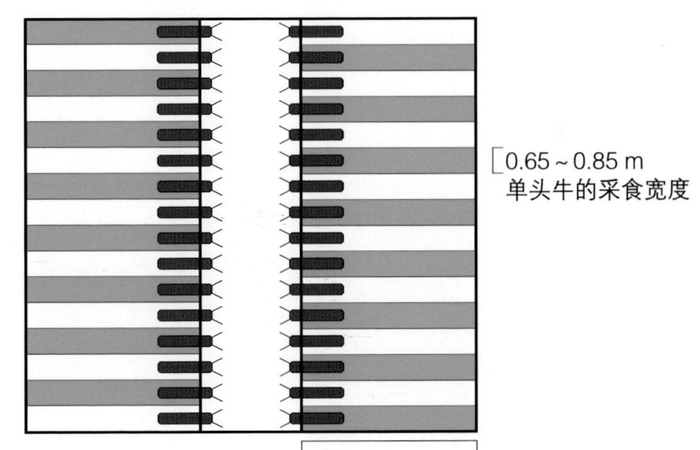


图 5-1　栏舍跨度的设计

栏舍设计的跨度可采用如下公式计算：

牛舍跨度=4+2×（单头牛需要栏舍面积/单头牛采食宽度）

注：

①其中 4 是指中央走道的宽度。

②其中 2 是指栏舍是双列式。

③单头牛需要栏舍面积：该栏舍预计养每头牛平均需要的栏舍面积大小，一般可按体重除以 25 来进行估算（生物垫床生态养殖模式牛群饲养体重密度最适宜为 25 kg/m$^2$）。如 500 kg 的牛除以 25 kg/m$^2$，需要约 20 m$^2$。以上密度是较为理想状态下的密度，实际生产中可适当增加养殖密度。

④单头牛采食宽度：牛在吃料时需要占用的宽度，一般大牛在 0.65～0.85 m。如果是全程自由采食，则可以适当降低 50% 左右。

4. 牛舍屋檐高度

牛舍屋檐高度在 4.5～6 m 即可，过低时会影响栏舍通风；过高时，雨水会大量飘进栏舍垫床。跨度越大，要求的屋檐高度越高，这样才能保障牛舍

的自然通风需要。屋檐高度过高时，可以考虑平行屋檐设置宽 1 ～ 2 m 的挡雨棚。既可以起到挡雨的作用，也可以起到遮挡阳光斜晒的作用。（图 5-2）

图 5-2　生物垫床牛舍屋檐

5. 牛舍整体设计

牛舍整体采用坐北朝南设计，东西偏向不超过 15° 为宜。这样有利于栏舍整体通风与获得光照。

（三）屋顶

1. 牛舍屋顶结构

牛舍屋顶采用钟楼结构，钟楼之间屋檐重叠 0.8 ～ 1.2 m，钟楼两层之间高度差 0.8 ～ 1.2 m。这样的结构可以让牛舍的热空气上升后能快速离开牛舍，对于夏季牛舍降温具有重要的作用，提高牛舍整体通风效果，利于水分蒸发。钟楼中间凸起部分一般可同中央走道同宽。跨度较大的牛舍可设置 3 层或 3 层以上的钟楼，保障牛舍的通风（图 5-3）。

2. 牛舍中央走道对应屋顶

中央走道对应屋顶部分采用彩钢瓦。牛栏对应屋顶部分，靠近走道一侧的 1/2 屋顶，采用“2 张彩钢瓦 +1 张透明瓦”间隔设置，远离走道一侧的 1/2 屋顶全部采用透明瓦（图 5-4）。这样设置可以保障牛有足够的遮阳区域，同时又能更大面积地受到阳光照射，特别是采食时牛站立位置也可以照射到太阳，对于保持垫床的干燥效果较明显。

图 5-3　生物垫床牛舍屋顶设计

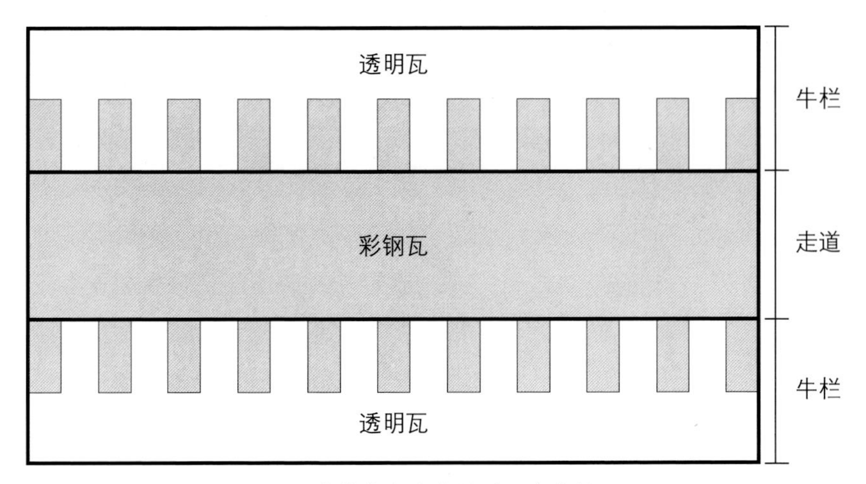


图 5-4　生物垫床牛舍屋顶瓦片布局

3. 牛舍四周屋檐

牛舍四周屋檐伸展要大于 1 m，要求能在大部分情况下挡住雨水飘入牛舍。屋檐过短或没有屋檐的情况下，下雨的时候就会有大量的雨水飘入垫床，导致整个垫床泡水，这时就需要全部更换，最终使得成本升高。

4. 针对高温的牛舍屋顶设计

南方地区夏季高温，全开放式牛舍内比较闷热，主要原因是屋顶被太阳照射加热后产生二次热辐射导致牛舍温度高。因此在设计屋顶时可以从以下方面考虑：①屋顶可以选择白色漆，降低屋顶对太阳辐射的吸收，降低屋顶的温度。②屋顶被太阳照射加热后，形成的热辐射距离在 3 ～ 5 m。因此屋顶的屋檐高度保持在 4.5 ～ 6 m，最高位置在 8 m 以上，足够的高度才能保证牛生存的地面高度没有过多的热辐射，牛舍才能感觉凉爽。不需要依照传统的栏舍屋顶设计，如给瓦增加隔热层，甚至采用双层瓦来达到隔热的目的。

（四）中央走道

1. 中央走道宽度

中央走道宽度 3.5 ～ 4.5 m，以能通过 TMR 送料车又不影响牛采食为宜。

2. 中央走道整体

中央走道整体高于牛栏水泥地面 0.25 ～ 0.30 m，采用中间略高两边略低的设计。这样的设计能让牛得以采取较为舒适的采食姿势，同时中间略高两边略低的设计便于保持走道干燥。

3. 中央走道水泥铺设

中央走道水泥铺设厚度大于 0.10 m，可以通过一定重量的运输车。表面要光滑，避免起沙，以免牛误食过多泥沙，同时又便于清扫饲料。

4. 中央走道两边设计

中央走道两边设置高 0.25 ～ 0.30 m、宽 0.10 ～ 0.15 m，顶端为光滑弧形的防饲料外泄矮墙。这样既能防止饲料掉入栏舍内，又不会阻碍牛采食。

5. 中央走道两边矮墙上安装牛采食围栏

中央走道两边矮墙上安装牛采食围栏，围栏高 0.8 ～ 1.2 m。自由采食的牛群可采用两根横杆设计，上部横杆固定焊死；中间横杆可用卡扣固定，实现可上下调节，即根据牛群的大小，调节中间横杆的高度。如果是养殖种牛，需要对牛进行固定，可采用活动颈夹，方便日常操作。

（五）垫床栏舍

1. 栏舍地面采用水泥铺设

栏舍地面采用水泥铺设的厚度大于或等于 0.10 m，表面要粗糙防滑，栏舍地面整体与周边路面等高或略高（图 5–5），这样更容易保持牛舍垫料表面通风效果好，蒸发能力强。

图 5-5　生物垫床栏舍地面高度

2. 栏舍周边设计

栏舍周边设置高 0.3 m 左右的防垫料外泄矮墙。过高的矮墙会阻挡生物垫床表面的空气流通，影响水分蒸发；过低的矮墙容易导致垫料漏出牛舍。0.1 m 厚的垫料配上 0.3 m 厚的矮墙，日常生产中垫料基本不会散落出牛舍。

3. 矮墙上设置防逃围栏

矮墙上设置防逃围栏，围栏高 1.0 ～ 1.4 m。围栏上设置足够供牛出入的门，同时配套赶牛通道。

4. 栏舍分隔

栏舍根据实际需要进行分隔。如果牛群整体大小差异不大一般不需要隔开，如果差异较大可分成若干群体。养殖繁殖母牛的，为方便管理，可 4 ～ 6 头为一个小群体进行分隔，养殖种公牛的则单头进行分隔。

（六）垫料制作与铺设

1. 原料选择

选择木糠、粉碎秸秆、谷壳、干燥牛粪、废弃秸秆饲料等一种或多种混合原料，准备足够的发酵床专用菌种。

2. 原料准备

按面积所需准备原料，按产品使用要求混入发酵床专用菌种拌匀，控制垫料水分在 30% ～ 45%，薄膜覆盖发酵，时间大于或等于 15 d。

3. 垫料铺设

将发酵好的垫料铺设于牛栏内，厚度为 5 ～ 10 cm。

（七）辅助设施

1. 配套道路设计

根据需要在牛舍周边建设配套道路，道路表面高度等于或低于栏舍水泥地面，宽度大于或等于 2.2 m，厚度在 0.1 m 以上，能保障日常生产车辆通过。

2. 雨水沟设计

两侧屋檐滴水位置设置雨水沟，水沟仅能导流雨水即可。

## 二、设施设备

（一）饮水器

1. 碗式自动饮水器

碗式自动饮水器（图 5–6），安装在远离中央走道一侧。如果在栏舍内，则需在其底部周边设置一引流槽，将牛喝水时漏掉的水引流出去，防止水漏到垫床中。亦可安装到栏舍外，只需让牛伸头出去饮水，无须设置引流装置。

图 5–6　碗式自动饮水器

2. 饮水槽

饮水槽（图 5–7）安装在远离中央走道的地方，设置在垫床外侧，且低于围挡矮墙或围挡，让牛喝水时有一个低头的过程，喝完水回来时，有一个抬头的过程，这样牛嘴巴上带的水就会有时间滴落回水槽，避免直接缩回头，把要滴落的水带回来并掉入垫床。

图 5–7　牛栏舍外饮水槽

3. 一种新型“碗式饮水器”

一种新型“碗式饮水器”（碗式饮水器，专利号为 ZL 201821359132.3），是编写组在开展研究过程中设计形成的一项实用新型专利，目前没有形成成熟的产品。该种饮水器在原有的饮水碗基础上，增加外围的漏水收集碗。收集碗和饮水碗之间空隙安装钢丝网，以便水漏过，但是饲料不会进入，防止堵住。外围的漏水收集碗底部安装金属引流管将收集的漏水直接排到栏舍外，同时起到一定的支撑作用。该饮水器装置安装简单方便，容易拆卸，不需要建设引流池等配套设施。

（二）通风设施

在牛舍每跨南面立柱和背面靠中央通道建筑立柱上安装工业风机，功率300～400 W。

风扇风口方向对应吹每跨垫料表面，水平方向整栋牛舍风扇风向与主风向一致。风扇的主要功能，首先是提高垫料表面的空气流速，提高垫料的蒸发效率；其次是让牛舍内形成整体的空气流动，提高牛舍的通风效率；最后才是给牛吹风降温。目前很多养殖场持有传统思想，仅把风扇当作给牛吹风降温的设施，没有把风扇作为提高蒸发和整体通风效果的工具，导致整体降温效果有限。牛栏舍内风扇排布如图 5-8 所示。

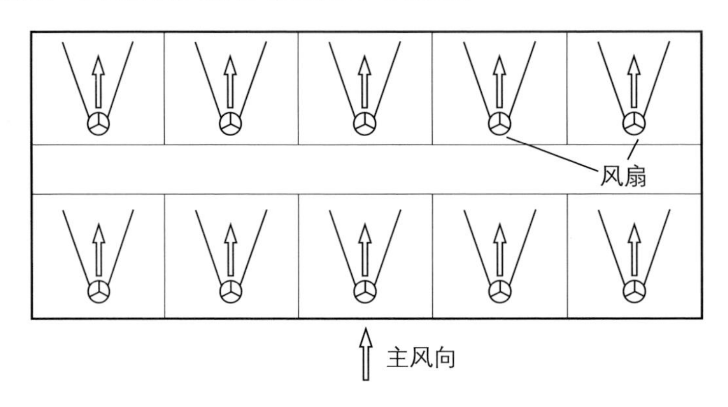


图 5-8　牛栏舍内风扇排布

## 三、一种可调节光照且能够提高蒸发效率的栏舍

可调节光照且能够提高蒸发效率的栏舍为一种专利技术（专利号为ZL201821 377947.4），是在上述栏舍基础上改进而来，常规设计与上述基本一致，仅有以下几点进行了较大的改进。

（一）屋顶采用可调节光照设计

现有牛舍屋顶透光瓦数量固定，其在夏季高温时透光面积大导致牛舍较热。冬季透光不足，牛舍温度低，垫床蒸发不足出现坏床的现象。为此进行了可透光屋顶的设计。

中间屋顶采用彩钢瓦等不透光材料，其余两边运动场均采用透光瓦建设。彩钢瓦支撑横梁下对应安装一根导轨，导轨上安装一套遮光卷帘。

卷帘可采用青贮黑白膜，安装时白色面朝上，目的是在卷帘打开时可以提高反射率，降低热量的吸收。卷帘一端固定在靠近走道的彩钢瓦端，另一端采用手摇式卷帘轴控制卷帘开合程度。由于卷轴是水平的，遮光材料容易出现褶皱，可以在活动卷轴两端配上滑轮和重物，提供水平方向上的拉力，保持卷帘膜处于绷紧打开的状态（图 5-9）。

图 5-9　一种可调节光照且能够提高蒸发效率的栏舍屋顶卷帘

（二）通风透水蒸发地板

生物垫床的核心是提高蒸发效率，而蒸发与表面积、表面空气流速、温湿度等因素有关。现有的设计是通过风扇等设备来提高生物垫床表面空气流速，通过调节光照控制温度，其他的增温措施会导致牛群热应激等，目前无法更好地解决。只可通过增加其蒸发的表面积来达到提高垫床蒸发效率的目的。

通风透水蒸发地板采用透水混凝土制作，透水混凝土主要采用混凝土增强剂，将传统的水泥强度提高，采用 0.5 cm 均匀粒径的石子制作（亦可以下部粒径 0.8 ～ 1.0 cm，上部粒径 0.3 ～ 0.5 cm）。其原理是增强后的水泥仅用少量作为黏合剂黏合，保持石子之间有少量空隙，实现透水的效果。

现有牛舍改造可用透水混凝土制作带孔的预制板在地面进行铺设。可制作成厚度为 14 ～ 16 cm 的预制板，并在中间设置直径 5 cm 的孔，主要作用是让透水混凝土通风，蒸发多余水分。预制板铺满整个地面，预制板之间孔道用短管连接，空隙用泡沫胶填充。预制板孔道与牛舍长轴平行，两头均在牛栏外，预计成本在 40 ～ 80 元 /$m^2$（图 5-10）。

图 5-10 通风透水蒸发地板制作及铺设

如果是新的牛舍可采用整体制作的方式进行，设计如图 5-11 所示。底下先按正常牛舍用普通混凝土铺设，厚度在 5 cm 左右即可，其主要作用是作为隔水层，其上为透水混凝土层。其中先预埋盲管，包含横向盲管和纵向盲管。横向盲管相对较小，直径 25 ～ 32 mm 即可，垂直于牛舍长轴，位于下部，主要作用为导出多余的水分，让少量水分散布均匀，大量水分直接排出地板；纵向盲管相对较粗，直径 40 ～ 50 mm，平行于牛舍长轴，位于横向盲管上面，主要作用是让透水混凝土通风，蒸发多余水分。纵向盲管在排布的时候，靠近牛站立采食的区域可排布较密集，因为该区域粪尿排放较多、水分含量高。

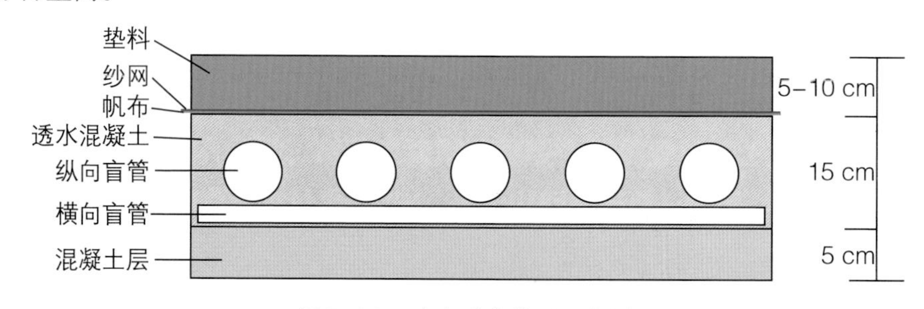


图 5-11　牛舍透水地面示意图

透水混凝土上铺设可透水帆布与较细尼龙纱网，透水帆布主要防止牛粪、垫料等进入透水板，堵塞透水孔。尼龙纱网主要起到保护帆布和隔绝垫料的作用。尼龙纱网上再铺设生物垫床垫料，厚度为 5 ～ 10 cm（图 5–12）。

透水混凝土在牛舍纵轴一端接上通风管道，一般可采用无动力风机进行抽风（图 5–13），也可以采用机械通风。

图 5–12　铺设好的通风透水蒸发地板

图 5–13　无动力风机抽风系统

在可调节光照且能够提高蒸发效率的栏舍中进行牛养殖试验，牛群采用

30 kg/m$^2$、35 kg/m$^2$、40 kg/m$^2$、45 kg/m$^2$ 不同饲养密度进行试验，试验进行 2 个月，其间观察牛生产情况、垫床使用情况，收集牛舍有害气体浓度等数据（表 5–1）。

**表 5–1 可调节光照且透水地板牛舍饲养密度试验数据**

| 指标 | 牛舍饲养密度 | | | |
|---|---|---|---|---|
| | 30 kg/m$^2$ | 35 kg/m$^2$ | 40 kg/m$^2$ | 45 kg/m$^2$ |
| 牛场平均氨气值 /（mg/m$^3$） | 2.51 ± 0.76 | 2.86 ± 1.14 | 3.20 ± 0.88 | 4.20 ± 2.14 |
| 运动场平均氨气值 /（mg/m$^3$） | 1.26 ± 0.56 | 2.10 ± 0.68 | 2.31 ± 0.74 | 3.21 ± 1.86 |
| 坏损区域 /m$^2$ | 无 | 无 | 2 | 12 |
| 更换垫料数量 | 0 | 0 | 0 | 0 |
| 漏污水情况 | 无 | 无 | 无 | 后期有一周出现少量污水渗出 |

经过综合分析不同饲养密度的试验结果得出，牛群饲养密度在 40 kg/m$^2$ 时透水垫床基本达到其长期使用的合理密度，该饲养密度是现有生态栏舍的 1 倍左右。但其成本仅增加了 40 ～ 80 元 /m$^2$，建设成本增加 15% 左右。所以在土地成本高或面积受限制的时候，可以采用该种透水可调节光照且能够提高蒸发效率的栏舍。

（三）栏舍整体施工方案

一种可调节光照且能够提高蒸发效率的栏舍可整体进行栏舍施工建设。先在栏舍底层铺设 5 cm 厚混凝土。在地面垂直牛舍长轴方向，可间隔 2 m 铺设一条直径 3 cm 左右盲管，盲管外包裹无纺布。此处盲管的作用是排出多余水分；与牛舍长轴平行方向铺设直径 5 cm 左右盲管，平均间隔 0.5 m 一条，盲管外包裹无纺布。走道 2.5 m 范围内牛粪尿较多，可适当增加盲管数量，间隔 0.25 m 一条，远离走道的位置间隔可适当加宽。此盲管的作用是连接无动力风机进行通风，排出地板中的水蒸气（图 5–14）。

图 5-14　透水地板整体管道铺设

盲管铺设好后，浇筑上 12 cm 厚透水混凝土，包裹全部盲管（图 5-15）。

图 5-15　地板整体浇筑透水混凝土

地面浇筑好后，在长轴一端连接上通气管道，安装无动力风机即可。可根据当地的气候情况以及牛场通风情况，每台无动力风机可与 2 ～ 6 根盲管连接，连接的盲管数量越少，蒸发效果越好。在回南天等湿度较大、天气持续时间长的区域，为保障蒸发效果，可以考虑安装机械通风设施，为地板机械送风（图 5–16）。

图 5–16 可调节光照且能够提高蒸发效率的栏舍

屋顶也可以采用多块横向遮阳设施，以便更好地控制光照（图 5–17）。

图 5–17 屋顶横向遮阳设施

地面铺设的无纺布或帆布，由于较干时会出现较多翘曲，可适当喷水将布打湿后再铺设。铺设好后再铺设 5 ～ 10 cm 厚的垫料。

## 第三节　饲养管理

### 一、生物垫床栏舍管理

#### （一）生物垫床的制作与铺设

生物垫床的原料可以选择木糠、刨花、谷壳、干燥的牛粪、干燥的旧垫料、干燥的废弃饲草料。垫料可单独采用木糠、刨花、谷壳等中的一种，亦可以混合使用。混合后的垫料兼顾较好的通透性和较大的物料面积，既利于水分蒸发又利于益生菌附着生存。垫料需使用新制备的原料，不得有木条、木块等不能被牛踩碎的杂质。水分在 30% ～ 35% 为宜，不得有霉烂腐坏情况。

在菌种选择方面，建议选择正规厂家生产的发酵床专用菌种，按照菌种使用比例添加。按照垫料水分情况添加适量水分，将垫料水分控制在 30% ～ 35%，同时拌入菌种混合均匀。在发酵池或平地堆好混合原料，用青贮膜覆盖密封。春夏季发酵时间为 1 ～ 2 周，秋冬季发酵时间为 3 ～ 4 周。

将发酵好的垫料均匀铺设在需要铺设生物垫床的区域，厚度 5 ～ 10 cm。关于铺设厚度，在实际生产中发现很多养殖场存在较多的误区，很多养殖场都错误地认为铺设厚度要 20 ～ 30 cm 才具有较好的使用效果。但是研究发现，增加厚度后垫床的使用时间并不会延长太久，垫料增厚只是垫料的总量增加，垫床的水分吸附能力增强。但是由于垫料增厚之后，牛日常排泄等带入的水分进入较厚的垫料中，下沉至底部，其中水分蒸发率急剧下降，水分大量沉积，时间稍长就会造成垫料中水分含量过高而出现垫床腐坏的情况。

同时在日常调研中也经常发现，牛在垫床上运动时，牛蹄能对垫料起到一定的翻动作用，但是牛蹄翻动的深度在 5 ～ 10 cm，下层的垫料得不到翻动极易板结发霉，时间一长就会变成泥状硬块。在生产实践中，饲养密度控制较好的情况下挖开厚垫料，发现其只有表层 5 ～ 10 cm 垫料松散，再往下层就是结块霉变的垫料。可见起到生产作用的垫料只是表层的 5 ～ 10 cm，其余的已经失去垫料的功能。

垫料过厚不仅容易出现严重的板结霉变，还容易导致垫料水分富集而出现腐坏。使用生物垫料作为一种养殖模式，应该促使养殖企业追求低成本、高效益的生产方式。其实厚垫料的使用在行业中有过长期的经验教训，广西等地区在 2007 年掀起了一股用垫料养猪的热潮，其设计方法是用垫料和菌种完全吸纳猪粪尿。最初采用 30 ～ 90 cm 厚的垫料养猪，后来发现垫料容易出现腐坏，随后又将垫料厚度增加到 1.2 m，甚至 1.5 m。在这种错误的指导下，垫料越来越厚，有些还将猪舍改建以适应大型机械翻耙垫料。结果发现，还是没有办法实现垫床养猪或所谓的“懒汉养猪”。很多养殖场反映成本极大地增加，仅仅垫料原料的成本就超过养殖带来的效益。随后几年便纷纷摒弃用垫料养猪这种做法。

生物垫床腐坏的原因是水分过高，而不是菌种不够多或不好，更不是垫料太少。厚垫料不利于水分蒸发是显而易见的，类似于传统晒稻谷，越薄越利于晒干，但也不是越薄越好。编写组进行了无垫料养殖效果的研究，发现也是可行的，控制好饲养密度后，养殖栏舍的牛粪逐步变干，自然形成了一层粪垫料。唯一的缺点是，在前期粪垫料较少的时候，栏舍的氨气浓度较高。分析其原因是前期没有垫料中的益生菌辅助，粪便在降解过程中会产生较多的氨气。但是经过一两个月累积后，干粪逐步形成了 5 cm 以上厚度的垫料，氨气浓度逐步下降。所以综合调研及试验发现，生物垫床垫料厚度维持在 5 ～ 10 cm 厚时养殖效果最好、最经济实惠。

为探讨各种厚度垫床的使用效果，进行了相关研究试验，结果如下。

1. 生物垫床物理性状的变化

试验分为 4 个组：A 组为 A 菌种 + 垫料（木糠）、B 组为 B 菌种 + 垫料（木糠）、C 组为 A 菌种 + 无垫料（只有粪垫料）、D 组为 B 菌种 + 无垫料（只有粪垫料）。每组栏舍面积一样，牛饲养密度一样。A 组和 B 组先把垫料（木糠）以 10 cm 厚度铺垫到栏舍中并分别喷洒已稀释的 A、B 菌液，C 组和 D 组则是把牛赶入各组栏舍中后直接把稀释好的 A、B 菌液喷洒在各栏舍的水泥地板上。

试验开始时，A、B 两个处理组发酵床垫料水分适宜，颜色均呈淡黄色。随着试验的进行，各处理垫料颜色逐渐加深，水分下沉，下层板结，垫床上的部分粪尿不能完全吸收、分解。其中，B 组垫料下沉最快，D 组最慢。C 组在试验结束时垫床粪垫料位置较湿，D 组粪垫料位置干爽。

2. 生物垫床 20 cm 处温度变化分析

由图 5–18 可知，C、D 两组生物垫床 20 cm 处的温度显著低于 A、B 两组，其中 A、B 两组的最高温度（36.2℃和 36.5℃）与 C、D 两组的最高温度（27.1℃和 26.5℃）差异显著（$P<0.05$）；从平均温度来看，A、B 两组的温度显著高于 C、D 两组；且 A、B 两组从发酵开始到结束温度始终保持在 30℃以上。综合评价，A、B 生物垫床组内部温度较高，发酵效果较好，但二者之间差异不显著（$P>0.05$）。

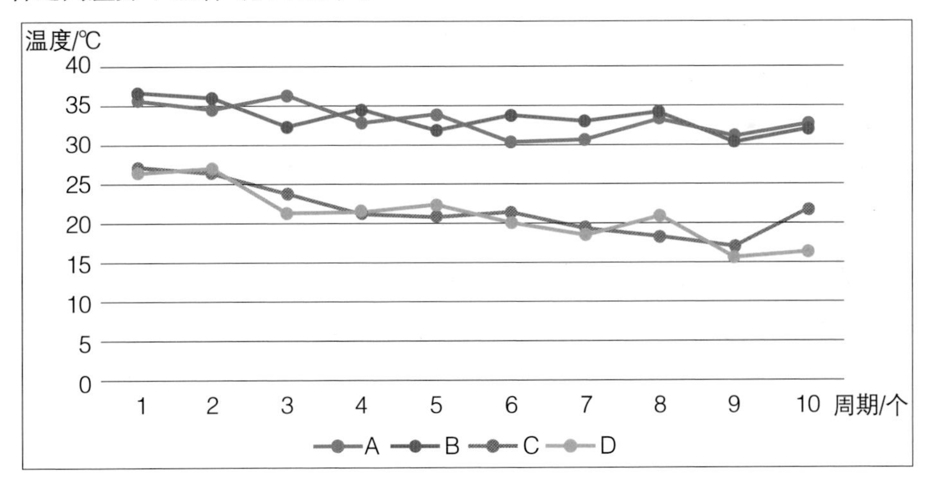


图 5–18　生物垫床 20 cm 处温度变化

3. 生物垫床含水量的测定分析

由表 5–2 可知，随着试验的进行，垫料所含水分持续挥发，在 1 ～ 8 个周期内，4 个处理组垫料含水率均有下降，由 A 组初期平均 63.26% 下降到末期平均 59.13%；B 组初期平均 61.76% 下降到末期平均 58.66%；C 组初期平均 65.31% 下降到末期平均 63.57%；D 组初期平均 67.18% 下降到末期平均 63.70%；但 4 个处理组间差异不显著（$P>0.05$）。其中，D 组垫料含水率比其他组下降缓慢，在 1 ～ 8 个周期内，平均含水率均保持在 60% 以上。由此可知，发酵床垫料含水率均在适宜益生菌生长的水分含量范围内，保证了发酵床系统的稳定性。

**表 5-2 生物垫床含水量的测定结果**

（单位：%）

| 数据采集周期 | A | B | C | D |
|---|---|---|---|---|
| 1 | 63.26 | 61.76 | 65.31 | 67.18 |
| 2 | 62.28 | 61.42 | 64.87 | 62.38 |
| 3 | 61.78 | 60.92 | 65.65 | 64.13 |
| 4 | 61.25 | 60.88 | 66.10 | 68.12 |
| 5 | 60.36 | 60.02 | 68.98 | 66.70 |
| 6 | 60.68 | 59.55 | 67.96 | 67.89 |
| 7 | 59.52 | 60.43 | 64.71 | 66.28 |
| 8 | 59.13 | 58.66 | 63.57 | 63.70 |
| 平均值 | 61.03 | 60.46 | 65.89 | 65.80 |

4. 生物垫床氨气浓度的测定分析

由表 5-3 可知，添加生物菌剂的 A 组和 B 组在 1 ～ 9 个周期内氨气浓度降至与空气中氨气浓度差异不显著，但 C 组和 D 组氨气浓度在 1 ～ 9 个周期内均高于添加生物菌剂组和空气中的氨气浓度，且差异显著（$P<0.05$）。由此可以得出结论，添加生物菌剂对氨气的释放有抑制作用，可使氨气释放能力相对减弱。

**表 5-3 生物垫床氨气浓度的测定结果**

（单位：$mg/m^3$）

| 数据采集周期 | A | B | C | D | 空气 |
|---|---|---|---|---|---|
| 1 | 4.9 | 5.3 | 8.2 | 11.5 | 1.8 |
| 2 | 3.7 | 5.0 | 8.8 | 10.8 | 2.1 |
| 3 | 4.3 | 3.1 | 5.7 | 6.5 | 1.5 |
| 4 | 3.4 | 4.0 | 7.3 | 7.0 | 1.3 |

续表

| 数据采集周期 | A | B | C | D | 空气 |
|---|---|---|---|---|---|
| 5 | 2.5 | 3.1 | 5.5 | 6.0 | 1.1 |
| 6 | 4.1 | 4.1 | 5.8 | 7.7 | 0.9 |
| 7 | 3.4 | 3.2 | 4.8 | 7.0 | 0.7 |
| 8 | 2.6 | 2.0 | 4.5 | 7.3 | 0.6 |
| 9 | 1.6 | 1.8 | 3.9 | 6.3 | 0.4 |

（二）生物垫床的饲养密度

粗略的生物垫床饲养密度计算系数为 25 kg/m$^2$，其中 25 kg 是指牛的体重，即每 25 kg 牛体重需要 1 m$^2$ 的牛栏面积。例如一头 500 kg 的牛，占用的面积为 500 kg ÷ 25 kg/m$^2$ ＝ 20 m$^2$。

但在实际应用当中，小牛需要适当降低饲养密度，大牛可以适当增加饲养密度。因为不同阶段的牛都有一个基础代谢，其计算方法还应该考虑一个常数，经过初步统计计算，获得的计算方法为：

单头牛所需面积=7.5+单头牛体重÷40

以上的面积是在广西经过多批试验和调查统计获得的结果，使用该密度能在较长时间内保持生物垫床处于正常运行状态。该密度的计算方法在实际使用时还需要考虑栏舍建设完成后其蒸发能力，蒸发能力强的牛舍饲养密度可适当提高，蒸发能力差的牛舍饲养密度还需要适当降低。同时不同季节对栏舍的养殖密度影响较大，例如雨水较多的季节或回南天，蒸发困难，将极大地降低生物垫床的承载密度。

针对生物垫床合适的饲养密度和垫床厚度问题，开展了相关研究。

1. 生态舍不同牛体重面积吸收粪污情况研究

设置 10 cm 厚的生物垫床，根据每平方米承载牛体重来进行不同饲养密度的牛群试验。按牛体重所占面积设 5 个组，分别为组别 1：15 kg/m$^2$，组别 2：20 kg/m$^2$，组别 3：25 kg/m$^2$，组别 4：30 kg/m$^2$，组别 5：35 kg/m$^2$，每组栏舍面积一样（110 m$^2$）。

由表 5–4 可知，15 kg/m$^2$ 处理组腐坏面积最小，为 25 m$^2$，更换垫料次数仅为 1 次，粪尿被完全吸收，运动场还有 1/3 垫料未完全发酵；35 kg/m$^2$ 处理组腐坏面积最大；20 kg/m$^2$ 处理组、25 kg/m$^2$ 处理组粪污吸收效果较好，基本可以达到粪尿完全吸收、垫料完全发酵的效果，20 kg/m$^2$ 处理组腐坏面积比 25 kg/m$^2$ 处理组小，差异显著（$P$<0.05），比其他组更适合饲养要求。

**表 5–4　不同牛体重面积吸收粪污情况及结果**

| 组别 | 粪污吸收情况 | 腐坏面积/m$^2$ | 更换垫料次数 |
|---|---|---|---|
| 1 | 粪尿被完全吸收，运动场还有 1/3 的垫料未完全发酵 | 25.0 | 1 |
| 2 | 粪尿被完全吸收，垫料完全发酵 | 56.1 | 2 |
| 3 | 粪尿被完全吸收，垫料完全发酵 | 65.0 | 2 |
| 4 | 少量粪尿不能吸收，垫料完全发酵 | 85.4 | 3 |
| 5 | 大部分粪尿不能吸收 | 120.4 | 4 |

2. 生态舍不同牛体重面积氨气浓度研究

试验结果表明（表 5–5），在 1 ～ 9 个周期内的牛群饲养密度为 20 kg/m$^2$、25 kg/m$^2$、30 kg/m$^2$、35 kg/m$^2$ 的 4 个处理组中，20 kg/m$^2$ 处理组、25 kg/m$^2$ 处理组、30 kg/m$^2$ 处理组的氨气浓度与空气中的差异不显著（$P$>0.05）；35 kg/m$^2$ 处理组与空气中的氨气浓度差异显著（$P$<0.05），表明 35 kg/m$^2$ 处理组粪尿吸收效果差，氨气浓度高，养殖密度过大；20 kg/m$^2$ 处理组粪尿吸收效果好，氨气浓度最低，养殖密度适合。

**表 5–5　不同牛体重面积牛舍氨气浓度测定结果**

（单位：mg/m$^3$）

| 数据采集周期 | 20 kg/m$^2$ | 25 kg/m$^2$ | 30 kg/m$^2$ | 35 kg/m$^2$ | 空气 |
|---|---|---|---|---|---|
| 1 | 2.8 | 5.3 | 3.7 | 3.8 | 1.8 |
| 2 | 2.3 | 5.0 | 4.4 | 3.3 | 2.1 |
| 3 | 3.1 | 5.7 | 4.9 | 5.7 | 1.5 |

续表

| 数据采集周期 | 20 kg/m$^2$ | 25 kg/m$^2$ | 30 kg/m$^2$ | 35 kg/m$^2$ | 空气 |
|---|---|---|---|---|---|
| 4 | 4.0 | 4.1 | 5.4 | 4.3 | 1.3 |
| 5 | 3.1 | 3.5 | 4.1 | 6.4 | 1.1 |
| 6 | 4.1 | 2.4 | 5.0 | 5.3 | 0.9 |
| 7 | 5.2 | 6.4 | 4.7 | 7.1 | 1.7 |
| 8 | 2.0 | 2.9 | 4.2 | 5.7 | 1.6 |
| 9 | 3.6 | 4.1 | 4.2 | 5.7 | 1.4 |
| 平均值 | 3.36 | 4.37 | 4.50 | 5.26 | 1.49 |

3. 生态垫床栏舍不同牛体重面积蹄病发生率研究

试验设 6 个组分别为：生物垫床组 3 个和对照组 3 个，试验组为生态垫床栏舍饲养，对照组为传统水泥饲养。牛群饲养密度为 20 kg/m$^3$、25 kg/m$^3$、30 kg/m$^3$ 等 3 个密度，观察牛蹄病发生情况。试验结果表明（表 5-6），生态垫床栏舍饲养的牛比传统水泥地板牛舍饲养的牛蹄病发生率平均值降低了 5.45%。蹄病发生率的降低，节省了兽药成本。对比各组粪尿吸收、垫床腐坏面积、更换垫料次数以及各组氨气值，可得出结果，20 kg/m$^2$ 饲养密度时养殖的成本最低、效果最好。

**表 5-6　生态垫床栏舍与水泥地板牛舍饲养的牛蹄病发生率比较结果**

（单位：%）

| 牛群饲养密度 | 生态垫床栏舍组 | 水泥地板牛舍组 |
|---|---|---|
| 20 kg/m$^3$ | 40.00 | 40.00 |
| 25 kg/m$^3$ | 33.33 | 50.00 |
| 30 kg/m$^3$ | 42.86 | 42.86 |
| 平均值 | 38.83 | 44.28 |

（三）垫料床的日常维护

生物垫床的目的是无害化处理粪污，以及降低人工需求与养殖成本，所以在日常管理中要本着节约人工、降低成本的原则去进行设计与操作。

1. 垫床补充菌种

很多垫床菌种产品往往建议每 7 ～ 15 d 用垫床专用益生菌制剂对垫料、栏舍及其周围进行喷雾 1 次，很多养殖场也是这样执行。但是这需要消耗大量的菌种和人工，成本非常高。生产中用益生菌制剂对垫料、栏舍及其周围进行喷雾 1 次的目的是除臭和保持有益微生物成为绝对的优势菌种，所以建议在实际生产中如果没有出现栏舍氨气或其他臭味严重的情况不需要往垫料和环境中喷洒益生菌。同时在牛的青贮饲料、农副产品保存等过程中用益生菌进行发酵，使牛的日粮中有大量的益生菌存在，这样牛舍环境和牛的粪便中也会有大量的益生菌存在，可以降低粪便中的氨气浓度。这样既可以实现除臭、保障环境益生菌优势，又不需要额外喷洒菌种。

2. 垫床的翻耙与更换

传统观念认为需要安排人工进行日常生物垫床的翻耙，如制作 20 ～ 30 cm 厚垫料，再安排人员翻耙，这是垫料管理常见的重大误区。实际生产中，垫料的翻耙虽然能够一定程度提高蒸发效率，但是作用有限。同时很多养殖场无法安排足够人员翻耙垫床，全人工翻耙会导致其人工需求与传统养殖相差不大甚至会比传统养殖需求更多。虽然有部分采用机械翻耙，但是人工、垫料厚度、设备、栏舍隔挡等问题导致几乎没有企业能正常使用机械翻耙。究其原因是采用较厚的垫料，牛日常运动时蹄部无法翻动底层垫料。如果正常采用 5 ～ 10 cm 垫料，基本不需要进行人工翻耙。如果日常还需要人工翻耙就失去生物垫床节约人工的意义了。

日常发现垫床有轻微坏死区域时，将其与没有坏死区域垫料互换或混合。出现严重坏死区域时，清除严重坏死区域垫料，将干燥区域垫料耙平至清除区域。当耙平后垫床整体厚度低于 5 cm 时需添加新垫料。养殖过程中垫床使用一段时间后，厚度超过 15 cm 时，清除出含水量较高的部分垫料后再耙平，整体控制垫料厚度保持在 5 ～ 10 cm。清理出的可再利用垫料通过晾晒调节水分，必要时进行堆垛发酵处理后可重新使用。

添加垫料最常见的误区是：出现腐坏区域后，直接在腐坏区域铺上新的垫料。这导致原来过多的水分没有离开垫床，只是被新的垫料暂时吸收，随后水分很快又慢慢恢复，又会出现腐坏。这既浪费垫料，又起不到减缓腐坏速度的作用。

3. 生物垫床的其他注意事项

生物垫床的关键管理要素是控制其水分，所以为了保障养殖效果，日常管理中要尽量避免外来水源进入垫料床，同时尽量提高水分蒸发效率。

### 二、生态栏舍牛群管理

#### （一）病牛的治疗

生物垫床中具有大量益生菌，其主要功能之一是利用益生菌快速降解粪污。所以管理过程中应尽量避免能够杀灭益生菌的物质进入垫床。

当生物垫床牛舍日常发现有牛出现疾病等情况时，要及时将病牛隔离出来，饲养在非垫料栏舍观察治疗。特别是不要在生物垫床牛舍用抗生素对病牛进行治疗。牛治愈后（牛正常且不再使用抗生素）最好观察 3 ～ 5 d，等抗生素代谢完后再将牛转入原栏。

#### （二）牛的分群

生物垫床牛舍由于其承载的饲养密度有限，在牛逐步长大的过程中需要对牛进行分群和重新调整饲养密度。一群牛逐步长大后，可按大小进行分群，体型较大的牛为一栏，体型较小的牛为一栏。保证同一栏牛体型大小相近，便于管理，避免体型较小的牛采食不足。

动物通常存在一个竞争性采食的现象，比如一栏中地位较高的牛会获得更多的采食机会或更主动地去采食更多的饲料。利用这一现象可以将一群牛中较小的牛放入比它更小的牛群中，使其成为新牛群的“老大”。这样原本较小的牛会因为竞争性采食的情况，生长速度会比其在原群中快很多。通过这个办法实现牛群的精准管理，降低牛群生长较慢个体所占的比例。

## 第四节　生物垫床模式牛场经营

### 一、经营模式

生物垫床模式目前成为广西牛生态养殖的主要模式。经过调研发现，目前有多家比较成功、经济效益较好的养殖企业有如下共性。

（一）养殖优良品种

品种决定了养殖的整体效益，同等生产水平下，养殖优良品种能获得更高的售价和更广阔的市场。调研中也发现部分养殖企业或养殖户养殖本土品种，由于其生产性能低下，投入和产出效果明显低于养殖优良品种的养殖场。在技术水平允许的情况下，尽可能选择优良的牛品种。

（二）坚持自繁自养

自繁自养的牛具有疾病风险小、没有引种应激等特点，牛生产群体规模稳定，通过杂交改良可以获得更为理想的商品牛。在调研过程中，有部分牛养殖企业出现了倒闭的情况，是因为引种过程中检验检疫不严格被查出有布鲁氏菌病而被强制清群。

（三）饲料成本低廉

调查发现，经营较好的牛养殖企业，饲料成本普遍较低。养殖饲料成本的高低直接决定了养殖环节的效益。目前饲料成本是牛养殖环节中变化最大的因素，成本低廉是保障养殖效益的最重要因素。

（四）拥有完善适宜的产业链

单一的养殖产业在不同年份可能存在较大的波动，建立产业链可以分散这种风险，拓宽企业收入渠道。调研发现，目前经营较好的牛养殖企业都拥有完善的产业链，运行越良好的企业，其产业链越完善。同时产业链规模要与企业的经营规模相配套，不能盲目建设过大的全产业链。目前很多企业配套了远高于自己生产和屠宰需要的屠宰场，造成开机运行成本高，需要工人数量大，平常基本不能运行，导致很多屠宰场基本闲置。这样既造成了闲置资产，又增加了资产损耗成本。

（五）注重技术团队的培养

现代养殖产业不再是一家一户的传统养殖，而是拥有完善的技术团队的企业化养殖模式，可以获得良好的生产成绩，提高养殖整体经济效益。只有获得高于行业平均生产效率才能保障牛养殖产业可持续发展。

**二、牛场投资管理**

生物垫床牛场建设投资中需要注意以下问题。

1. 资金投资主要放在牛身上，基础建设满足生产需要即可

企业的目的是盈利，而肉牛养殖企业效益的主要来源是养殖肉牛，基础建设无论投资再多也是无法产生效益的，所以在投资过程中要尽可能减少基础建设的投资，保障牛和饲料等流动资金充足。

在日常中发现有部分养殖企业为了让企业形象“高大上”，在基础建设上进行大量投资和美化，接待大量的参观人员。不可否认，如果是资金充足的大企业，可以适当开展接待参观设施等的建设，但是多数企业最终目的是取得好的经济效益，不必在其他非生产目的的基础设施上投入太多。

2. 留有足够的流动资金

养殖是一个连续的生产过程，饲料、人工、引种、日常开支等都需要流动资金。很多企业因为出现资金链断裂而破产，或低价处理牛群，这样给养殖场带来了极大的损失。

3. 低价期采购物资

在牛养殖生产过程中，各类物资的市场和生产有一定的时间限制。如牛肉产品的消费多是在气候较凉爽的秋冬季节以及春节等节日前后，此时的价格相对较高，其他时期相对较低。饲草多是在玉米、稻草等收获时期价格较便宜，而冬春季节非作物收获期，饲草价格较贵。例如 5 ～ 9 月全株玉米收获时，其价格大概在 350 元 /t，春节前后的价格却为 700 ～ 800 元 /t，价格比收获时期贵近 1 倍。生产中在原料价格便宜的时候要积极储备饲草，降低整体生产成本。种牛、架子牛的引进和销售也是要低价进高价出，才能获得较好的经济效益。为更好地把握时机要积极调研当地的物价变化情况，做好生产计划，留有足够的流动资金并适时储备原料。

## 三、日常的经营管理注意事项

### （一）加强全程成本的控制

现阶段，牛的价格相对稳定。在价格稳定的情况下，想要获得较好的经济效益就要从成本控制上下手。以架子牛养殖为例，现阶段养殖一年的架子牛市场价值为 5000 ～ 7000 元，其成本主要是饲料、人工、水电等。人工、水电基本是固定的，饲料是成本变化的主要因素。广西目前全部采用商品化的饲草，每头架子牛日均成本为 15 ～ 20 元，其年饲料成本在 5000 ～ 7000

元，加上人工、水电等成本，架子牛养殖是基本没有效益的。

（二）注重技术团队的建设

现代牛生产不是传统的一两头牛放养，而是集中了生态养殖、动物营养、繁殖育种、疫病防控等大量现代畜牧技术，对技术人员的要求较高。部分养殖场认为没有专业技术人员也可以正常运行，但是其各类生产指标均明显低于拥有完善技术团队的养殖场。公司或养殖户建立牛场的目标是尽可能产生效益，而不仅仅是把牛养活。技术指标的提升可以直接决定牛场的效益情况，甚至可能是盈利或亏损。

（三）尽量实现自繁自养

引种存在较大的疾病风险。广西养牛企业因为引种不慎，出现布鲁氏菌病等被全场扑杀的情况屡见不鲜。很多养殖场每年都因为引种问题而苦恼，引种难成为养牛行业的共识。同时随着牛的价格上涨，牛犊价格也在上涨，养殖母牛的效益也得到了提高。现阶段实现自繁自养能极大地保障养殖场的养殖效益。

（四）建立完善的产业链条

牛的单个养殖环节中的利润受原料价格、市场等影响较大，利润得不到保障。事实上，原料价格、市场等因素都是全产业链的环节，其波动会造成行业利润在产业链中各个环节的重新分配。所以建立完善的产业链可以基本保障企业的效益不受太大的干扰。企业在有能力、有条件的情况下应尽可能建立适宜自身规模的全产业链。牛养殖企业往上游可以开展饲料饲草的种植、生产加工等，往下游可以拓展屠宰、餐饮、有机肥生产、种植等环节。

# 第六章 “机械刮粪 + 生物垫床”现代生态养殖模式与栏舍设计

## 第一节 模式与生产工艺流程

经过长期地观察牛排便行为发现，牛等动物在饲养环境下，存在边吃边排泄的习惯。据初步统计，牛有一半以上的排泄行为发生在采食时。所以在垫床牛舍的实践中，在牛站立采食位置的垫床往往容易出现腐坏，这让垫床牛舍在靠近采食区域的护理成为垫床模式最重要的一个工作，同时成为限制垫床牛舍养殖密度的一个重要因素。鉴于以上原因，如果能处理好采食区域的排泄物，就可以更好地管理垫床牛舍，增加养殖密度。这种现象让“机械刮粪 + 生物垫床”牛舍设计和建设成为一种可能，即只要清理采食位置的排泄物，就可以清理牛舍近一半的污染物，极大地提高垫床栏舍的使用效率。

“机械刮粪 + 生物垫床”现代生态养殖模式是在传统垫床的基础上，在靠近采食位置建设刮粪系统，通过机械刮粪的方式将牛在采食时排泄的粪尿清理出去，其余位置则采用生物垫床进行处理，刮出的粪便将清理到有机肥场进行处理。

## 第二节 栏舍设计

### 一、漏粪沟刮粪模式

“机械刮粪 + 生物垫床”现代生态养殖模式栏舍设计是在生物垫床的基础上增加刮粪系统。刮粪系统紧贴采食通道，一般宽度以 2.4 m 为宜（图 6–1）。

图 6-1 漏粪沟机械刮粪

该设计以“漏粪板 + 刮粪”的方式进行刮粪，在靠近采食通道边建设刮粪槽，内置刮粪板，上盖漏粪板。此时可让牛站立在漏粪板上采食，同时排泄物全部落入刮粪沟内，定期将牛粪刮出。漏粪板可采用 0.6 m × 2.4 m、5 梁 4 孔、横梁宽度在 9 ～ 10 cm、孔径在 2.5 ～ 3 cm 的水泥板。孔径过多的漏粪板容易破损。刮粪沟以小坡度往刮粪方向适当倾斜，没有条件的可采用平地。

刮粪板将粪便刮出牛舍后，连带设计成机械清理的模式，可采用多级刮粪板或传送带等形式将粪便输送到粪池进行转运或有机肥加工车间直接处理。实际生产中，部分牛场在牛舍出口处直接用大型机械进行装车，但是操作困难、成本高、造成严重的二次污染。

该种设计建设完成后，漏粪板高于地面 10 ～ 15 cm。正式使用时在除刮粪位置外铺设 5 ～ 10 cm 厚度的垫料。垫料面与漏粪板面有 5 cm 左右的落差，减少垫料落入刮粪区。

**二、步进式刮粪模式**

步进式刮粪模式在奶牛场设计中较为常见，也可用于肉牛养殖（图 6-2）。该种模式是直接在靠近采食区域铺设步进式刮粪机，让牛和刮粪设备共存，刮粪设备进行缓慢步进式地刮粪。刮粪区域宽度在 2.4 ～ 2.5 m，外缘砌 10 ～ 20 cm 的矮墙，将刮粪区域与垫料区域进行分隔。

图 6-2 步进式刮粪

## 三、两种刮粪模式的对比

### （一）建设成本方面

漏粪沟刮粪模式需要建设刮粪沟，并铺设漏粪板，建设难度和成本相对较高。步进式刮粪模式不需要建设刮粪沟，也不需要铺设漏粪板，建设成本相对低廉。特别是旧牛舍改造时，步进式刮粪的方案建设更快、更简单，成本也更低。

### （二）卫生方面

漏粪沟可以及时将粪尿和牛群分离，实际生产中，相比步进式刮粪的卫生要干净，以及环境更干燥一些，但是漏粪板上也会一直残留有少量的粪污。

### （三）设备维护方面

步进式刮粪采用铁条进行往复传动，设备维护相对简单，有故障直接修理即可。而漏粪沟刮粪设备在沟内，且传动采用的钢丝等材料更易锈蚀，维修时需要掀开漏粪板，操作相对复杂，很多牛场均遇到漏粪板损坏等情况。因此，漏粪板机械刮粪日常维护成本及难度较步进式刮粪高。

## 第三节　饲养管理

### 一、垫料铺设与管理

“机械刮粪＋生物垫床”现代生态养殖模式中，垫床部分的管理与垫床牛舍的管理基本一致，但是垫料铺设厚度要低于刮粪区隔断墙，一般要低 5 cm 左右，减少垫料落入刮粪区域，造成垫料浪费和刮粪困难。

垫料在使用过程中会慢慢变厚，少量时可将靠近刮粪区域的垫料清理变薄，整体太厚时可将水分高的区域清理出去，然后耙平，让垫料整体低于刮粪区域的围挡。

如果垫料出现了局部大面积坏死，亦可将其局部清理，然后将剩余垫料摊平。

### 二、刮粪管理与维护

刮粪设备的刮粪能力是有限的，特别是现今牛舍单栋体量越来越大，单个刮粪设备管理越来越多的牛，因此需要根据粪量来合理安排刮粪设备的工作间隙。一般在采食高峰期进行较密频率的刮粪，其他时间可相对疏松，避免一次刮粪量太大，造成设备损坏。

# 第七章　生态放牧现代生态养殖模式与栏舍设计

放牧是家畜养殖成本最低的饲养方式，也是绝大多数国家草食家畜养殖的主要形式。近几年随着我国生态环境的改善和退耕还草、休耕等政策的实施，可供放牧的草地、草山和草坡显著增加。生态放牧就是在放牧的基础上，最大限度地挖掘草地生产潜力，提高草地管理水平，实现“草—土—畜”的平衡和畜牧业的可持续发展。

## 第一节　模式与生产工艺流程

### 一、模式与生产工艺

放牧有两种模式，传统连续放牧模式和适应性轮牧模式。

（一）传统连续放牧模式

传统连续放牧模式是指在整个放牧季内或者全年连续进行放牧活动。在该模式下，为了降低放牧动物持续的啃食、践踏活动对牧草生长带来的不利影响，一般建议牧民连续放牧时将放牧量设置在一个较低的水平。连续放牧模式下天然草原会呈现退化趋势，并且这一退化现象随着草原围栏面积的增加而愈发明显。

传统连续放牧模式生产工艺主要有围栏建设、种植牧草、牧草收集加工、有机肥加工等。

（二）适应性轮牧模式

适应性轮牧模式是指将整个草原划分为若干个围栏，并在每个生长季选择适当的围栏进行休牧，剩余用于轮流放牧的围栏在当年只进行一次高强度短时间的放牧活动，其余时间用于修整恢复。有研究表明，与传统连续放牧模式相比，适应性轮牧模式在维持草原生态系统稳定的同时可以保持较高的放牧效率。

适应性轮牧模式生产工艺主要有草地改良、围栏建设、划区轮牧、种植牧草、牧草收集加工、有机肥加工等。

## 二、放牧流程

天然草地—草地改良—围栏建设—划区轮牧、种植牧草（夏秋季节）—牧草青贮—栏舍喂养（冬春季节）—有机肥加工—草地改良、种植牧草。

### （一）草地改良

在我国，草地改良的方法主要有带状浅耕翻、松土、补播、施肥、清除灌丛和消灭有毒有害植物。在南方地区，天然草地坡度大、地形高低起伏，用大型机械耕翻或松土作业困难。因此，草地改良主要采用补播、施肥及清除灌丛和消灭有毒有害植物的方法。

补播改良，按地表处理的方式又分为不清理地面免耕补播、部分清理地面补播、火烧原有植被后补播、用除草剂将灌丛落叶处理后补播等多种方式。广西草地监理中心在桂西北和桂中地区进行了不同地表处理方式改良草地的效果研究，结果显示，使用“化学除草剂 + 微耕松土地表”处理方式补播改良草地效果最好，改良后的草地干草产量、牧草粗蛋白及粗脂肪含量最高，而粗纤维含量最低。

牧草品种的选择是草地补播改良能否成功的关键因素之一。目前，在广西北部和西部（含桂林市、河池市和柳州市北部）中亚热带地区的高山草地，选择的草种为多年生黑麦草、鸭茅、苇状羊茅、白三叶、红三叶等。多年生黑麦草、鸭茅、苇状羊茅单独与三叶草混播，或根据实际情况组成多元混播组合。在柳州市以南地区选择的补播草种是柱花草、大翼豆、合萌、山毛豆、葛藤、白花扁豆、非洲狗尾草、宽叶雀稗、巴哈雀稗、棕籽雀稗、臂形草等。

### （二）围栏建设

1. 围栏立柱

放牧围栏建设，宜采用尽可能廉价且可长期使用的材料进行建设。围栏的高度一般建议在 1.2 m 以上，以能围挡放牧牛群为宜。有坡度的地方可适当增加高度。围栏立柱分为小立柱和大立柱，一般长度不超过 200 m 的围栏可全部采用小立柱，长度超过 200 m 的围栏在小立柱之间增加大立柱进行加固。大立柱的直径、预埋深度都要超过小立柱，以起到更强的支撑作用。

地势平坦且土质疏松的地面，小立柱间隔 4 ～ 6 m，埋深 0.4 ～ 0.6 m。

土质紧实区域，小立柱间隔 8 ～ 10 m，埋深 0.3 ～ 0.5 m。地形起伏区域，小立柱根据需要设置间隔 3 ～ 5 m。

长围栏间隔 100 ～ 200 m 设置大立柱，埋深 0.7 ～ 1 m，以增加围栏整体强度。较大拐弯或起伏较大的位置也可以考虑增加大立柱的铺设。

围栏立柱的材料常见的有木桩、水泥柱、钢材（角铁、钢管）等。主要以各种材料的易获得性、价格等进行选择。通常情况下水泥柱的使用时间最长、钢材次之、木材较短。特别是在多雨潮湿地区的草地，木头更易腐烂。木头和钢材作为立柱时要进行适当的防腐处理。木材可进行防腐处理或表面碳化处理，钢材等可在表面上漆等。水泥桩一般重量较大，在野外搬运相对困难。

2. 围网材料

围网材料，常见的有刺钢丝、钢丝网、电网等。其中电网适宜在雨水较少、地形简单的草地使用，并需要配备电源等。在大面积围栏中更多的是采用刺钢丝、钢丝网等材料。其中钢丝网网孔不超过 12 cm，刺钢丝要求每千米重 150 ～ 170 kg，刺间距 10 ～ 12 cm。

刺钢丝采用多根与地面平行的方式进行拉设，每根之间间距为 20 ～ 25 cm，以牛群中最小的牛不能通过为宜，钢丝铺设时要保持有 700 ～ 900 N 的拉力，保障钢丝的紧绷状态。

（三）分区轮牧

根据草地的载牧能力进行轮牧。一般是将放牧区域划分为 5 ～ 10 个轮牧区域。每个区域进行轮流放牧，以每块区域能间隔 1 ～ 3 个月（以当地的牧草能基本生长恢复为宜）放牧一次的频率进行轮牧。分区时以过夜区（过夜或越冬牛舍等）为中心，向四周辐射布置轮牧区域，便于管理和转场（图 7–1）。

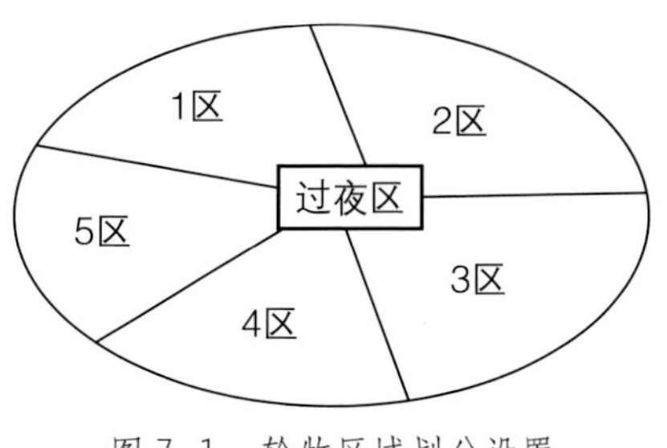

图 7–1　轮牧区域划分设置

（四）人工种草

可以在养牛场附近选择地势平缓、土壤深厚、交通便利的地方进行人工种草。种植的牧草品种可以选择全株玉米、象草、饲用高粱、黑麦草等。

## 第二节　轮牧及舍饲基础设施设计

### 一、围栏设计

参考行业标准《草原围栏建设技术规程》（NY/T 1237—2006）建设草地围栏。

（一）围栏工程设计

进行实地勘测，确定围栏线路和区域，制定施工设计方案。

1. 围栏种类

围栏可供选择的种类有编结网围栏、刺钢丝围栏、编结网和刺钢丝混合型围栏等。

2. 围栏材料

围栏所用材料主要是编结网围栏和刺钢丝围栏及其支撑的固定柱。

3. 围栏高度

围栏的高度一般为 1.1 ～ 1.3 m，以拦挡小牲畜为目的的围栏高度可降低 20 cm，以拦挡野生动物为目的的围栏高度视具体动物而定。

（二）围栏架设

1. 围栏定线

（1）平地定线

在欲建围栏地块线路的两端各设一标桩，从起始标桩起，每隔 30 m 设一标桩，直至全线完成，使各标桩成直线。

（2）起伏地段定线

在欲建围栏地块线路的两端各设一标桩，定准方位；中间如遇小丘或凹地，要在小丘或凹地依据地形的复杂程度增设标桩，要求观察者能够同时看到三个标桩，使各标桩成直线。

2. 线路清理

对欲建围栏的作业线路要清除小丘、石块等，平整地面。

3. 围栏中间柱的设置

为使围栏有足够的张紧力，每隔一定距离需设置中间柱。

（1）平坦地区的直线围栏

围栏每 100 ～ 200 m 设置 1 个中间柱；长度超过 200 m 时，用中间柱将围栏总长分隔为不超过 200 m 的若干部分。

（2）起伏地形的直线围栏

要将中间柱设置在凸起地形的顶部和低凹地形的底部，将围栏分隔成数段直线。

4. 小立柱间距及埋深

地势平坦且土质疏松的地段，小立柱间距 4 ～ 6 m，埋深 0.5 m 以上；土壤紧实的地段，小立柱间距 8 ～ 12 m，埋深 0.3 ～ 0.5 m；地形起伏的地段，小立柱间距 3 ～ 5 m，埋深 0.3 ～ 0.5 m。

5. 中间柱的埋设

中间柱（角钢中间柱或水泥中间柱）埋深 0.7 ～ 1.0 m，地上部分与小立柱平齐，然后在其受力的方向上加支撑杆。

6. 水泥小立柱的埋设

（1）挖坑

要求坑口尽量小，以能放入水泥小立柱为限。

（2）埋设

将水泥小立柱放入坑中，回填土并夯实，线路上各小立柱要成直线。

7. 角钢小立柱的埋设

先在角钢小立柱底端 0.5 m 处做好埋深标记，按规定间距将小立柱垂直砸入地下，直至标记处为止。

8. 角柱、地锚埋设和支撑杆架设

角柱埋深 0.7 ～ 1.0 m，在角柱受力的反向埋设地锚或在角柱内侧加支撑杆。

9. 特殊地段围栏立柱的埋设

（1）低凹地立柱的埋设

若围栏通过低凹地，凹地两边为缓坡，相邻小立柱之间的坡度变化大于或等于 1∶8 时，应在凹地最低处增设加长立柱，并将桩坑扩大，在桩基周围浇灌混凝土固定。若雨季有水从围栏下流过，则应在溪流的两边埋设两根加长立柱。在两立柱之间增加几道刺钢丝以提高防护性。

（2）低湿地立柱的埋设

围栏穿过低湿地，可使用悬吊式加重小立柱，用混凝土块加重，亦可用钢筋作栏桩，以石块加重。

（3）河流、沟槽立柱的埋设

围栏跨越河流、小溪，若河流宽度不超过 5 m，可在河流两岸埋设小立柱，使围栏跨越河流；若河流宽度超过 5 m，则应在河流两岸埋设中立柱，为防止水流冲毁围栏，不宜在河流中间埋设立柱，应用木杆或竹竿吊在沟槽处起拦挡作用。

10. 围栏的架设

围栏架设要以两个中间柱之间的跨度为作业单元，围栏线端应固定在中间柱上。

11. 门的安装

预先将围栏门留好，门宽 6 ～ 8 m，高 1.2 ～ 1.3 m。门柱要用支撑杆予以加固，使用门柱埋入环与门连接，加网前将门柱及受力柱固定好。

## 二、其他轮牧基础设施设计

### （一）牧道及门位

牧道宽度根据放牧牛种类、数量而定，宽度为 5 ～ 15 m，尽量缩短牧道长度。

门位的设置应该尽量减少牛群进出轮牧区游走时间，避免牛群绕道进入轮牧区，同时也要考虑水源的位置。

### （二）饮水设施

轮牧小区内可设置管道供水系统或车辆供水，并根据牛群数量设置饮水槽。

### （三）布设营养舔砖、擦痒架、遮阳设施

轮牧小区内布设适量营养舔砖，以便牛群及时补盐。根据实际情况及牛群数量每个小区可设置擦痒架及遮阳设施。

## 三、放牧牛舍设计

### （一）牛舍总体设计

牛舍采取生物垫料的模式设计。生物垫料牛舍设计以通风良好、便于机械操作为宜。一般建议栏舍总高大于或等于 6 m，屋檐高大于或等于 4 m。牛舍长以 40 ～ 100 m 为宜，宽 24 ～ 28 m（含运动场），其中中央通道宽度大于或等于 3 m，以能通过 TMR 送料车为宜。

### （二）牛舍屋顶设计

屋顶宜采用钟楼式设计，中间顶棚采用隔热材料，运动场部分设置透明采光瓦，不设置露天运动场，透光瓦面积在屋顶面积的 1/2 ～ 2/3 之间，同时保障夏季牛群有遮阴的地方。由于牛舍屋檐较高，屋顶飘檐要伸出去 0.5 m 以上，减少下雨时雨水飘入垫床。

### （三）饮水器安装设计

饮水器采用碗式自动饮水器或便于清洗的饮水槽，同时饮水槽周边设置漏水引流沟，直接将牛喝水滴漏的水引流到牛舍外，不打湿垫料。

### （四）牛舍防寒保温设计

冬春季气温比较低，牛舍需要采取防寒保温措施。栏舍拉塑料布或彩条布等进行封闭挡风，适当关闭门窗，防止“贼风”侵袭。生态栏舍要注意保持垫料干燥。农户可在圈舍内铺上垫草，做到勤换草、勤打扫、勤除粪，尽量少用冷水清洗，防止栏舍内潮湿或将冷水冲洗到畜体上。保持适当的饲养密度，保持舍内空气流通。有条件的养殖户可以为犊牛及分娩牛安装红外线取暖灯。

## 四、青贮池设计

青贮池根据以下 5 个方面进行设计。

①青贮池尺寸一般应先根据牛的数量和青贮饲料供应量等确定青贮池的体积，然后确定青贮池的断面尺寸。

②青贮池的形状宜为上宽下窄的梯形。我国青贮池的池壁材料一般为砖、石。

③青贮池地面应能满足车辆碾压和排水要求。

④在设计青贮池之前应对青贮饲料的流出液设计解决方案。

⑤为防止青贮饲料流出液下渗污染地下水，青贮池的选址应远离水井，并高于地下水位一定的距离，青贮池地面应做防渗处理。建议在牛场开展建设项目环境影响评价时，将青贮饲料流出液评价内容列入其中并配套解决办法。

### 五、饲料加工车间设计

牛场饲料加工车间分为青贮料加工车间和TMR加工车间。饲料加工车间设计要满足大型机械设备，如运输车、铲车、粉碎机、搅拌机等的运作空间。

## 第三节　放牧饲养管理

### 一、轮牧管理

#### （一）制定牛群轮牧计划

依照放牧草地轮牧设计方案，根据草场类型、牧草再生率确定轮牧周期、轮牧频率、小区放牧天数、轮牧期的始终，以及轮牧牛群的饮水、补盐及疾病防治等日常管理方案。

草场返青后开始轮牧时地上生物量少，因此，第一个轮牧周期放牧天数适当缩短。后续可根据牧草长势适当延长或缩短轮牧放牧时间。不同的地块，牧草的生长速度、恢复速度也会存在差异，实际生产中要灵活掌握轮牧时间，最终以适当放牧且能够利用轮牧间歇恢复牧草生长为宜。

#### （二）制定放牧小区轮换计划

放牧小区轮换计划是每一放牧单位中的各轮牧小区的每年的利用时间、利用方式按一定规律顺序变动，周期轮换，使其保持长期的均衡利用。

#### （三）制定饲草料生产及储备计划

根据饲养家畜存栏数量、畜群结构来计算冷季需饲草料量。按冷季草场、打草场及人工饲草料地提供饲草料，及时足额储备。储备饲草料时充分考虑灾年及春季休牧时的饲草料供给。

#### （四）不同季节、年份牛群补饲计划

平年只在冬春季补饲，根据冬春季草场的牧草保存量，精、粗料搭配补饲。灾年冷季、暖季都需要补饲，根据灾情轻重调整草畜关系，统筹计划补饲量。

### （五）制定畜群保健计划

畜群保健以疾病预防为主，采取防治并重的原则。春秋两季驱虫、药浴各一次，发现畜群中病畜要及时对症下药治疗。

### （六）轮牧基础设施管护制度

对围栏及饮水设施要定期检查，围栏松动或损坏时要及时进行维修，防止畜群放牧时穿越围栏。饮水设施有破损要及时检修，轮牧区休牧时排空管道供水系统中的存水，饮水槽等设施需妥善保管以备来年使用。

### （七）轮牧草原利用情况公示制度

将轮牧草原类型、产草量、适宜载畜量、放牧天数、各小区轮牧日期、草原所有者等基本情况制牌公示，便于监督管理。

## 二、营养需要

### （一）能量需求

与舍饲牛相比，放牧牛需要更多的能量用来行走、爬坡。放牧时牛需要增加 10% ～ 20%（最佳的放牧条件）或多达 50%（多坡牧场）能量。为了更好地解决爬坡造成的能量消耗问题，需要对放牧路线进行规划，并结合牛群轨迹数据尽量减少坡地的行走与采食活动。

### （二）蛋白质需求

放牧牛的蛋白质主要来源于牧草蛋白质，而牧草中蛋白质含量与其成熟度最为相关。冬春季节，牧草生长缓慢，牛群应以舍饲为主，需要补充蛋白质来维持正常的营养需求。夏季是牧草生长旺盛期，牧草粗蛋白含量较高，通过维持和增加豆科牧草的比例，特别是富含蛋白质的植物如三叶草、苜蓿等，可以改善放牧牛蛋白营养的负平衡。

### （三）矿物质需求

矿物质供应不足、过量或比例不当都可能造成反刍动物代谢失调，甚至影响牛的健康发育和正常生理活动。为了更好地促进放牧牛矿物营养的协同摄入，需提供富含矿物质的舔砖以满足牛群对于矿物质的需求。

### （四）维生素

反刍家畜的多种维生素在瘤胃内被广泛代谢或合成，但所需的脂溶性维生素 A、维生素 D 和维生素 E 主要依靠饲料提供。

## 第四节 放牧经营模式

放牧是利用草地自然资源，以生产成本低廉为优势。在全世界范围内，放牧都是可以大量养殖母牛且能盈利的主要模式，也是目前牛羊等草食动物养殖最具优势的养殖模式。

南方地区也有大量的高山草地，如湖南的南山牧草、广西小南山、广西天湖等高山草地。虽然草地总量不比北方草原多，但是南方草地多在高山上，远离污染，自然环境异常优越。所以南方草地放牧虽然在量上无法与北方抗衡，但可以在质量上大做文章。以广西高山牧场为例，涌现出一批以高山草地为优势资源进行放牧养殖的企业。

据调查，广西某公司依托自有的10000多亩高山草地放牧当地品种肉牛，至肉牛出栏前进行短暂的集中育肥后上市。同时依托当地自然环境开展有机蔬菜瓜果种植，秸秆、次果等作为牛群主要饲料，实现肉牛有机养殖并通过认证。其以高山养殖的有机牛肉为主要卖点，牛肉产品平均售价高达100元/kg，实现了较好的经济效益。

企业采用全自繁自养模式，利用天然草地分区循环放养，进行草地改良，建设有牧草种植、肉牛养殖、粪污有机肥生产、肉牛屠宰、直销店等环节的完善全产业链；饲料主要来源于天然草地，同时种植全株玉米、象草等作为饲草，整体饲料成本异常低廉。饲料主要采用生物发酵技术进行加工与保存；牛舍全程采用生物垫床养殖，育肥后期部分拴养；粪污用于生产有机肥，有机肥用于种植全株玉米和象草；同时企业建立了屠宰、直销店、网店等后续产业链，基本能够销售处理完养殖场生产的肉牛。

### 一、该模式的优点

该模式的优点如下。

①企业全产业链运作，养殖、有机肥生产、屠宰、直销店、网店等环节完善。饲料原料自给率高，各环节均产生效益，受市场影响较小，企业有较好的抗风险能力，整体效益好。

②草地租金极低，自己种植全株玉米和象草，饲料成本极低。

③粪污综合利用，实现基地种养循环。生产的有机肥供给自己的种植基

地，节约了种植环节成本。

④自己进行屠宰和加工，打造牛肉产品有机品牌，发展订单农业，经济效益好，企业效益受市场价格波动的影响小。

⑤牛群以自繁自养为主，牛来源稳定，发生疫病风险小，牛种优，生产成绩好。

⑥养殖场技术团队完善，生产成绩好，经济效益高。

⑦草地放养模式下的全产业链，养殖、屠宰、直销店等每个环节均能产生收益。

## 二、该模式的缺点

该模式的缺点如下。

①自然牧草质量较差，人工改良草地成本高。虽然高山草地的自然牧草种类繁多，但其营养质量都较低，大部分牧草茎秆粗硬，粗纤维含量高（8%～11%），粗蛋白含量却较低（多数小于3%）。这些牧草一旦抽穗，便迅速老化，适口性很差。人工改良草地在带状浅耕翻、松土、补播、施肥、清除灌丛和消灭有毒有害植物等方面都需要大量的人工以及草种、肥料等费用，成本较高。

②放牧牛营养需要的研究较少。当前对于牛的营养需要量的研究成果主要是基于舍饲状态的，放牧牛的营养需要量的研究较少。

③牛群管理粗放。牛群放牧模式下，牛野外活动较多，很难进行人工授精等现代化管理作业，牛处于相对粗放的管理状态。甚至很多放牧企业，母牛生产都在野外进行。

④高山放牧对牛群有一定要求。北方地区草原相对平缓，而南方地区草地多为高山草地，在地势较陡的区域以当地牛或杂交牛为主，体型较大的外种牛难以适应陡峭的放牧环境。

⑤存在一定的草地退化风险。经过十多年的放牧，目前发现草地有零星的塌方，出现部分塌方的地方常年无草生长。部分原生草地退化，部分区域批量出现了其他放牧价值更低的草种类等。

# 第八章　全漏缝与半漏缝现代生态养殖模式与栏舍设计

## 第一节　漏缝养殖模式与生产工艺流程

### 一、全漏缝养殖模式

全漏缝养殖模式是一种快速将牛与粪尿分离的模式，其最大的优势是将粪尿快速清理出牛舍并进行处理，且过程全部机械化，不需要人工进行处理。目前漏缝以水泥漏缝板为主，部分养殖场采用螺纹钢等材料。全漏粪牛舍成本较高，但其养殖密度是垫床牛舍的 2 ～ 3 倍，所以养殖场建设时土地较为紧张的情况下可以采用全漏缝的养殖模式（图 8-1、图 8-2）。

图 8-1　水泥漏缝板的全漏缝牛舍

图 8-2　螺纹钢的全漏缝牛舍

## 二、半漏缝养殖模式

全漏缝养殖模式建设成本较高；全垫料养殖模式密度较小、占地大，而且在垫床牛舍使用中发现，牛有在采食时大量排泄的习惯，靠近站立采食区域的垫料容易出现水分过高而腐坏的情况。为解决这一问题，可以考虑在垫床牛舍站立采食区域采用漏缝板设计。

半漏缝板区域较多采用刮粪系统清理牛粪，能及时将牛粪清理出牛舍，并在牛舍以外的区域进行处理。相比生物垫床，半漏缝模式的牛粪对牛群的影响将会更小，将成为今后牛舍设计的一个重要发展方向。

# 第二节　栏舍设计

该模式牛舍设计主体部分可以和当地牛舍一致，不同的是其地板采用水泥全漏缝地板，并在地板下设置粪沟及刮粪设施。

## 一、牛舍用漏缝板

漏缝板建议采用水泥板制作，部分也采用钢筋或工程塑料。钢筋材料整体对牛而言还是偏软，需要设置较多的承重梁，且钢筋漏缝材料对牛蹄极易造成损伤，短期几个月育肥问题不大，但种牛、自繁自养育肥牛长时间在上面生活，会导致蹄磨损，或蹄病增加。

工程塑料本身是一种较好的材料，但是其造价较高，一般用于犊牛漏缝使用，其承重能力有限，很难用于大型肉牛的养殖。所以生产中一般推荐采用水泥漏缝地板。

如图 8–3 所示，专业水泥漏缝板的空隙上窄下宽，便于粪便掉落，防止堵塞，1 块牛用标准水泥漏缝板有 5 条梁。空隙上部宽在 2.5 ～ 3.5 cm 之间，水泥条上面宽在 10 ～ 15 cm 之间，水泥横柱呈倒梯形，中间柱体厚度在 10 ～ 12 cm，单块漏缝板四周水泥柱要适当加厚到 15 cm 左右，保障整体的结构强度，同时要确保单根水泥条能承受牛蹄重量。不同体重牛群漏缝板尺寸参数见表 8–1。

图 8–3　水泥漏缝板

**表 8-1　不同体重牛群漏缝板尺寸参数**

| 体重 | 水泥柱宽度 /mm | 缝隙宽度 /mm | 漏缝比例 /% |
| --- | --- | --- | --- |
| 200 kg 以下 | 80 | 20 ～ 30 | 18 ～ 25 |
| 200 ～ 550 kg | 100 | 25 ～ 35 | 18 ～ 25 |
| 550 kg 以上 | 120 | 30 ～ 40 | 18 ～ 25 |

牛舍用漏缝板的长宽可由养殖场自我控制，一般以两个人能勉强抬动安装为宜。同时其长度要能适应牛舍设计的刮粪沟宽度，常见长度有 1.8 m、2.0 m、2.2 m、2.4 m 等，宽度在 60 ～ 70 cm。尺寸过大，安装维修不方便。尺寸太小，重量太轻，不能适应刮粪沟，同时牛在上面运动容易松动。

生产时，水泥中要保障配置一定量的钢筋。其模具要采用内壁光滑的材料制作，制作过程要先涂抹一定的油，保障漏缝板的光滑，便于脱模，同时保障使用过程能减少牛粪黏附。水泥要采用较高标号的，倒模时要充分震动。

生产中常见部分生产厂商追求较大的漏缝比例，参考铸铁漏缝板的尺寸。空隙和水泥柱尺寸接近，导致单根水泥柱的尺寸较小，无法承受牛的体重。这种漏缝板在生产中是无法正常使用的（图 8-4）。

图 8-4　较大缝隙的水泥漏缝板

## 二、刮粪沟的设置

全漏缝的牛舍地板全部铺设漏缝板，其结构是采用多条宽 1.8 ～ 2.4 m 的刮粪沟连续并排排列，并在上面铺设漏缝板，底下通过设置刮粪设备进行刮粪（图 8-5）。

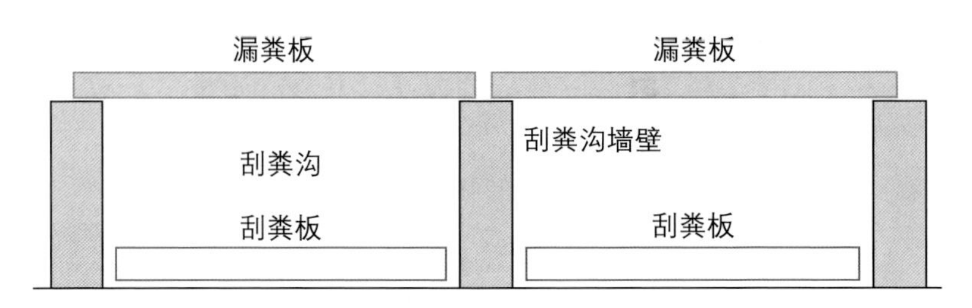


图 8-5　全漏缝的牛舍地板刮粪沟的设计

刮粪沟的方向一般与牛舍长轴平行，这样能极大地减少牛舍刮粪系统的数量，使牛舍整体建设更经济。刮粪沟的宽度一般在 2.5 m 以内，高度在 0.5 ～ 1.2 m 即可，过宽的沟可能导致刮粪系统无法刮动牛粪。

牛场整体设计时可在一端设置集粪沟，即刮粪系统将牛粪刮出牛舍后集中存放的积粪沟，再通过输送系统输送到粪房进行处理（图 8-6）。远距离输送牛粪时可采用传送带、绞龙等设施。很多牛场设计只是将牛粪刮出到牛舍两端，再用其他机械进行清理，导致清粪劳动量严重增加，并对场区造成二次污染。

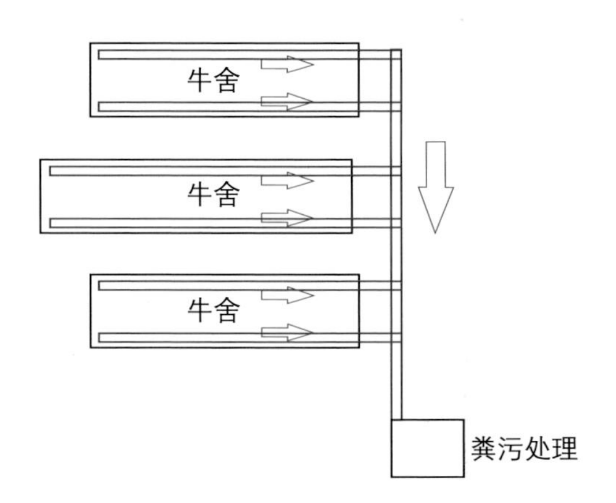


图 8-6　刮粪设施的设计

## 第三节　饲养管理

全漏粪牛舍管理最大的不同就是漏粪板与刮粪系统的管理与维护。

### 一、漏粪板维护

漏粪板在管理中要注意以下 3 点。

1. 漏粪板栏舍不适宜拴养

经过实践发现，拴养情况下牛排便的位置相对固定，同时牛无法踩踏牛粪，极易造成牛粪堵住漏粪孔，需要人工清理，这样比传统清粪更麻烦（图 8–7）。

图 8–7　“栓系 + 漏粪板”导致很多牛粪堵塞漏粪孔

2. 经常检测并及时更换损坏漏粪板

漏粪板使用过程中要经常检测，对损坏的漏粪板或其他异常情况进行及时维修更换，避免牛蹄受伤带来的损失。

3. 牛粪适当软烂

漏粪模式养殖时，牛饲料配置中要适当增加含水率高、纤维较软的饲料，以提高牛粪软烂程度。同时保障牛群的充足饮水，防止出现牛粪过干的情况，便于牛粪通过漏粪孔。

### 二、刮粪设备维护

刮粪设备维护有以下 3 个方面。

1. 选用优质设备

刮粪设备长期与粪尿等有强腐蚀性的粪污接触，设备选择时要选择质量好、材料好的设备，保障设备运行稳定，同时不易被腐蚀，减少设备维修的频次。

2. 注意设备日常养护

日常生产中要按设备要求进行日常养护，例如润滑、防腐、检修等，避免设备腐蚀损坏。

3. 避免超负荷运行

根据牛粪产生量等规律及时调整刮粪设备的刮粪频次，避免一次刮送超量的牛粪等。

## 第四节　模式应用与效果

漏粪模式由于增加了漏粪刮粪系统，配套要建设刮粪沟、漏粪板等，其建筑成本要远高于传统牛舍，是传统牛舍的 1 ～ 2 倍。因此，在土地充足的情况下一般不建议采用。

漏粪模式在生产实践中可以用于超大密度的养殖，实际生产中养殖密度可以达到 3 ～ 9 $m^2$/ 头。所以在牛场土地极度受限的情况下，可以考虑采用漏粪模式。

漏粪模式相比垫床模式还有个较大的劣势，就是处理刮粪系统刮出来的粪尿混合物。因此漏粪模式对有机肥加工处理设施要求更高一些。

漏粪模式下，大量的刮粪设备等的使用，使设备的维护更新等成本远高于垫床等模式。同时对电的依赖程度也会更高，没有电的情况下，刮粪系统等设备会全部瘫痪，对牛场的影响较大。

目前部分地区也出现了楼房养牛的设计，其相关应用效果还在持续关注当中。但是无论采用哪种模式养殖，以最低成本创造出养牛的高效益才是养殖的初衷。适度设施化可以提高养殖效益，但是过度设施化带来的效益提高，无法填补固定资产成本的增加。

# 第九章　现代生态养殖模式下的生物安全与疫病防控

## 第一节　生物安全体系建设与牛场疾病防控

### 一、牛场生物安全体系建设

牛场生物安全，是指为降低场内病原体的散布风险和减少外来病原体的入侵而实施的一系列措施，包括为降低涉及家畜及其产品相关活动导致的病原体传播风险所应用的设施设备、建立的各种程序和规范，以及规范相关人员的工作和行为等。

（一）牛场选址安全

1. 牛场的选择

牛场的选择要与本地区土地利用发展规划、农牧业发展总体规划以及环境保护等规划结合起来，要尽量节约土地，不占或少占耕地。

2. 牛场选址场地要求

牛场应建在地势高燥、背风向阳、总体地势平坦、地下水位 2 m 以下，无工业和其他畜牧场污染和没有发生过任何传染病的地方。选址场地的土质良好、松软，透水性强，最好以砂壤土为主。

3. 水源

水源要充足，水质良好，不含毒物，并且水质要符合《生活饮用水卫生标准》的规定，保证生产生活及人畜饮水，确保人畜安全和健康。

4. 交通

交通便利，牛只和饲料的购入以及牛只和粪肥的销售的运输量很大，运输要求保持通畅，因此牛场应建在离公路或铁路较近且交通方便的地方，有硬化路直通到场，此外保证牛场电力供应充足。

5. 卫生防疫

卫生防疫方面，场区离铁路、高速公路、交通干线的距离大于或等于

1000 m，远离主要交通要道、村镇工厂 500 m 以外，一般交通道路 200 m 以外。厂区离屠宰、兽医机构、其他畜牧场的距离大于或等于 2000 m，距离居民生活区大于或等于 3000 m，并且必须在居民区及公共建筑群常年主导方向的下风口处。同时要避开对肉牛场可能存在污染的加工和工矿企业，特别是化工类企业。符合兽医卫生和环境卫生要求，周围无传染源。最好能避开有地方病的区域，土壤、水质中的某种元素含量异常会引起人畜地方病，地方病对肉牛生长和肉质影响很大，故应避开。

（二）场内防疫隔离建设要求并设立生物安全标识

牛场在养殖期间实行封闭管理模式，因此建议在距离养殖场大门外 100m 以上的位置设置隔离生物安全标志，例如"养殖重地，闲人免进"等，同时建议设隔离栅栏等，尽量减少任何外来因素对牛场的干扰。在养殖期间，"脏区"和"净区"之间有大门隔离，标有明显标识。在生物安全关键控制点应设立警示标识、操作流程示意图或语言提示等，确保人员能规范地进行生物安全相关操作。

1. 场区规划

牛场分设生活管理区、辅助生产区、生产区、病畜管理区和粪污处理区。

（1）生活管理区

生活管理区设在牛场上风和地势较高地段，并做好场区与外部环境的隔离，如围墙和绿化带等。要与生产区严格分开并距离 50 m 以上，并且在生产区车辆、人员入口处设消毒池和防疫设施（图 9–1、图 9–2）。

（2）辅助生产区

辅助生产区包括饲料加工车间、草料库和青贮窖等，并配备防鼠、防火等设施。

（3）生产区

生产区设在下风向位置，大门口设门卫传达室、人员消毒室和更衣室以及车辆消毒池。

生产区内净道与污道要做到完全分开，且净道位于上风向处，污道位于下风向处。

（4）病畜管理区

病畜管理区要设立单独通道，且便于隔离、消毒以及污物处理。

（5）粪污处理区

粪污处理区设在生产区下风向，确保与生产区有 300 m 的卫生距离。

牛场排污原则上应做到减量化、无害化和资源化。

图 9-1　消毒池

图 9-2　消毒通道

2. 设施与设备

（1）牛舍

牛场要设犊牛舍、育成牛舍、母牛舍、育肥牛舍、隔离舍以及运动场等，牛舍要做到坚固结实且通风、抗震、防水和防火等。牛舍建筑面积要确保每头牛占地面积在 6 $m^2$ 以上。运动场面积每头牛占地面积不少于 25 $m^2$，且备有遮阳棚。牛舍地面要求致密坚实，不打滑，一般为砖地面或水泥地面。

（2）挤奶厅

奶牛场还需要配备挤奶厅及与奶牛存栏量相配套的挤奶机械。在挤奶台旁设有机房、牛奶制冷间、热水供应系统、更衣室、卫生间及办公室等。储奶室有储奶罐和冷却设备。

（3）相关的配套设施

牛场电力供应充足，电力负荷为 2 级，并且要自备发电机组。草料储存库（图 9-3）储存量应满足 3 ～ 6 个月生产需要草料用量，以及 1 ～ 2 个月精料生产用量的要求。青贮窖（池）要设在地下水位低、排水好的地方，要有一定深度和坡度，墙壁要直、光滑且坚固。饲料加工车间要设有配套的饲料加工设备，如草料粉碎机、饲料混合机械等。消防设施应采用经济合理、安全可靠的设施设备，牛场应按要求做好防火间距并设置消火栓、消防泵与消防水池及相应的消防设施。根据场区与牛场之间的隔离、遮阴及防风需要进行场区的绿化。

图 9-3　草料储存库

（三）采取封闭式管理，做好进出场人员及物流的管控

牛场养殖期间要实行封闭式管理，并做好进出场人员、物流限制性出入管理，主要是针对工作人员、外来参观者、车辆及非养殖场饲养的动物的管控，严防携带传染源进入场内。

1. 人员来访管理

牛场应制定外来人员进入场区的管理制度，并尽量减少外来人员参观。如有特殊情况或者特殊要求必须进入者，应经企业负责人批准。入场前为外来人员提供安全的靴子、口罩及一次性防护服，必须严格要求外来人员执行隔离、消毒、洗浴、更衣等规定程序，并按相关要求严格限制外来人员在牛场内的活动范围。

2. 车辆的管控

应制定外来车辆进入场区的管理制度并严格执行，本场车辆驶出再返回时，彻底清洗及消毒。生产区内运输工具不应离开场区，使用前后均应严格消毒，不同场区运输工具不宜交叉使用。

（四）牛场的消毒

牛场的卫生消毒工作是做好生物安全的必要综合性防疫措施之一，严格的卫生消毒工作可以有效切断疾病的传播途径，减少外来疾病的入侵。因此养殖场要制定健全的消毒制度，并按照要求进行规范的消毒。

养殖场大门口是养殖场的第一道生物安全防线，应设置消毒池及喷雾设施。相关运输车辆进入养殖区之前应进行严格的消毒，特别要对运输车辆的轮胎及车厢进行无死角的全方位消毒，严防运输车辆携带病原菌。彻底消毒后才能过门口的消毒池，消毒池选择消毒效果良好的药物进行消毒并及时更换；人员通道要设有喷雾设施、足浴消毒垫；洗浴、更衣室要设有紫外线消毒杀菌等设施。

每栋圈舍入口处应按照防疫要求设置消毒池及喷雾设施，防止传染病的发生与传播。

养殖场内的道路、地面、圈舍环境要及时进行清扫，做到清洁卫生、无粪便、无污物，并且要定期进行养殖场全场消毒工作，可利用“益生菌＋中草药”进行喷雾消毒。

牛场消毒主要有以下 7 种方法，可根据实际需要采取相应的消毒措施。

（1）日光直射法

日光能杀灭大多数细菌，太阳直射 1 h 就能杀死结核杆菌等病原菌。因此根据需要，适当让太阳照射进畜舍进行舍内消毒。

（2）紫外线法

一般室内消毒如兽药室、手术室、更衣室等都可用紫外光灯消毒。

（3）干燥法

病菌繁殖需要一定的温度和湿度，因此畜舍需通风换气及保持干燥以减少致病菌滋生。

（4）火焰法

畜舍的屋角、墙缝、地缝等处是病菌长期生存繁殖的地方，一般不容易杀灭，在保证安全的条件下用火焰喷灯定期消毒舍内死角，消除隐患。

（5）药物消毒法

在大门口和圈舍入口的消毒池可放置 2% ～ 4% 氢氧化钠或 10% ～ 20% 生石灰等消毒药物，且要保持 15 d 更换 1 次药液。入口的喷雾设施的药液可用次氯酸等。

（6）“益生菌 + 中草药”法

场内的消毒可定期使用“益生菌 + 中草药”进行喷雾消毒。

（7）其他法

一些器械可用酒精或碘酊消毒和蒸煮方式进行消毒等。

（五）病死牛和粪污的无害化处理

无害化处理区应位于养殖场下风向或侧风向，配有围墙或围栏，在出入口设立清洗、消毒设施设备。无害化处理区内应配有病死畜尸体及其附属品、粪便、污水、医疗废弃物等处理设施设备。

无害化处理区应做到雨污分流排放，污水应采用暗沟或地下管道排入粪污处理区。贮粪场所要有防雨、防渗、防溢流措施，避免污染地下水。粪便要做无害化处理，粪污处理应达到《畜禽养殖业污染物排放标准》（GB 18596—2001）要求。可利用生物热消毒法进行粪便无害化处理，该方法发酵产生的热量能杀死病原体及寄生虫卵，从而达到消毒的目的。具体是将牛粪堆积起来，喷少量水，上面覆盖湿泥封严，堆放发酵 30 d 以上，即可作生物发酵肥料。

医疗废弃物包括用过的针管、针头、药瓶等，应按照相关规定规范进行焚烧、消毒后集中填埋或由专业机构统一收集处理。作业人员、运输工具从无害化处理区出来前应清洗消毒。从无害化处理区往外运输粪便等污染物时，可用本场车辆运输到场外中转区，再由外部车辆运输。车辆返回前应到洗消中心彻底清洗、消毒、干燥。

（六）突发疫情的处理

对于牛群突发大规模的死亡，应当立即上报，并按照国家相关规定进行处理。牛场一旦发生一类传染病疫情，应立即全场封锁，采取综合性扑杀措施。对于其他疾病引起的牛只死亡，也应该进行无害化处理，同时将污染过的工具进行清洁消毒，对发病牛所涉及的区域和牛场进行全面的消毒。

## 二、牛场疾病免疫防控

依据农业农村部最新《国家动物疫病强制免疫计划》和本地区、本牛场的疫病流行情况对牛只进行免疫接种。

（一）免疫接种原则

免疫接种原则有以下 3 个。

①肉牛的免疫接种仅用于健康的肉牛，体弱、患病的牛只以及怀孕后期的母牛，应当不予接种或者暂时延缓接种疫苗。

②疫苗来源必须是正规厂家生产的，对于同一牛群，尽量使用同一厂家、同一批号的疫苗。

③接种疫苗的免疫途径和免疫剂量应严格按照疫苗使用说明书要求进行。

（二）疫苗免疫前的检查

疫苗免疫前的检查有以下 3 个方面。

①疫苗接种前应该仔细查看疫苗的外包装有无破损，查看疫苗使用的有效期，查看疫苗保存及使用方法，查看疫苗的生产厂家是否正规。打开疫苗外包装后查看疫苗瓶是否破损，出现破损、破乳分层、瓶内有异物、颜色改变的疫苗一律不得使用。

②疫苗从冰箱拿出来后，应放置在室温中进行 2 h 的预温，使用前确保充分摇匀。

③疫苗接种所用到的注射器、针头等器械应保持干净清洁，使用前应进行消毒灭菌，灭菌后应无菌保存备用。

（三）疫苗免疫操作及注意事项

疫苗免疫操作及注意事项有以下 6 点。

①疫苗接种部位一般在颈侧中部上 1/3 处，牛用的疫苗一般采取肌内注射或者皮下注射，个别疫苗也有口服接种途径。

②注射部位一般需要用 75% 的酒精或 5% 的碘酊棉球消毒，然后用挤干的酒精棉球擦干消毒的部位。肌内注射疫苗时，注射器进针的深度要足够，以确保疫苗有效地注射到肌肉中。

③一瓶疫苗启用后，应在 24 h 内用完，未用完的疫苗超过时间后不可再用，疫苗在使用过程中要确保处于低温环境，并避免阳光直射。疫苗一旦吸出来后就不可再回注到疫苗瓶内，针管排气时溢出的疫苗应及时用酒精棉球擦干。

④接种时一支注射器只能用于同一种疫苗接种，每头牛使用一个针头。

⑤做好免疫接种登记工作，包括牛只品种、年龄，疫苗的生产厂家、疫苗批号、接种时间、接种方式、接种剂量以及操作人员等。

⑥接种后疫苗接种器械和所有废弃物应进行无害化处理。

（四）疫苗接种后的副反应观察和应对措施

疫苗接种后副反应观察和应对措施有以下 2 点。

①牛群接种疫苗后 30 min 内，要注意观察牛群的精神状态、行为状况以及食欲等是否有异常。

②牛群接种疫苗后，有些牛只的接种部位轻微肿胀、体温略升高、精神稍微沉郁、食欲暂时性下降，这些都属于正常的反应，不需要处理，过几天会自然消退。但个别牛只会出现较严重的副反应，表现为突然倒地，瞳孔散大，全身出汗，呼吸困难，站立不稳等；或者乱冲乱撞，高度兴奋。出现这些异常反应时，需要及时采取补救措施，一般是注射 5 mL 的肾上腺素进行补救。治愈后需要补注疫苗。

（五）牛场参考免疫程序

犊牛和后备青年牛参考免疫程序见表 9-1。

**表 9-1　犊牛和后备青年牛参考免疫程序**

| 免疫月龄 | 疫苗名称 | 免疫方法 | 免疫期 | 预防疾病 |
| --- | --- | --- | --- | --- |
| 1 月龄 | 牛副伤寒灭活疫苗 | 肌内注射 | 6 个月 | 牛副伤寒 |
| 1 月龄 | 牛气肿疽灭活疫苗 | 肌内注射 | 9 个月 | 气肿疽 |
| 2 月龄 | 无毒或者Ⅱ号炭疽芽孢苗 | 皮内注射 | 4 个月 | 牛炭疽 |
| 3 月龄 | 牛羊口蹄疫 A-O 型二价灭活疫苗 | 皮内注射（尾根无毛处） | 6 个月 | 口蹄疫 |
| 4 ～ 5 月龄 | 梭菌灭活疫苗 | 肌内注射 | 4 ～ 6 个月 | 魏氏梭菌病 |
| 4 ～ 5 月龄 | 牛多杀性巴氏杆菌灭活疫苗 | 肌内注射 | 4 个月 | 牛出败 |
| 6 月龄 | 牛气肿疽灭活疫苗 | 肌内注射 | 9 个月 | 气肿疽 |
| 6 月龄 | BVD/IBR（牛病毒性腹泻 / 黏膜病、传染性鼻气管炎二联灭活苗） | 肌内注射 | 6 个月 | 牛病毒性腹泻、黏膜病、传染性鼻气管炎 |

成年繁殖牛参考免疫程序见表 9–2。

**表 9–2　成年繁殖牛参考免疫程序**

| 免疫时间 | 疫苗名称 | 免疫方法 | 免疫期 | 预防疾病 |
|---|---|---|---|---|
| 2 月 | 牛羊口蹄疫 A–O 型二价灭活疫苗 | 肌内注射 | 6 个月 | 口蹄疫 |
| 3 月 | 牛多杀性巴氏杆菌灭活疫苗 | 肌内注射 | 9 个月 | 牛出败 |
| 4 月 | 牛流行热灭活疫苗 | 肌内注射 | 4 个月 | 牛流行热 |
| 6 月 | 牛羊口蹄疫 A–O 型二价灭活疫苗 | 肌内注射 | 4 ～ 6 个月 | 口蹄疫 |
| 8 月 | 牛流行热灭活疫苗 | 肌内注射 | 4 个月 | 牛流行热 |
| 9 月 | 牛多杀性巴氏杆菌灭活疫苗 | 肌内注射 | 9 个月 | 牛出败 |
| 11 月 | 牛羊口蹄疫 A–O 型二价灭活疫苗 | 肌内注射 | 6 个月 | 口蹄疫 |
| 分娩前 1 个月 | 牛副伤寒灭活疫苗 | 肌内注射 | 6 个月 | 牛副伤寒 |

## 第二节　牛常见疾病的防治

### 一、牛场传染性疾病的防控

（一）牛肺炎

1. 定义

牛肺炎是一种附带严重呼吸障碍的肺部炎症性疾病。犊牛肺炎有时突然发病，有时也会有支气管炎症状。临床特征为初期时会出现一些呼吸道症状，患病牛体温明显升高，伴有咳嗽、气喘、眼部有分泌物流出、食欲差、精神萎靡等症状；随着病程的延长和病情的加重，中期呼吸道症状、咳嗽、眼鼻流分泌液、拉稀甚至血便现象更为明显。如果患病牛没得到及时治疗，到了后期患病牛食欲减退或废绝，体温升高至 40 ～ 41℃，咳嗽，站立不动，头颈伸直，眼结膜发绀，呈严重的呼吸困难状态，甚至出现心衰死亡。

2. 犊牛肺炎的常见病因

犊牛肺炎的常见病因有传染性与非传染性 2 种。传染性肺炎是由溶血性巴氏杆菌、多杀性巴氏杆菌、牛分枝杆菌、牛支原体、沙门氏菌、肺炎链球菌等病原菌感染所致。非传染性肺炎发生的因素包括受不良因素的刺激，如某些营养物质缺乏，长途运输，物理、化学因素，过度劳役等。非传染性因素常是传染性因素致病的前提。

3. 预防及治疗

治疗非传染性肺炎应减少牛受不良因素的刺激。加强日常的饲养管理，加强护理，冬季防止贼风侵袭，夏季防止过热；确保畜舍通风良好，清洁干燥；尽量减少犊牛的长途运输，防止牛将异物吸入肺内；对因病而衰弱的牛，如需灌服药物时，要谨慎小心，不要强行灌服，最好经鼻或口，用胃导管准确地投药。

对于病原感染所致的传染性肺炎，健康牛和病牛不要混养，在发生呼吸器官疾病时，应尽快隔离病牛。管理上要进行母犊隔离，避免使用被支原体污染过的奶饲喂犊牛。提高犊牛体质，避免被传染。养牛场内、圈舍都要定期进行消毒，把一切滋生的致病因素扼杀在摇篮里。群体进行免疫接种牛多杀性巴氏杆菌灭活疫苗。

可采用中药进行治疗。第 1 日：黄花杜鹃 30 g、牛尾蒿 30 g、二花 30 g、连翘 30 g、麻黄 15 g、杏仁 15 g、石膏 80 g、甘草 15 g，混匀煎汤后灌服；第 2 日：白矾 30 g、黄连 12 g、贝母 10 g、黄芩 15 g、郁金 15 g、白芷 10 g、葶苈子 20 g、大黄 10 g、甘草 5 g、蜂蜜 30 g，混匀煎汤后分 4 次灌服。

（二）牛流行性感冒

1. 定义

牛流行性感冒也称为牛流感，是由牛流行性感冒病毒引起的急性呼吸道传染病。

2. 症状

潜伏期较短，一般 1 ～ 3 d，发病初期体温升高到 40 ～ 42℃，呈稽留热型。鼻镜干燥且热，全身肌肉震颤，精神萎靡；流泪怕光，结膜充血；呼吸急促，流鼻水，间有咳嗽，不吃不反刍，流口水，便秘或大便少而干，尿少，呈黄赤色。后期拉稀，四肢疼痛，步态不稳或跛行，孕牛常发生流产。

3. 预防

牛流行性感冒具有明显的季节性，一般多发于春秋季；传染性极强，传播速度快，因此要积极做好有效的防御措施。①根据当地该病的流行特点制定免疫接种计划，按规定及时给予疫苗接种。②保持养殖场内外环境洁净卫生，定期进行圈舍和用具的全面消毒杀菌。③在初春、晚秋等气候多变季节注意防寒保暖。④确保栏舍具有良好的通风效果，减少各种应激反应。⑤科学合理饲喂，保证日常营养需求。⑥加强检疫，一旦发现有症状，立即隔离治疗。

4. 治疗

静脉注射葡萄糖生理盐水 1000 ～ 1500 mL，添加维生素 C 等，强心补液。双黄连或者鱼腥草 20 ～ 30 mL，肌内注射。中药治疗：桔梗 30 g、防风 40 g、枳壳 30 g、甘草 25 g、威灵仙 40 g、柴胡 50 g、羌活 40 g、茯苓 50 g 研磨成粉末，开水冲泡，候温灌服，每天 1 次，连用 3 d。

（三）牛流行性腹泻

1. 定义

牛流行性腹泻是由大肠杆菌、轮状病毒等多种致病菌感染所致。各阶段牛都会感染，但以犊牛更易发病。诱发牛流行性腹泻主要包括初乳不足、气候寒冷、卫生不良等因素。

2. 症状

牛流行性腹泻的症状主要表现为粪便异常，多呈腹泻状态，粪便有时带有黏液和血液，精神萎靡，食欲差；严重的因急性脱水和酸中毒导致死亡。已经感染的病牛，在治疗时需要结合患病牛实际情况进行对症治疗。

3. 预防措施

防寒保暖，对犊牛及时饲喂初乳，及时采取清洁消杀措施。及时接种牛副伤寒疫苗 BVD/IBR（牛病毒性腹泻 / 黏膜病、传染性鼻气管炎二联灭活疫苗）、梭菌灭活疫苗。

4. 治疗

首要治疗是补液，生理盐水 500 ～ 1000 mL；静脉注射 50% 葡萄糖，0.9% 生理盐水 200 mL，1% ～ 3% 碳酸氢钠注射液，或者碳酸氢钠 30 ～ 50 g；常温灌服微生态制剂调理肠胃。中药治疗：山药、苍术、乌梅各 50 g，黄连 30 g，白芍、泽泻各 100 g，干姜 25 g，文火煎汤过滤，早晚给病畜灌服 1 次，连用 3 d。

（四）牛口蹄疫

1. 定义

牛口蹄疫是由口蹄疫病毒引起的偶蹄类动物共患的一种急性和接触性传染病。其临床特征是口、鼻、舌、乳房和蹄部出现水泡，水泡破溃形成溃疡、结痂等。

2. 症状

口蹄疫病毒侵入牛体后，经过 2 ～ 7 d 的潜伏时间才出现症状。症状表现为口腔、鼻、舌、乳房和蹄等部位出现水泡，水泡经 12 ～ 36 h 后出现破溃，局部呈现鲜红色烂斑或发生溃疡，糜烂愈合后形成瘢痕。乳头上水泡破溃，挤乳时疼痛不安；蹄部水泡破溃，蹄痛跛行严重者蹄壳脱落。该病具有流行快、传播广、发病急、危害大等流行病学特点。该病在成年牛中的死亡率一般不高，但在犊牛，由于并发心肌炎和出血性肠炎，死亡率很高。病畜和潜伏期动物是最危险的传染源。

3. 预防

口蹄疫属于一类动物疫病，发生疑似疫情，应根据我国有关条例，立即上报有关部门，不得自行处理。口蹄疫是我国强制免疫病种，应按照国家相关动物防疫要求，每年对牛群给予免疫接种口蹄疫疫苗。免疫程序一般犊牛在 3 月龄时进行初免，初免后间隔 1 个月进行加强免疫 1 次，以后每隔 4 ～ 6 个月免疫 1 次。成年牛每年免疫 2 次，即每隔 6 个月免疫 1 次，或每年免疫 3 次，即每隔 4 个月免疫 1 次。另外应该按照当地兽医防疫部门要求定期对牛群口蹄疫的免疫效果进行抽检，一般可按牛群的 10% 进行抽检。

（五）布鲁氏菌病

1. 定义

布鲁氏菌病又叫布鲁氏杆菌病，简称“布病”，是由布鲁氏菌病引起的一种急性或慢性的人畜共患传染病。

2. 主要症状

牛患布鲁氏菌病后主要症状有：睾丸炎，公牛不育；母牛流产，子宫内膜炎，胎衣不下，关节炎等。流产多发生在母牛怀孕 5 ～ 8 个月，胎儿多为死胎或弱胎，流产后常发生胎衣不下，子宫内膜炎，有的发生乳房炎。公牛因睾丸肿大，触摸时有疼痛感。

3. 布鲁氏菌病的病菌主要存在的地方

布鲁氏菌病的病菌主要存在于流产胎儿、胎衣、羊水、流产母畜的阴道分泌物、母牛乳汁及公畜的精液内，布鲁氏菌病是人畜共患病，因此对发生流产的母牛、死胎、流产胎儿及流产物的处理必须采取个人防护措施，戴口罩和防护手套等，对流产胎儿、流产物及污染物必须做无害化处理，污染的区域和器具必须严格消毒。

4. 控制措施

不对牛进行布鲁氏菌病治疗，布鲁氏菌病流行一类区控制布鲁氏菌病的措施是检疫、扑杀及接种疫苗，一类区主要包括北京、天津、河北、河南、山西、陕西、山东、辽宁、吉林、黑龙江、甘肃、青海、新疆、宁夏等 15 个省区。布鲁氏菌病流行二类区控制布病的措施是检疫、扑杀。布鲁氏菌病流行三类区实施布鲁氏菌病流行二类区控制布病的措施，即检疫、扑杀。

5. 免疫接种

目前针对动物布鲁氏菌病的疫苗有 3 种：分别是 A19 号菌苗、布鲁氏菌猪种 2 号（S2）菌苗和 M5 菌苗，3 种菌苗均为活苗。目前常用的是 A19 和 S2 菌苗，A19 号菌苗多采用皮下注射，S2 菌苗可皮下注射或口服接种，口服接种需要专用的口服器。针对动物布鲁氏菌病的疫苗均为活的弱毒菌苗，对人和接种的动物有一定的感染性，因此在接种时，操作人员要注意个人防护，防止感染。

（六）结核病

1. 定义

牛结核病是由结核分枝杆菌引起的一种人畜共患的慢性传染病，牛结核病属于二类动物疫病。

2. 主要症状

牛患结核病后主要症状有：被侵害的组织器官形成白色的结核结节，结节中心发生干酪样坏死或钙化，或形成脓腔和空洞。

3. 检疫

无结核病健康牛群，每年春秋各进行一次变态反应检疫。变态反应试验：在牛颈侧中部1/3处剪毛，用游标卡尺测量皮皱厚度，记录好数据，消毒后皮内注射结核菌素0.1 mL，分别测量注射后24 h、48 h的皮皱厚度并观察炎性反应，做好记录。若是皮内注射结核菌素72 h后被判定皮皱厚度差，按照农业农村部相关规定则判断为阳性和疑似，阳性牛必须予以扑杀，并进行无害化处理，此外有临床症状的病牛根据国家有关规定，采取严格扑杀措施，防止扩散，并做好场内的消毒工作。

（七）其他传染病

1. 牛痘

牛痘是由牛痘病毒感染引起的急性感染病。主要症状表现为：牛乳房或乳头上出现局部痘疹，也有个别牛出现全身感染，感染后有发热、肌肉疼痛等症状，严重者可出现脑膜炎及结膜炎。本病无特效治疗，可以外擦局部用药，免疫低下的个体可考虑肌内注射免疫球蛋白。

免疫接种：在牛痘常发地区，每年2～4月接种牛痘疫苗1次，皮内注射，免疫期1年。

2. 牛炭疽病

牛炭疽病是由炭疽杆菌引起的动物急性和烈性传染病。可出现高烧，呼吸困难，可视黏膜蓝紫色，腹疼，全身战栗甚至倒地昏迷等症状。检疫发现牛炭疽病阳性后应立即上报有关单位，根据国家相关规定处理。

免疫接种：每年2～3月接种炭疽疫苗1次，采用无毒炭疽芽孢苗。

3. 气肿疽

气肿疽，又称黑腿病或鸣疽，是一种由气肿疽梭菌引起的反刍动物急性败血性传染病。主要症状表现为局部骨骼肌出血坏死性炎、皮下和肌间结缔组织鳃液出血性炎，并在其中产生气体，压之有捻发音。

免疫接种：有本病发生的高危险地区可接种疫苗预防控制气肿疽。在每年春季接种气肿疽明矾菌苗1次，小牛长到6月龄时，加强免疫1次。

4. 对其他传染病的检疫

发现有传染病阳性时应该按照国家有关规定处理。此外在引进牛只时，引进前做好副结核、传染性鼻气管炎及黏膜病检疫，发现阳性牛只或者牛来自发病的牛场，一律不得引进。

## 二、牛场寄生虫病的防控

### （一）巴贝斯虫病

1. 定义

巴贝斯虫病是由巴贝斯科（Babesiidae）的原虫所引起的一种寄生虫病，又称梨形虫病。寄生在牛身上的主要有双芽巴贝斯虫（又称双芽梨形虫）和牛巴贝斯虫（又称牛梨形虫）两种寄生虫。巴贝斯虫病主要借助媒介蜱进行传播，主要侵袭动物的红细胞。

2. 症状

巴贝斯虫病潜伏期一般是5～10 d，病畜初期体温明显升高，呈现稽留热，精神萎靡，食欲差，反刍缓慢等症状。随着病程的延长及病情加重，2～3 d会表现出呼吸急促，心率加快，溶血性贫血，黄疸等症状。发病后期，病牛食欲废绝，可视黏膜呈苍白色，排出血红蛋白尿，粪便呈褐色且伴有恶臭味，病情加剧恶化可导致病牛急性死亡。

3. 发病时间

牛巴贝斯虫病可在夏秋季有两次暴发，最容易感染的是1～7月龄的犊牛。成年牛通常作为带虫者，带虫时间可长达2～3年，当其机体抵抗力变弱时才会发病。

4. 诊断方法

牛巴贝斯虫病的诊断方法可通过采取病牛的血液作涂片，然后镜检，通过巴贝斯虫的特殊特征确诊病原。牛只确诊巴贝斯虫病，对患畜采取特效药治疗辅以对症疗法。特效药有青蒿素、骆驼蓬碱等。

5. 防治

我国没有商业化的巴贝斯虫病疫苗，国际上商业化的巴贝斯虫病和双芽巴贝斯虫病有弱毒苗。防治应该做好圈舍内的灭蜱工作，牛只须在无蜱环境舍饲，牛只的调动需要避开蜱活动高峰期。疫区应灭蜱并对外来家畜严格检疫。

（二）牛球虫病

1. 定义

牛球虫病是由艾美耳属的几种球虫引起的一种寄生于牛肠道的寄生虫病，该病的特征是引起急性肠炎、血痢等。寄生于牛的各种球虫中病力最强且最常见的是邱氏艾美耳球虫和斯氏艾美耳球虫。邱氏艾美耳球虫寄生于牛的肠道中，球虫的发育不需要中间宿主。当牛吞食了感染性卵囊后，孢子寄生在肠道的上皮细胞内进行裂殖，裂殖发育到一定阶段形成大、小配子体，大、小配子结合形成卵囊排出体外；排至体外的卵囊在适宜条件下进行孢子生殖，形成孢子化的卵囊，孢子化的卵囊才具有感染性。

2. 症状

牛球虫病的潜伏期为 2 ～ 3 周，牛球虫病多发生于犊牛，犊牛一般发病为急性，发病初期，病牛排出略稀的粪便，其中混杂少量血液或者纤维性黏膜，部分还会排出血块，表现为出血性肠炎、腹痛；随着病程的延长及病情加重，约 1 周后，体温可升高，前胃迟缓，肠蠕动增强，下痢，如果治疗不及时可因体液过度消耗而造成犊牛死亡。当疾病表现为慢性时，通常表现为长期食欲不振，被毛粗乱，贫血，机体逐渐消瘦。

3. 防治

牛球虫病的防治首先做好预防工作：①犊牛与成年牛要进行分群饲养，避免感染性卵囊污染犊牛的饲料。②舍饲牛的粪便和垫草需集中进行生物热堆肥发酵杀死卵囊。③圈舍内地板、食槽、水槽等每周进行一次益生菌消毒。④母牛乳房在哺乳前要清洗干净防止粪便中卵囊进入犊牛肠道。⑤饲料或饮水中添加药物进行预防。牛球虫病治疗可选用杨树花口服液。

（三）牛肝片吸虫病

1. 定义

牛肝片吸虫病是由片形吸虫引起牛肝炎、胆管炎、全身中毒和营养障碍的一种危害严重的吸虫病。寄生在牛身上的主要有两种吸虫，即肝片吸虫和大片吸虫。其生活过程需要两个宿主，成虫主要寄生在牛的肝胆管内，中间宿主为椎实螺类。

2. 症状

急性型病牛的症状表现为高烧发热，精神抑郁，易疲劳，食欲消失，按压肝部具有痛感，听诊发现浊音区面积增大，迅速发生贫血，严重者可在3～5 d内猝死。慢性型病牛表现出食欲不振，腹泻，贫血消瘦，被毛粗乱无光泽，口腔黏膜呈苍白色，腹下或胸部水肿，奶牛产奶量显著减少，甚至引起妊娠母牛流产等。

3. 防治

牛肝片吸虫病的防治首先做好预防工作。即定期进行预防性驱虫；舍饲牛的粪便和垫草需集中进行生物热堆肥发酵；圈舍内地板、食槽、水槽等要定期进行清洁卫生并消除中间宿主；注意牛群的饮水、饲草的卫生。

4. 治疗

贯众60 g、使君子50 g、槟榔60 g、雷丸40 g、乌梅50 g、厚朴40 g、茯苓40 g、苦参80 g、龙胆草60 g，石榴皮（鲜皮）100 g、苦楝子（鲜皮）70 g、野南瓜蔸（鲜）100 g、野荞麦（鲜）60 g（牛体重320 kg以上的药量，体重在320 kg以下的需减量），混合均匀水煎，凉后灌服，每天2次，连续用7 d。

（四）牛绦虫病

1. 定义

牛绦虫病是寄生于牛体内的绦虫成虫或绦虫蚴虫引起的疾病的总称，包括莫尼茨绦虫病、曲子宫绦虫病等。绦虫病是最常见的牛蠕虫病之一，主要危害犊牛，牛只在每年的4～8月容易感染。病原寄生虫有多种，以莫尼茨绦虫危害最为严重。

2. 症状

病牛感染牛绦虫后主要表现为食欲改变，精神不振，体质虚弱，发育受阻，消瘦，贫血，胸前水肿，肠炎，腹泻或便秘与下痢交替；严重时病牛下痢，粪便中混有成熟的绦虫节片，病牛迅速消瘦，贫血，出现痉挛或回旋运动，后期有神经症状，最后死亡。

3. 预防

牛绦虫病的防治首先做好预防工作：①牛群要定期进行预防性驱虫。

②舍饲转到放牧前要进行 1 次驱虫，注意不要在清晨或者傍晚放牧。③注意牛群的饮水、饲草的卫生，不要割喂带露水的草料给牛群。④管理好粪便，舍饲牛的粪便和垫草需集中进行生物热堆肥发酵，防止传染。

4. 治疗

40 日龄的犊牛最易感染绦虫病，多数腹泻、下痢，感染严重时在粪便中可见少量幼虫。若处理不及时，会导致患畜很快死亡。病畜感染严重应立即静脉注射 50 ~ 100 mL 的 50% 葡萄糖，200 ~ 500 mL 的碳酸氢钠液，200 ~ 500 mL 的 10% 糖盐水，中毒症状解除后，再用驱虫药与缓泻健胃药，以便驱除虫体和调理胃肠。驱虫处方 1：贯众 50 g，鹤虱 50 g，大黄 40 g，党参 40 g，白术 40 g，神曲 35 g，加水 800 ~ 900 mL，煎至 400 mL，分 2 次灌服，1 次 /d。驱虫处方 2：干贯众 70 g（或鲜品 250 g），加水适量，煎沸 30 min 左右，去渣，分 2 次灌服，早晚各 1 次。

（五）牛螨病

1. 定义

牛螨病（图 9–4）又称疥癣病，是由寄生在牛身体的螨引起的一种接触传染性皮肤病，也叫癞病。寄生在牛身体的螨种类有疥螨、痒螨和皮螨等。

2. 症状

病牛主要症状是剧痒，湿疹性皮炎，被毛脱落，接触性传染等。病牛通常混合感染疥螨和痒螨，感染后表现奇痒，长时间摩擦造成被毛脱落、皮肤增厚，症状严重时甚至蔓延到全身，发病后处理不及时会扩散到整个牛群。

3. 预防

牛螨虫病的防治首先做好预防工作，防治的原则是早发现早隔离早治疗。发现啃咬、摩擦、脱毛的牛只，应立即检查是否有螨虫。首先要注意清洁卫生，保持牛舍干燥，刷具固定使用。最好不从有螨虫的地区引进牛只，对新引入的牛要隔离检疫，发现病牛及时隔离饲养，病牛圈舍以及用具要进行消毒灭螨。舍饲牛要定期进行预防性驱虫。

4. 治疗

治疗牛螨病时，应先剪去患部和附近的被毛，涂上软肥皂，第二天用温水洗净，刮去痂皮后再涂药治疗，在治疗的同时要对牛圈、用具进行消毒。中药治疗：首先用百部煎汁擦洗患部，再取 100 g 蛇床子、100 g 花椒、40 g 雄黄、150 g 硫黄、100 g 木鳖子、100 g 大枫子、200 g 烟叶，研末混匀，用甘油调成膏剂，涂于患部皮肤，每天 1 次，连用 7 ～ 10 d。生产实践中有养殖场用废弃机油进行覆盖性涂抹，也可以起到较好的治疗效果。

图 9-4 牛螨病

## 三、牛场内科疾病防控

### （一）前胃弛缓

#### 1. 定义及表现

牛前胃弛缓是牛只前胃兴奋性和收缩力量降低的疾病，中医称“脾胃虚弱”，牛前胃弛缓占前胃疾病 75% 以上，严重影响牛的身体健康和生长发育。

临床特征分为急性前胃弛缓和慢性前胃弛缓。急性前胃弛缓表现为食欲减弱甚至废绝，反刍、嗳气减少和紊乱，胃蠕动减弱或次数减少。严重时可继发酸中毒，病情恶化，精神异常，体温下降，黏膜发绀，呼吸困难。慢性前胃弛缓通常由急性转变而来，症状时轻时重，病程较长的，病牛会出现便秘和腹泻交替发生，时间久后逐渐形体消瘦、被毛粗乱、眼球凹陷、鼻镜干燥等。

2. 造成前胃弛缓的原因

造成前胃弛缓的原因通常为饲料和饲养不当或劳役过度，耗损气血，致使脾胃虚弱，也与气候变化和多种应激有关。

3. 治疗

对于轻症的牛只，用饥饿法治疗。重症的牛只治疗原则：补脾益胃，消食理气。脾虚型：食欲减弱甚至废绝，反刍减少，胃蠕动减弱，形体消瘦，耳鼻均凉，口色淡白的病牛采用加味四君子汤，其方为：党参 100 g、白术 75 g、茯苓 75 g、炙甘草 25 g、陈皮 50 g、黄芪 50 g、当归 50 g 和大枣 200 g，研成粉末混匀后灌服，每天 1 次，连用 2 ～ 3 d。胃热型：食欲减弱甚至废绝，反刍减少，形体消瘦，粪便干燥、颜色暗、量较少，鼻镜干，口色红的病牛用加味黄连汤，其方为：黄连 20 g、黄芩 25 g、黄柏 30 g、栀子 25 g、芒硝 100 g、大黄 30 g、甘草 20 g，研成粉末混匀后灌服。

（二）瘤胃臌气

1. 定义及表现

瘤胃臌气又称前胃胀气，一般为采食后发病，主要表现为急性的瘤胃鼓气，腹部迅速膨大，左肷窝明显凸起，腹痛不安，腹部紧张，腹部叩诊成鼓音；反刍和嗳气停止；瘤胃蠕动音先强后弱甚至消失；呼吸困难，心率加快，黏膜发绀。

2. 造成瘤胃臌气的原因

突然更换饲料，特别是喂新鲜苜蓿等豆科青草，或吃大量发酵或者因腐败变质而发酵的饲料，都能在瘤胃内迅速发酵，在瘤胃中产生大量气体。或放牧偷食饲料后饮水过量而发病，其他前胃病或食管阻塞也会引起瘤胃鼓气。

3. 治疗

治疗原则为排气除气，理气消胀，健胃消导，恢复胃蠕动等。

排气除气：轻度鼓气时，可使病牛处于前高后低姿势，不断牵引其舌头，按摩瘤胃，促进气体排除；严重鼓气时，应及时进行穿刺放气，一般通过行胃管或用套管针穿刺放气。用套管针穿刺放气可顺针打入 10 mL 消气灵或直接给病牛口服消气灵。

止酵消胀：黄烟叶末 100 g，植物油 500 ～ 1000 g，用胃导管一次性导入；或灌服液体石蜡 800 ～ 1000 mL，并用 3% 碳酸氢钠灌服调节瘤胃 pH 值；或纯鱼石脂 30 ～ 50 g，75% 酒精 80 ～ 100 mL，温水适量，一次灌服。

（三）瘤胃积食

1. 定义

瘤胃积食，又名瘤胃阻塞、瘤胃食滞症、急性瘤胃扩张，是牛突然食用大量粗纤维饲料或容易膨胀的饲料致使胃容积增大，胃壁过度伸张。常发生在有运动功能障碍的、老龄或体弱的舍饲牛上。

2. 症状

通常发生在积食几个小时内，刚开始表现为轻度腹痛，精神不安，目光凝视，不断蹲下、起来，常不被饲养人员发现。之后腹围明显增大，且两侧都增大，瘤胃触诊坚实，反刍停止，食欲废绝，瘤胃蠕动减弱或次数减少，不断呻吟、努责、流口水、嗳气，时间拖长病情恶化时，病牛呼吸急促、心率加快、精神沉郁、眼窝凹陷、黏膜发绀、昏迷不起等，如不及时治疗，可因脱水、中毒或窒息死亡。

3. 造成瘤胃积食的原因

过量采食容易膨胀的饲料；采食大量没有铡断的半干不湿的草料等；突然更换饲料，特别是由粗饲料换为精饲料且不限制；有运动功能障碍的、老龄或体弱的牛采食大量饲料而又饮水不足；其他前胃病或阻塞也会继发引起瘤胃积食。

4. 治疗

①对于轻症的牛只，先绝食，并加以瘤胃按摩，在牛的左肷部用手掌按摩瘤胃，每次 5 ～ 10 min，每隔 30 min 按摩 1 次。结合灌服大量的温水，也可先灌服 250 ～ 500 g 酵母粉，效果更好。②较严重牛只治疗原则：及时清除瘤胃内容物，恢复瘤胃蠕动，解除酸中毒。通常采用腹泻疗法、洗胃疗法，对危重病牛，当其他治疗效果不佳时要及时切开瘤胃取出内容物。

腹泻疗法：500 ～ 800 g 硫酸镁（或硫酸钠），加 1000 mL 水，1000 ～ 1500 mL 液体石蜡油或植物油，给牛灌服，加速排出瘤胃内容物。洗胃疗法：用合适直径的胶管或塑料管，经牛口腔导入瘤胃内，来回抽动使瘤胃内液状物经导管流出。若瘤胃内容物不能自动流出，可在导管另一端连接漏斗，并向瘤胃内注 3 ～ 4 L 温水，用虹吸法将瘤胃内容物引出体外。病牛食欲、饮欲废绝，脱水明显时，应静脉补液如 500 ～ 1000 mL 25% 的葡萄糖和复方氯化钠溶液或 3 ～ 4 L 5% 糖盐水；同时补碱，如静脉注射 500 ～ 1000 mL 5% 碳酸氢钠注射液。

手术法：重症而顽固的积食，应用药物或其他措施不见效果时，可行瘤胃切开术，取出瘤胃内容物，并用温盐水冲洗瘤胃。

中药法：大承气汤加减法，大承气汤配方为大黄 140 g，厚朴 70 g，枳实 70 g，芒硝 240 g，柴胡 90 g，当归 150 g，鲜乌桕根皮 400 g，木香 120 g，山楂 120 g，鲜香附子 120 g，陈皮 90 g，泽泻 70 g，青皮 90 g，五香 150 g，六曲 120 g，甘草 40 g，食盐 120 g，水煮待温加 1000 mL 菜油为引，每日灌服 1 次；过食引起的：减柴胡、当归、香附子；脾胃虚弱引起的：减柴胡、五香、泽泻。脾虚积食：治疗原则是补虚消积，可用补脾消食散。

### （四）瘤胃酸中毒

#### 1. 定义

瘤胃酸中毒是一种过量采食谷物饲料、块茎块根等精饲料，或精粗饲料比例不当，在瘤胃异常发酵产生大量的乳酸，使得胃内益生菌活性下降的消化不良疾病。

#### 2. 症状

本病发病急，病程短，精神兴奋或者沉郁，食欲废绝，瘤胃胀满，瘤胃蠕动消失。体温正常或偏低，呼吸急促或困难，粪便稀软或水样，有酸臭味，身体出现脱水，眼窝凹陷，尿少甚至无尿，严重者卧地不起，角弓反张，处理不及时会在几个小时内死亡。

#### 3. 造成瘤胃酸中毒的原因

过量采食谷物饲料、块茎块根等精饲料；舍饲肉牛突然增加大量精料，粗饲料占比大幅下降；饲料混合不均匀，采食精料过多。饲养管理不当使得个别牛偷食、偏食过量精料。

#### 4. 治疗

静脉注射 1000 ～ 1500 mL 5% 碳酸氢钠注射液，12 h 后再注射 1 次。

当尿液 pH 值在 6.6 时，即停止注射。出现严重脱水，应静脉补液 2000 ～ 2500 mL 5% 糖盐水，病初量可稍大。当病牛兴奋不安或甩头时，可静脉注射 250 ～ 300 mL 山梨醇或甘露醇，每天 2 次。

洗胃疗法：近年来通过洗胃，除去胃内容物，降低瘤胃渗透压的方法，在治疗牛瘤胃酸中毒时取得了良好效果。其方法是用合适直径的塑料管经鼻洗胃，管头连接双口球，用以抽出胃内容物和向胃内打水，用大量水洗出谷物及酸性产物。应用药物或其他措施不见效果时，可行瘤胃切开术，取出瘤胃内容物，并用温盐水冲洗瘤胃。

## 四、牛外科及产科等其他常见疾病

### （一）蹄病

#### 1. 定义

蹄病（图 9–5），是牛的常见外科病之一，其中乳牛蹄病占肢蹄病的 80% 以上，严重影响牛的身体健康和生产性能。乳用牛常表现为产奶量明显下降，肉用牛肥育时间延长，甚至被迫淘汰。

#### 2. 类型

蹄病主要包括 6 种类型：①蹄裂。蹄壁角质分裂，出现纵裂或横裂。②蹄叶炎，又名弥漫性无败性蹄皮炎，是常发病的类型。③蹄底溃疡，又名局限性蹄皮炎，主要侵害两外侧趾。④白线病。连接蹄壁角质和蹄底角质的软角质裂开并继发感染引起的一种疾病。⑤趾间皮炎。未扩延到深层组织的趾间皮肤炎症。⑥趾间皮肤增殖，趾间皮肤和皮下组织的增殖性反应。⑦腐蹄病，又称指（趾）间蜂窝织炎或指（趾）间坏死杆菌病，特征是牛可形成球部关节后脓肿，并常以蹄冠部蜂窝织炎形式出现。

#### 3. 引起蹄病的原因

牛引起蹄病的主要因素是牛姿势不正、蹄形结构异常、牛舍及运动场潮湿和卫生不良等，主要的诱因来自护蹄不良、机械性损伤造成的外伤和病原微生物感染，此外饲料搭配不合理，如钙、磷比例失调，硫、锌、铜、硒等微量元素缺乏或比例不当，也会导致蹄病的发生。另外某些代谢病如牛瘤胃酸中毒常常直接引起乳牛蹄病的发生。

4. 治疗

病初期用防腐、收敛和制止渗出的药物，新鲜创面可涂碘酊等并包扎。蹄裂时用黏合剂（如丙烯酸类和环氧树脂等）黏合，效果较好。趾间隙疾病治疗时首先使蹄干燥清洁，再涂敷防腐剂和收敛剂或用 5% 硫酸铜液蹄浴。当蹄部组织溃疡或过度增生，宜彻底除去患部坏死组织，切除过度增生物，用 10% 硫酸铜等进行腐蚀后包扎，当患部有明显机能障碍时可用氯化钙等治疗。

中药治疗：广丹 10%、消炎粉 20 g、冰片 0.2 g、血竭 5 g、没药 2 g、乳香 2 g，混匀研细过筛，涂于患部并包扎。

图 9–5　牛蹄病

（二）乳房炎

1. 定义

牛乳房炎（图 9–6）是由病原微生物侵入、机械性损伤、化学物理性损伤引起母牛乳房发炎的一种多发性疾病。可分为浆液性乳房炎、纤维素性卡他乳房炎、化脓性乳房炎、出血性乳房炎、坏疽性乳房炎和隐性乳房炎。

2. 症状

乳房有红、肿、热、痛等炎症表现；母牛泌乳减少甚至停止；乳汁发生变化，如乳汁中含有絮状物或乳汁呈水样等；病牛体温升高、精神沉郁、食欲不振、反刍减少等。

3. 原因

（1）环境管理因素

牛舍、牛床及运动场卫生条件差，牛体及乳房周围积垢太多。

（2）病原体感染

乳房炎致病菌最常见的是金黄色葡萄球菌、大肠杆菌、链球菌，近年来支原体、真菌、焦虫病等引起的乳房炎发病率也逐年上升。

（3）牛自身因素

处于泌乳盛期或乳产量过高的奶牛，身体能量处于负平衡抵抗力，老龄牛、多胎次牛也相对容易发生乳房炎。

4. 预防

乳房炎对于母牛的哺乳及产奶影响很大，因此首先必须做好预防工作，要定期监测奶牛乳房健康状况，对乳中 pH 值、氯化物含量、体细胞数不合格的奶牛采取相应的防治措施。加强奶牛的饲养管理，饲喂的饲料搭配合理，饮水要清洁，确保奶牛每天运动不少于 4 h。保持奶牛圈舍环境及奶牛自身体表的卫生，确保牛舍通风良好，圈舍内要经常打扫，定期消毒，牛体表面要经常清洁。保证挤奶卫生，坚持乳头药浴，挤奶前清洗乳头和乳房，尽量坚持乳房按摩，杜绝一条毛巾擦遍所有奶牛乳头的现象，消毒后进行挤奶。加强奶牛干乳期隐性乳房炎的防治，在奶牛干乳期，最后一次挤乳后，每一个乳区进行抗菌中草药物处理。

5. 治疗

治疗原则是消除病因和病原，增强机体抵抗力。

（1）全身治疗

中草药“乳炎消散”治疗法：柴胡、白芍、茯苓、白术、夏枯草、王不留行、紫花地丁、瓜蒌仁、当归、败酱草、甘草等，共混研磨成细末，按饲料 1% 添加。

（2）干奶疗法

在干奶期开始或终末时进行乳房灌注，是预防乳房炎十分重要的措施之一。灌注“乳炎消”注射液：金银花、黄芩、白芷、甘草、柴胡、蒲公英、紫花地丁、连翘。

（3）辅助疗法

用30%硫酸镁高渗溶液湿敷进行消肿；静脉注射大剂量的等渗液体，含葡萄糖和抗菌中药物的液体；在乳房周围用冰敷，以减少毒素的吸收。

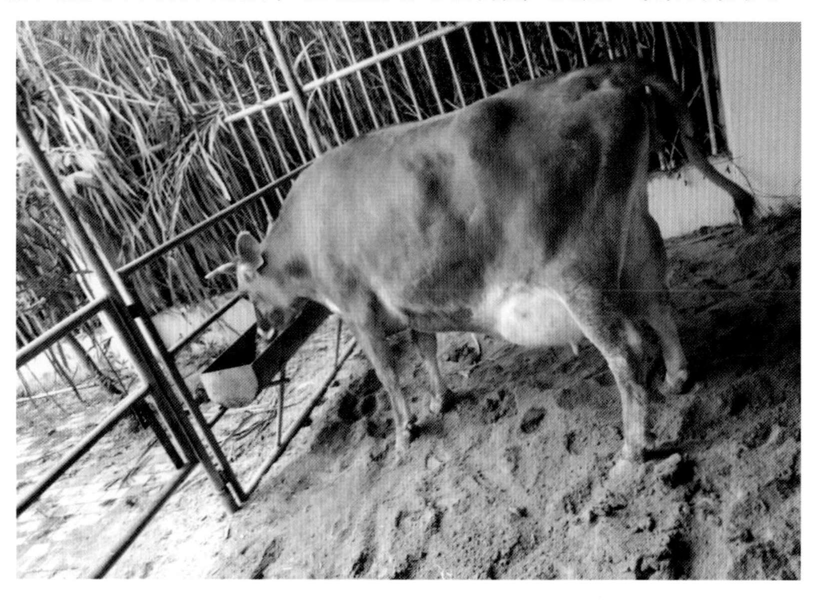

图 9-6　牛乳房炎

（三）脐炎

1. 定义

脐炎是犊牛出生后，由于断脐时感染病原菌引起的脐带断端及周围组织感染一种炎症疾病。

2. 病因

新生犊牛脐带残端在出生后1周内可慢慢干化并脱落，在这个阶段，脐带残端是细菌入侵的门户和繁殖的好环境，一旦受到感染就容易发炎。发炎的主要因素有3个：①接产时脐带断端消毒不严格；②牛床和垫料不干净，舍内环境受到污染；③小牛之间相互吸吮脐带等。

3. 症状

脐炎可分为脐血炎和坏疽性脐炎。脐血炎的症状是发病初期仅见犊牛食欲降低，消化不良，随病程延长，犊牛精神异常，体温升高。脐带断端或脐周围呈现湿润、肿胀现象。触诊脐部有疼痛，捻动脐孔处皮肤，可以摸到如铅笔杆或手指粗的索状物，有的患畜还会流出带有臭味的浓稠脓汁。而坏疽性脐炎的症状是脐带残段呈污红色，有恶臭味。脐带残段脱落后，在脐孔处可发现肉芽赘生，且形成溃疡面，常伴随脓性渗出液。炎症不仅仅是在脐孔处感染，病原微生物还可通过脐静脉进入牛体内侵入肝、肺、肾及其他脏器，可引起败血症或脓毒血症。如果入侵的病原微生物是破伤风杆菌就会发生破伤风。

4. 预防

产房应经常保持清洁干燥，垫料要勤换。产犊后，剪脐带用具要经过严格消毒，在距离腹壁 4 ～ 6 cm 处剪断，然后把脐带残端中的血水轻轻挤干，整个脐带浸泡在碘酊溶液 1 min，以防感染。加强饲养管理，防止犊牛互相吸吮脐带。

5. 治疗

脐带断端及周围组织感染发炎，首先要剪毛、严密消毒，炎症表面涂碘酒消毒，每日 2 次。脓肿后可切开排脓，按化脓创处理。排脓后先用过氧化氢冲洗，再用生理盐水冲洗干净，最后用碘酒消毒创口防感染。如此处理数日，直至伤口愈合。初期可在脐孔周围皮下分点注射普鲁卡因青霉素溶液，每日 1 次，连续 3 d。

如果出现食欲不振、中毒症状，应用 10% 葡萄糖酸钙溶液、10% 葡萄糖溶液、维生素 C 等静脉注射。腹泻拉稀的可内服酵母片或健胃片 5 ～ 10 片，研细后伴水口服，每日 2 次，连服 2 ～ 3 d。

（四）早产

1. 定义

母牛正常受孕到分娩需要 273 ～ 295 d，早于这个时间母牛出现分娩现象的称为牛早产。

2. 病因

（1）饲养不当，营养缺乏

饲养管理较差，母牛饲料不足，营养缺乏，缺乏母牛需要的蛋白质、维生素和微量元素等。

（2）外因刺激与损伤

母牛突然剧烈运动，或互相斗殴，发情牛爬跨，牛舍过小致牛互相碰撞，牛舍地面过滑引起牛滑跌，环境噪声过大等。

（3）部分疾病

如母牛的一些生殖道疾病、全身性疾病、胃肠道疾病、母牛传染病、胎儿及其附属膜反常引起早产及流产。

3. 处理措施

在母牛怀孕后期应随时观察其状态，若发现母牛有早产征兆，及时诊断病情并处理，若是早产初期，应对症采取保胎措施，可按说明书要求使用孕激素进行保胎，若是早产中后期，保胎效果不好，视情况而定准备助产。

早产的犊牛大多数患有孱弱症，新生的犊牛对环境要求较高，一般需要进行保温，首先要将早产犊牛放置于温度维持在 38.5 ～ 40℃的保育室中，并清理口鼻黏液，其次进行营养物质的补充以及补氧，以促进其体能恢复，如静脉注射 400 mL 10% 葡萄糖和 40 mL 过氧化氢；如果早产犊牛无法自行吃奶，应进行人工喂养。

（五）难产

1. 定义

难产是兽医临床上常见的疾病，是母牛在分娩过程中不能将胎儿顺利地娩出而引起的分娩障碍。母牛难产应及早进行正确的救助，若救助不及时或救助不当，会造成胎儿或母子死亡。

2. 类型和症状

母牛难产可分为母体性难产、产力性难产、产道性难产、胎儿性难产。主要的症状表现为产程延长，不停努责，精神紧张，阴门外可看到胎儿部分结构，胎水流失，有时可见胎儿前肢或者后肢进入产道时间长，胎儿姿势异常等。

3. 病因

（1）与配种时间有关

初产母牛配种过早，只是性成熟，没达到体成熟，容易出现难产。

（2）与品种有关

母牛本身个体较小，用体型较大公牛的冻精进行输精，也容易出现难产。

（3）与饲养管理有关

母牛运动量不足，营养不良，胎儿活力不足，容易造成难产。此外，饲料配方不合理，造成母牛过于肥胖、胎儿过大，由于产道狭窄，也容易造成难产。

（4）与胎儿的胎向、胎势有关

胎向分纵向、横向、竖向，在正常情况下，自然分娩横向、竖向出现难产（较少）。胎儿的某部位出现扭曲引起难产也是常见的。

4. 处理措施

临产前进行产道检查，以便对各种异常引起的难产进行及时救治。助产时首先判断胎儿是否存活，胎位是否正，胎势是否异常，根据实际情况进行有效处理。如果胎儿过大时，看胎位正常，可采取灌注大量石蜡或植物油类，然后强拉出胎儿；如果胎儿胎位不正，可采取一些有效办法进行处理，然后辅助牵拉；如果胎儿胎势异常，可先把胎儿往子宫里推，使产道内有一定的空间，再矫正异常姿势，然后辅助牵拉。如果产力不足可肌内注射催产素和雌激素，此外根据实际情况必要时实施剖宫产手术。

5. 助产后的护理

对于体温下降、脉搏微弱的病母牛，应采取升温升压措施。对于犊牛要及时清理口鼻黏液，寒冷天气要给予保温并及时饲喂初乳。

## 第三节　引种技术与管理

### 一、引种计划

#### （一）品种的选择

牛的引种主要是指把区域外部（省外或国外）牛的优良品种、品系或类型引入本区域内，直接推广或作为育种材料。对牛的养殖而言，任何一个品种都有其特定的分布范围。不同区域的饲养品种，在气候、温度、湿度、海拔和光照等自然条件以及饲养方式、管理方式等方面都有很大的差异。一个牛种引入到新的地区，需要有一个比较明显的风土驯化和适应过程。在引种的过程中，要确保引入品种能够更有效地生存繁殖和健康地生长发育，同时还要充分体现出其固有的特征和优良的生产性能。

品种的选择：在牛的引种过程中，要结合当地经济发展水平和对畜牧业的发展要求，有目的、有计划地进行引种。要从根本上规避盲目引种，而且要使引入品种具备优良的经济价值和育种价值，同时尽可能地提升其适应性。要选择体型外貌好、体况好、毛色光泽、生产性能良好的品种等。

母牛品种的选择，肉用母牛品种：西门塔尔、安格斯、利木赞、日本和牛、新疆褐牛和本地黄种牛等，奶用母牛品种：荷斯坦牛、娟姗牛等。

育肥公牛品种选择西门塔尔、安格斯、利木赞、夏洛莱牛、奶公牛或者其他高代杂交牛等。

（二）引种区

应从非疫区且管理规范的规模养殖场引种，且种用的牛只须来自具有《动物防疫条件合格证》和《种畜经营许可证》的种畜场。

1. 国外引种

需要从国外引种，引种前需到相关管理部门办理《种畜经营许可证》《农业农村部种用畜禽遗传资源引进申请表》《免税证明》《中华人民共和国进境动植物检疫许可证》等手续。

2. 跨省引种

需要从省、自治区或直辖市外引种的，应在引种前向省级动物卫生监督所申请办理相关跨省引进种用动物检疫审批手续，凭省级动物卫生监督所签发的审批证明，向当地输出地县级动物卫生监督机构申报检疫，并在规定的时间内进行运输。

3. 省内引种

在省内引种的，应提前半个月向所在地动物卫生监督机构申报检疫，所在地动物卫生监督机构的官方兽医检疫合格后，且获得《动物检疫合格证》，才能离开产地。

（三）引种季节

引种时间避开严寒和酷暑，以春秋季引种为宜，此时，牛出现应激比其他季节少。气温在 0 ～ 25℃为宜，避免气温低于 0℃或高于 30℃。

（四）引种牛检疫

1. 检查引进牛只是否已经按照国家或者地方规定的强制预防免疫要求进行接种疫苗，并且要检查引进牛只是否还处在免疫有效期内。调查了解该畜禽场近六个月内的疫情情况，若发现有一类传染病及炭疽、布鲁氏菌病等疫情时，停止调运易感畜禽。

2. 相关手续的办理

产地检疫合格后，由引种牛产地出具产地检疫证明、运输证明，同时按当地要求进行运输车辆的备案等。

## 二、引种牛只的选择

（一）种公牛的选择

所引公牛应该具有 3 代以上的系谱档案记载，查阅是否有家族遗传病和有害基因。引进种公牛前要了解公牛父母亲以及有亲缘关系的牛是否都具有良好的生产性能。选择的种公牛应该体格匀称，牛蹄和腿部结构匀称，身体无缺陷，体毛光泽密实，肌肉轮廓清晰，体重适中，体况健康，精神饱满，步伐灵活，采食速度快，粪便排泄无异常，年龄适宜。

（二）母牛的选择

引进种母牛前要查阅其系谱档案，检查是否有家族遗传病和有害基因。了解母牛的父母亲及其后代牛是否都具有良好的生产性能，选择的种母牛应该体型外貌匀称，体毛光泽，乳房发育正常，无副乳，体重适中，体况健康，精神饱满，步伐灵活，采食速度快，粪便排泄无异常，年龄适中。

（三）架子牛的选择

选择架子牛应该体格匀称丰满，身体结实健壮，体况健康，精神饱满，步伐灵活，采食速度快，粪便排泄无异常，年龄适中。

（四）牛只的临床检查

1. 检查牛只的静态状况

检查包括体型外貌，体毛，精神状况，营养状况，睡姿以及立姿，反刍和呼吸状况。

2. 检查牛只的动态状况

主要检查牛只在运动时头、颈、背部、腰部以及四肢的运动状态。

3. 检查牛只的食态

主要检查牛只在饮水、饮食、咀嚼、吞咽、反刍时的反应状态以及舌头、咽部状况，粪便排泄时的姿势，粪便的颜色、气味、质地以及含混合物情况。

（五）群体检查发现异常个体或抽样检查的个体

1. 望诊

望诊的内容包括牛的姿势、体况、体形、精神状况、营养状况等。牛的姿势包括站姿、卧姿、起立姿势。反刍、嗳气、皮肤及背毛、呼吸、眼结膜、鼻镜以及粪尿等。

2. 触诊

浅表触诊包括触摸牛只皮肤温度、弹性、脉搏跳动以及胃蠕动状况等；用手指压、滑、推，检查皮下淋巴结的大小、移动性、形状、软硬和敏感度等。深部触诊时还需要进行直肠检查。

3. 叩诊

叩诊牛心脏、肺部、肝脏及胃肠区的音响、位置、界限以及敏感度等。

4. 听诊

听牛只的叫声、咳嗽声、心音、器官呼吸音及胃肠蠕动音。

## 三、引种的运输及管理

1. 检疫

种用牛只或非种用牛只都要按相关规定进行检疫，检疫合格后才能运输。出具产地检疫证明、运输证明，必要时还要求运输车辆的备案等。

2. 运输

选用货车运输比较适宜，提前将运输车辆、运输用具等清洗干净，晒干后进行喷雾消毒。运输过程最好只需要装卸 1 次即可到达目的地，避免运输过程中更换运输工具而出现多次装卸。运输前车厢做好防滑措施，可在地板上均匀铺上 20 ～ 30 cm 厚的干草，长途运输则需要做好饮水桶和草料的准备。

3. 运输前准备

运输前 2 ～ 3 d，每天注射或者口服维生素 A 25 万～ 100 万 IU，运输前

2～3 h 不可过量饮水，防止腹泻，可适当口服补盐溶液。运输前可饲喂青贮料、麦麸、新鲜青草，控制精料的饲喂量，运输前 3～4 h 停止饲喂。

4. 引进牛只牛舍及相关用具的准备

引种前需要准备好圈舍，备足草料，配备必要的设施。隔离牛舍要设在远离牛场 300 m 以上，提前 7～10 d 对隔离牛舍进行全面、彻底、严格的消毒，并把即将用到的生产工具清洗干净和彻底消毒。准备好采血相关器材用于检疫，准备好耳标牌等。

## 四、引种后的隔离观察

### （一）国外引进的牛只

经过产地检疫合格后，首先根据要求进入引进牛只的国家的隔离场进行 30 d 的隔离检疫，检疫合格后才能运至国内，到国内后还需要进行 45 d 的隔离检疫。

### （二）国内引种的牛只

1. 隔离

引种牛到达目的地后，应在隔离场或者隔离舍内进行隔离饲养 45 d，经过当地动物卫生监督机构检疫合格后才能混群饲养。在隔离饲养期间，发现检疫不合格的，按照国家相关规定处理。

2. 到目的地对种牛的处理方法

到达目的地后将种牛安全卸下，引进牛只休息 2 h 后，给予适量温水饮用，添加电解多维和高剂量的维生素 C 等，日饮水不应太多，2～3 d 后方可给牛自由饮水。有腹泻的牛只可口服一些补盐溶液，补盐溶液的配方为：盐化钠 3.5 g、氯化钾 1.5 g、碳酸氢钠 2.5 g、葡萄糖 20 g，加凉开水至 1000 mL。5 h 后方可饲喂优质的干草，不要饲喂具有轻泻性的青饲料、鲜草和发酵饲料，控制精料的饲喂量，多喂干草，确保牛吃六成饱即可。饲养员在牛到达目的地后 24 h 内要密切观察并记录牛只健康状况，发现牛只食欲差、高烧、咳嗽、精神状态异常或拉稀等要及时采取措施和治疗。第 1 周以喂粗饲料为主，控制精料的饲喂量，第 2 周逐渐加料至正常水平。新进牛只入场一周内要做到每天进行消毒，消毒液可采用中草药配合益生菌，一周后视牛群状况隔天消毒 1 次，应激期结束后转为每周消毒 2 次。用伊维菌素针剂皮下注射进行 1 次驱虫。隔离结束后，按照有关部门的规定检疫，确定牛只健康无病后方可混群饲养。

## 五、病畜的生物安全处理

引进的牛只一旦发现患有传染病如口蹄疫、牛瘟、牛海绵状脑病、结核病、布鲁氏杆菌病、炭疽等疾病，应该及时上报相关部门并按照国家相关规定进行生物安全处理，不得自行处理。可采取焚毁、掩埋、微生物等方法将病牛尸体及其产品或附属物及时迅速、安全地进行生物安全处理。

# 第十章　废弃物处理

## 第一节　概述

牛生产中所产生的粪污包括固体粪污及液体粪污。固体粪污通常指：牛养殖生产中产生的粪便、垫料、残余饲料及残渣、病死尸体等粪污，液体粪污通常指：牛养殖生产中产生的尿、污水等粪污。通常所指的牛场粪污处理，主要是指对牛的粪、尿排泄物及其与冲洗水形成的混合物的处理。牛属大型家畜，采食量大，排泄物相对也较多，产生的粪污量也相对较大，因此牛养殖生产企业的粪污处理压力大。近年来，牛养殖行业采用新的理念和方法进行粪污无害化、资源化处理，降低了粪污处理成本、提高了企业经济效益，促进牛养殖行业的绿色可持续发展。

## 第二节　粪污的产生和收集

### 一、粪污的产生

牛群的粪污产生量与牛群的种类、结构、年龄、日粮组成、生产工艺等息息相关。奶牛场产生的粪污含水量较肉牛场高，粪污处理的压力也较大。

（一）不同牛群结构产生的粪污

不同的牛群种类和牛群结构产生的粪污量差异较大，牛群的年龄、日粮结构及其对日粮的消化能力存在差异，粪污的产生量也有所不同。牛群中如果成年牛的比例较大，其产生的粪污量也较大。根据前人的研究成果，总结出不同牛群粪尿的排泄量（表 10–1）。

表 10-1　不同种类牛群粪尿产生量与其体重比例

（单位：%）

| 种类 | 粪量与其体重比例 | 尿量与其体重比例 |
|---|---|---|
| 犊牛 | 3.0 ～ 3.5 | 2.0 ～ 2.5 |
| 育成牛 | 5.5 ～ 6.0 | 0.3 ～ 1.0 |
| 成年牛 | 5.3 ～ 6.0 | 2.5 ～ 3.0 |
| 泌乳牛 | 7.0 ～ 7.5 | 3.5 ～ 4.0 |

（二）生产工艺对粪污量的影响

牛养殖生产中采用的生产工艺不同，所产生的粪污量差异也较大。采用干清粪分离清理工艺、水泡粪全收粪工艺以及生物垫床全收粪工艺等不同工艺所产生的粪污量有很大的差异，同时在处理技术上也存在较大差异。是否进行净水与污水分离设施处理所产生的污水量差异较大。采用天沟将屋檐雨水引流与污水分开，采用相关设施及技术将降温湿帘用水以及家畜饮水滴漏的水与污水分开收集处理，将在很大程度上减少污水的产生量，减轻污水处理压力。在养殖生产中，采用的生产工艺不同，粪污的产生量差异也较大。如采用粪污干湿分离收集粪污与采用水冲洗清粪或水泡粪工艺进行粪污收集，几种工艺所产生的粪污量差异很大。在养殖场中，如果没有将雨水、湿帘降温水等与污水分开处理，全部混在一起收集，将会增加养殖场的污水量，尤其是在雨水量较充足的季节和地区，污水量增加近 50%。因此，在生产中是否采用净污分离技术所产生的粪污量同样存在很大的差异。

## 二、粪污的收集

粪污的收集方法主要包括干清粪、水冲洗清粪以及水泡粪等。其中干清粪法又分为人工清粪、机械化清粪和半机械化清粪、生物垫床技术等。

（一）人工清粪

人工清粪是指采用人工每天 2 ～ 3 次将畜舍内地面的粪便收集清理，运送至干粪房进行堆积储存，尿液及其他污水通过排污沟流入污水收集池，以达到粪污固液分开收集、处理的目的。该清粪方式只需给工人配备清扫工具、手推粪车等简单的工具就可以完成清粪工作，该清粪方式设备简单、可操作性强，但是需要消耗大量的人工，且工作效率低，通常适用于小规模养殖场。

该方式的优点：一次性投资少、操作简单、灵活性强、能耗低。

该方式的缺点：劳动力消耗大、生产效率低。

（二）半机械化清粪

半机械化清粪是人工配合铲车、清粪车作业，将畜舍内地面粪便收集清理出畜舍，运送至干粪收集房进行堆积储存。尿液及其他污水通过排污沟流入污水收集池，实现粪污干湿分离处理。该清粪方式需要具有相应资质的人员进行作业，需配备铲车、清粪车等设备，一次性投资成本较大。在日常生产中设备运行维护成本高，耗能大，作业时畜舍内噪声大。但是采用人工配合机械作业清粪，在很大程度上降低了劳动强度，减少了人工劳动力的投入，降低了人工成本，提高了工作效率。中大型规模养殖场通常采用该清粪方式。

该方式的优点：节省劳动力、降低人工成本、工作效率高、操作灵活方便。

该方式的缺点：一次性投资较大、运行成本高、需配备专业工人、噪声大。

（三）机械化清粪

1. 传统机械化清粪

机械清粪是指采用专业的机械设备代替人工，将畜舍内的粪便集中收集清理或直接输送至干粪收集房。尿液及其他污水通过排污沟流入污水收集池，最终完成粪污的干湿分离处理。采用该清粪方式通常需要在栏舍建设时配合相关的设备参数进行专业设计，如建设刮粪沟，配套漏粪板等。若设备与栏舍设计贴合度较低，在实际生产中会影响设备的使用效果。该清粪方式安全快捷，且操作简单，清粪的频次可根据需要自行设定，灵活度较高。运行时噪声低，对牛群影响小，工作效率高，减少人工成本，最终提高生产效率。机械化清粪一次性投资较大，且由于机械设备零部件折损较大，故障发生率较高，日常运行和维护成本也相对较高。

清粪机械设备的性能在不断地改进、完善，越来越多的中大规模养殖企业接受、采用机械化清粪。当前国内规模化牛场采用的机械化清粪方式通常是刮粪板式机械清粪。

该方式的优点：操作简单、安全快捷、工作效率高、节省人工、运行噪声低、对动物影响小。

该方式的缺点：一次性投资较大、运行和维护成本较高。

2. 追踪式清粪系统与运行方法

实践发现，传统机械化刮粪需配套建设刮粪沟、漏粪板等设施，导致牛舍的建设成本增加，且牛粪刮出牛舍后需转运到粪房或有机肥处理车间。刮粪系统安装在刮粪沟中，长期被牛粪尿腐蚀，设备损耗大，维护困难。同时刮粪沟长期是卫生死角，粪污残留严重，不便于进行彻底消毒，是牛舍臭味和细菌的滋生地。为解决上述问题，本书研究组开发了追踪式清粪系统等专利技术。

追踪式清粪系统依托人工智能，采用摄像头监控动物，发现排粪行为后，通过悬吊式清粪设备直接将粪尿清理出牛舍，再用适量的清水、菌液进行清洗、除臭，其核心是“悬吊式清粪 + 追踪清粪系统”。

（1）悬吊式清粪

悬吊式清粪系统（图 10–1），包括悬吊轨道及清粪结构，清粪结构包括滑动装设于悬吊轨道上的悬吊架，类似于龙门吊，可实现在区域或整个栏舍的运动。悬吊架安装伸缩吸粪臂，吸粪臂连接着真空吸粪管道。栏舍安装有摄像头，用于最终识别动物排泄行为并确定污染区域。栏舍整体只需要建设平面地面，不需要复杂的刮粪沟等。

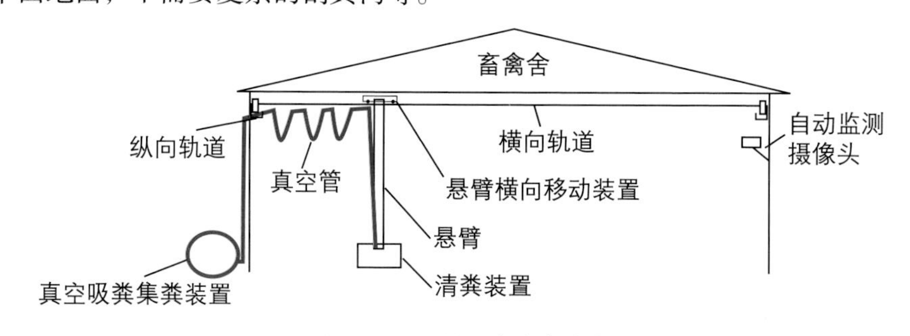


图 10-1　悬吊式清粪系统

伸缩吸粪臂（图 10–2）包括与悬吊架连接的伸缩驱动件、与伸缩驱动件连接的保护罩、清粪件、破碎件及真空集粪装置。清粪件包括刷头、刷头驱动件及若干排收集毛刷。刷头与保护罩转动连接，刷头沿竖向贯通开设有吸粪通道；刷头驱动件与刷头连接；若干排收集毛刷装设于刷头的底部。破碎件包括旋转轴、螺旋刀片及破碎驱动件，旋转轴转动地装设于吸粪通道内；螺旋刀片装设于旋转轴上；破碎驱动件与旋转轴连接。真空集粪装置与吸粪通道连通，其能够在栏舍内有动物的情况下对粪便进行清理，使清粪过程更便利。

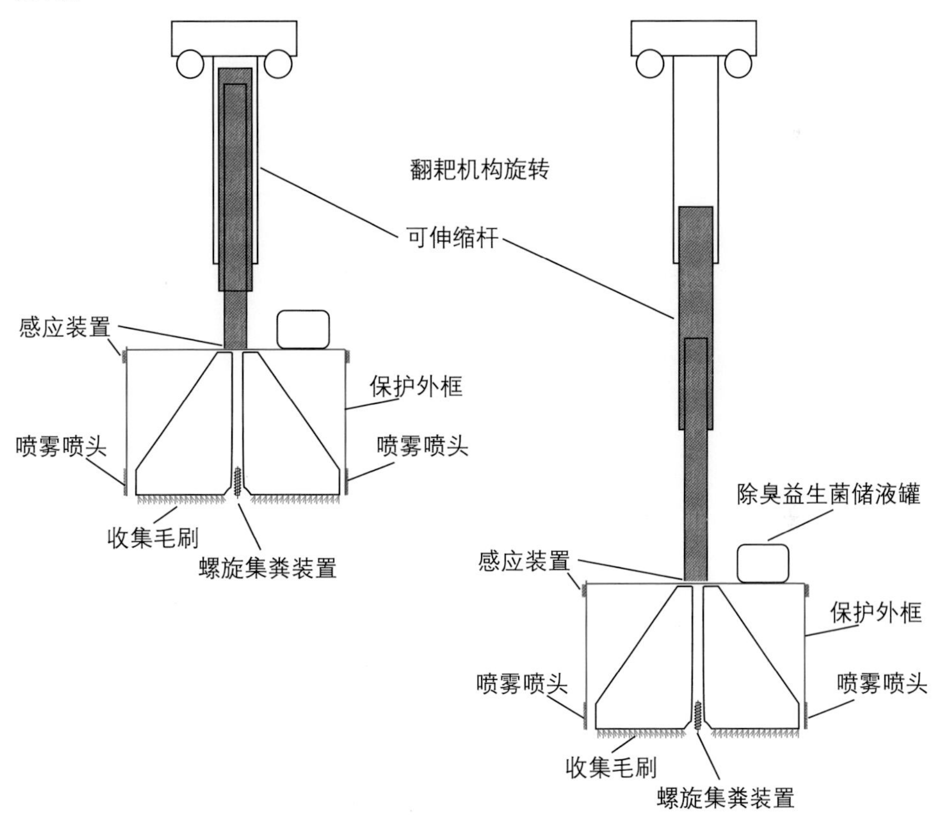


图 10-2　伸缩吸粪臂

（2）追踪式清粪方式

系统将畜禽舍地面用网格线划分成多个区域，建立平面坐标。当摄像头检测到有动物排泄时，自动识别被污染的一个网格或多个连片的网格区域。计算机控制伸缩清粪臂运行到污染区上方。同时以污染区为中心，扩大到外围一圈清洁区域，以螺旋向内的方式开始清粪，第一次为破碎吸取，将地面的牛粪尿吸走，第二次喷洒微量清水后扫吸干净，第三次喷洒微量除臭菌种液后扫吸干净，如此完成单个动物单次排泄的追踪清粪（图 10-3）。

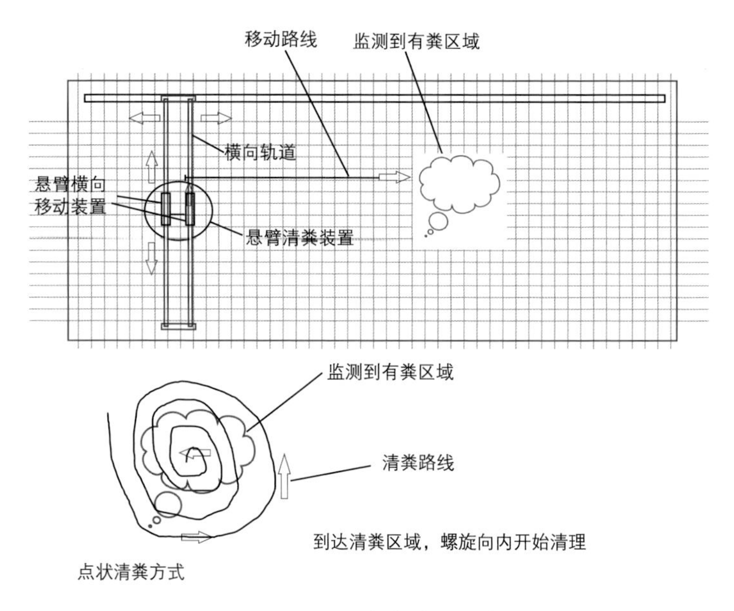


图 10-3　追踪式清粪方式

单个追踪清粪难免有少量零散污染物留在地面，系统设置定期在牛排粪较少的时间段（非集中采食时间）对整个牛舍进行清理。采用 Z 字形反复来回清理全部网格区域，也按吸粪、清水清扫、益生菌清扫模式清理 3 遍。

该设备清理能力有最高极限，对于超出设备管理极限的牛舍和牛群，可以选择将牛舍划分为多个区域，一套设备负责管理一个区域，以保障设备能够在一定的时间内清理出粪便，降低粪便在畜舍内的停留时间。

追踪式清粪系统与运行方法对比现有技术，首先，其追踪式清粪方法，可以及时将粪污清理出畜舍，且可以进行除臭处理，并且全程通过管道运输，这种方式可以尽可能降低畜舍和养殖场的臭味，减少动物接触到自身的粪污，同时降低其他区域的污染；其次，追踪式清粪系统采用从顶部悬吊设备清理粪污的方式，彻底改变了传统清粪设备在地面或地面以下的方式清理出粪污。不清粪时，设备在顶部悬停，不影响牛的正常休息和活动。需要清粪时才伸长清粪臂进行清粪，栏舍地面只需完全平整即可，不需要建设刮粪沟和漏粪板，也不需要建设其他的清粪通道等，建设成本低于传统机械刮粪模式。栏舍的使用效率也可以得到极大的提高。

（四）生物垫床

生物垫床是指将经益生菌发酵的木糠、谷壳等铺设在养牛栏舍制备的垫床。将益生菌按一定比例添加到水分适宜的木糠、谷壳、刨花等材料中，充分搅拌后进行堆集发酵，发酵后的垫料均匀铺设于牛养殖栏舍。生物垫床将牛群的粪尿全部集中收集，最后经过益生菌的分解达到粪污处理的目的。垫床在使用过程中需经常维护，方能延长垫床的使用寿命。垫床经过晾晒和益生菌发酵处理，再次无害化处理和腐熟后可重复利用。清理出的垫床可用于生产有机肥或堆沤后直接用于施肥。生物垫床栏舍的铺设，要求养殖栏舍做好地面的防渗处理，通过垫床垫料的吸纳，基本实现粪尿的“零排放”。但垫料所需的木糠、谷壳等原料资源紧缺，价格也相对较高，因此，开发利用更多的垫料原料也是影响垫床养殖的重要因素。

该方式的优点：粪污排放量少、绿色可持续利用。

该方式的缺点：一次性投入相对较大，木糠、谷壳等原料资源紧缺，养殖密度小。

（五）水冲洗清粪

水冲洗清粪是最为传统的一种清粪方式，通过用水冲洗栏舍内的粪污。粪污经排污沟收集进入贮粪池，该清粪方式消耗大量的水，同时产生的粪污量较大，极大地增加了粪污处理强度和难度。牛的养殖生产中尤其是规模化养殖中极少采用该清粪方式，通常适用于拴系式养殖方式的牛舍或养殖量较少的传统牛舍。

（六）水泡粪（尿泡粪）

水泡粪通常是在养殖栏舍内漏缝地板下设置排粪沟（池），在粪沟中注入适量的水，粪污排入水中，储存一定时间后，定期将粪沟中的粪污清理出畜舍。有的养殖企业也采用“尿泡粪”的工艺，即不再提前在粪沟注入水，生产粪污排入到栏舍漏缝地板下的粪沟，利用污水封存粪便，储存一定时间后清理出栏舍。水泡粪在很大程度上减少了劳动力的投入，降低了人工成本，同时较水冲洗清粪节约用水量。但是该工艺前期栏舍建设一次性投入大，后期清粪及粪污处理时难度大，且栏舍内产生的有害气体多。由于该工艺所设置的粪沟长期潮湿，造成整个畜舍湿度较大，在密闭的栏舍或通风效果差的栏舍使用效果差，高温高湿地区也不适用。

**三、固液分离**

固液分离是采用物理或化学的方法或借用设备将粪污中的固形物与液体部分分开。该方法可将粪污中的悬浮固体、长纤维、杂草等分离出来，通常可使粪污中的化学需氧量（COD）降低 14% ～ 16%。粪污经过固液分离后，固体部分可用于制备有机肥或用作牛床垫料；液体部分的有机物含量低，利于后续处理。目前的固液分离主要采用化学沉降、机械筛分、螺旋挤压、卧螺离心脱水等方法。采用水冲洗清粪和水泡粪 2 种清粪方式在粪污处理时通常配合使用固液分离技术，以降低粪污处理的难度和强度。张嫚等研究表明，采用固液分离技术后，每天的污水产量约下降 22%，粪污总量约下降 21%。

**四、粪污的储存**

粪污的储存分固体粪污和液体粪污的储存。固体粪污通常采用集粪房、集粪棚等进行收集储存，液体粪污通常采用污水池、污水塘、污水塔等进行收集储存。半固态的粪污通常参照液态粪污进行收集储存。

（一）固体粪污的储存

粪便、垫料、残余饲料及残渣等固体粪污储存场地的建设应满足防雨、防渗漏、防溢等基本要求。建设场地要符合养殖场整体建设规划和粪污处理区的选址要求。干粪棚的场地要根据养殖场的规模以及每天实际的粪污排放量规划，在满足养殖场最大粪污排放量的容量基础上再增加 20% 的预留容积。牛养殖场牛粪的含水量较高，干粪棚的封顶材料通常采用透明采光瓦，以提高固体粪污的水分蒸发速度。

（二）液体粪污的储存

牛群排泄的尿液、生产过程中产生的污水等液体粪污的储存场地建设应做好防渗漏、防溢等基础措施。场地的选址要符合养殖场整体建设规划和粪污处理区的选址要求。污水池的容积要根据养殖场的规模以及实际的污水排放量规划，在满足养殖场最大污水排放量的容积要求基础上再增加 35% 的预留容积。如果养殖场建设未采用净水与污水的分流工艺，污水池的预留容积应根据所在地区的降雨量适当增加，有条件的养殖企业可以建设密闭的污水收集池。没有配备污水处理设施设备的养殖场，其污水池应做三级污水曝氧池。

## 第三节 粪污无害化处理与资源化利用

在国家发展改革委会同农业农村部制定的《全国畜禽粪污资源化利用整县推进项目工作方案（2018—2020年）》中，专家筛选出“种养结合、清洁回用及达标排放”3个方面9种模式作为畜禽粪污资源化利用的主推模式。广西牛生态养殖常见的牛粪污处理模式主要有：粪污肥料化利用、粪污饲料化利用、粪污能源化利用、粪污垫料化利用、粪污基质化种养循环利用、粪污堆肥利用6种模式。

### 一、粪污肥料化利用

中华人民共和国农业行业标准《生物有机肥》（NY 884—2012）规定，生物有机肥是指特定功能微生物与主要以动植物残体（如畜禽粪便、农作物秸秆等）为来源并经无害化处理、腐熟的有机物料复合而成的一类兼具微生物肥料和有机肥效应的肥料。《有机肥料》（NY 525—2012）将以畜禽粪便、动植物残体及以动植物产品为原料加工的下脚料为原料，经发酵腐熟后制成的肥料也归为有机肥。牛粪中含有氮、磷、钾及有机质等，可为植物生长提供所需营养，利用牛场粪污生产有机肥，不仅可以解决养殖企业粪污的排放问题，更能实现粪污的资源化利用，为养殖企业增加创收渠道，提高经济效益。随着牛粪生产有机肥技术的不断成熟，利用牛粪生产有机肥实现粪污资源化利用这一模式逐渐被养殖企业所接受，牛粪有机肥市场也逐渐扩大。

粪污肥料化利用模式，主要是利用固体牛粪作为主要原料，经益生菌发酵生产的有机肥可直接用于作物施肥。

该模式主要优点：好氧发酵温度高，粪便无害化处理较彻底，提高了粪便的附加值。

该模式主要缺点：一次性投资大，需配套相应的专业设备及技术。

#### （一）牛粪有机肥生产技术规范

1. 场地选择

选择交通便利、地势平坦、通风向阳、干燥、靠近原料的地方。

2. 原料

选用牛场的牛粪、垫料、废弃饲料、沼渣（或沼泥）等。

3. 设施设备

（1）有机肥加工棚

有机肥加工棚长度大于或等于 20 m，宽度大于或等于 10 m，屋檐高度大于或等于 4 m。地面采用水泥硬化，厚度在 0.1 m。屋顶钟楼式设计，屋檐外缘伸出的长度大于或等于 0.8 m。屋顶堆粪发酵区域设置 50% ～ 80% 透明采光瓦。其余区域为不透光瓦。

（2）加工设备

配套铲车、翻抛机、搅拌机、粉碎机、传送带、打包机、喷淋设施等有机肥加工设备。

4. 牛粪有机肥加工方法

（1）原料加工前的处理与配制

物料水分调节：牛粪有机肥原料取回后，根据其水分情况添加木糠（或者统糠、粉碎秸秆等）进行水分调节，混合好的原料水分控制在 52% ～ 68%（用手捏成团，手缝见水但不滴落，松手落地摔散为适宜）。

蒸发调节水分：牛粪有机肥原料取回后，平铺在蒸发棚等便于蒸发的地方，平铺厚度为 10 cm 左右，每日翻堆一至两次，待水分含量降至 52% ～ 68% 即可。

（2）原料的粉碎

原料中的废弃饲草等成块或结块物质可利用粉碎机粉碎。

（3）原料的配制

原料中通过添加尿素（氨水等）调节 C∶N 在（23 ～ 28）∶1 之间。混合好的物料密度控制在 0.4 ～ 0.8 $t/m^3$。

（4）菌种的准备

按照有机肥发酵菌种投放比例准备菌种，要求混合后堆肥起始益生菌含量达到 106 CFU/g 以上。按有机肥 1% 的量准备红砂糖（或 0.5% 的红砂糖 +0.5% 玉米粉）作为菌种营养剂。将菌种和菌种营养剂投放到准备好的原料中，利用搅拌机或翻耙机混匀。

（5）有机肥发酵处理

a. 平地发酵

将准备好的原料堆成宽 2 m、高 1.5 m 的肥堆，可根据生产量和场地调整。监控记录堆肥内部温度，温度上升到60℃ 1～2 d后开始第一次翻堆（如果达到70℃则马上翻堆）。翻堆要均匀彻底，后期1～3 d翻堆1次。如果发现物料过干（水分低于30%），则需要适当喷水。物料温度维持45～65℃在10 d以上。发酵时间在40～60 d可达到完全腐熟，此时堆芯的温度逐步下降并稳定，有机肥水分控制在32%以下即可。

b. 槽式发酵

发酵槽高1.0～1.5 m、宽3.0～6.0 m（以适应翻耙机或铲车翻动为宜），长度根据场地或每批计划的生产量来设计。发酵槽上安装翻耙机或配套铲车或翻抛机等设备。将原料堆放在发酵槽内铺平，比槽略低0.2～0.4 m。监控记录堆肥内部温度，温度上升到60℃ 1～2 d开始第一次翻堆（如果达到70℃则马上翻堆）。翻堆要均匀彻底，后面每1～2 d翻堆1次。如果发现物料过干（水分低于30%），则需适当喷水。发酵时控制温度在55～75℃，温度过高则增加翻耙次数，温度过低则减少翻耙次数。发酵时间在20～30 d可达到完全腐熟，此时堆芯的温度逐步下降并稳定，有机肥水分控制在32%以下。

c. 滚筒发酵

有机肥滚筒为长的横向滚筒，内置螺旋隔片，原料在其中反复升高、跌落，并不断朝前推进。前面准备的物料放入滚筒内发酵，滚筒昼夜转动4～8周即可。滚筒内发酵36～48 h即可得到粗堆肥。粗堆肥按平地发酵方法堆放发酵5～20 d。堆芯的温度逐步下降并稳定，有机肥水分控制在32%以下即可。

d. 塔式发酵

建设立式的发酵塔，采用上部进料下部出料的设计。将准备好的原料投入塔内，每批发酵7～10 d。或者连续从上部投入原料，从下部取出已发酵7～10 d的原料。经发酵塔发酵后的物料按平地堆肥法堆放发酵5～10 d。堆芯的温度逐步下降并稳定，有机肥水分控制在32%以下。

5. 有机肥的后处理

（1）有机肥粉碎过筛

有机肥发酵完成后，经过粉碎，将小团状肥料打散，过10～20目筛。

（2）专用有机肥的配制

检测有机肥的各项指标，根据不同作物的营养需要量添加相应的元素。有机肥质量标准应符合《有机肥料》（NY 525—2012）的规定。

（3）制粒、烘干

处理后的有机肥，可根据需要选择是否制粒。原料通过蒸汽或液压经造粒机黏结成粒，颗粒直径 3.0 ～ 4.0 mm，成粒率大于或等于 70%。制粒后进行低温热风烘干，水分小于或等于 30%。

（4）有机肥包装、运输、贮存

有机肥包装、运输、贮存按照《有机肥料》（NY 525—2012）要求执行。

广西养殖企业中利用牛粪便或垫料生产有机肥并能产业化利用的企业有桂林车田河牧业有限公司、桂林同盛生态养殖有限公司等。桂林车田河牧业有限公司将固体粪污经有机肥发酵棚收集发酵后制作有机肥，供牧草种植施肥和出售给果蔬种植户，有机肥生产基地产能达 1 万 t。带动订单农户种植饲料玉米、牧草 2000 余亩。桂林同盛生态养殖有限公司将微生态垫料收集后经高温堆沤和发酵后，加工成粉状有机肥或颗粒状优质有机肥进行商业化销售，实现零污染零排放，创建环境友好型产业发展模式。

（二）多段混合式有机肥发酵工艺

针对养殖场粪污水分含量高、使用的发酵菌剂用量大等问题，该书的编委所在的项目组创新形成了多段混合式有机肥发酵工艺等技术方案，并获授权发明专利“发酵装置，具有其的多段混合式有机肥发酵系统及方法（专利号为 ZL202110901393.3）”。该种方法将菌种成本降低到传统发酵方案的 1/10 ～ 1/20，正常生产后基本不需要额外添加水分调节剂，可以极大地降低生产成本。

目前养殖粪污处理最好的方式是生产有机肥。但生产中存在以下问题限制了有机肥的生产。一是养殖场粪污水分含量高，添加木糠、谷壳粉等辅料会增加生产成本，给企业带来较大的资金压力。二是粪污含杂菌较多，发酵菌剂用量大。1t 原料中添加菌种成本在 50 ～ 100 元，相当于成品有机肥中 150 ～ 300 元 /t 的成本来自菌剂，导致有机肥加工成本 500 ～ 800 元 /t，成品价格在 800 元～ 1200 元 /t。目前有机肥只能应用在收益较高的瓜果等作物，普通的大田水稻、玉米等种植无法承受现在的有机肥市场价格。为解决养殖场粪污水分含量高及使用的发酵菌剂用量大等问题，项目组发明了多段混合式有机肥发酵工艺（图 10-4）。具体工艺流程如下。

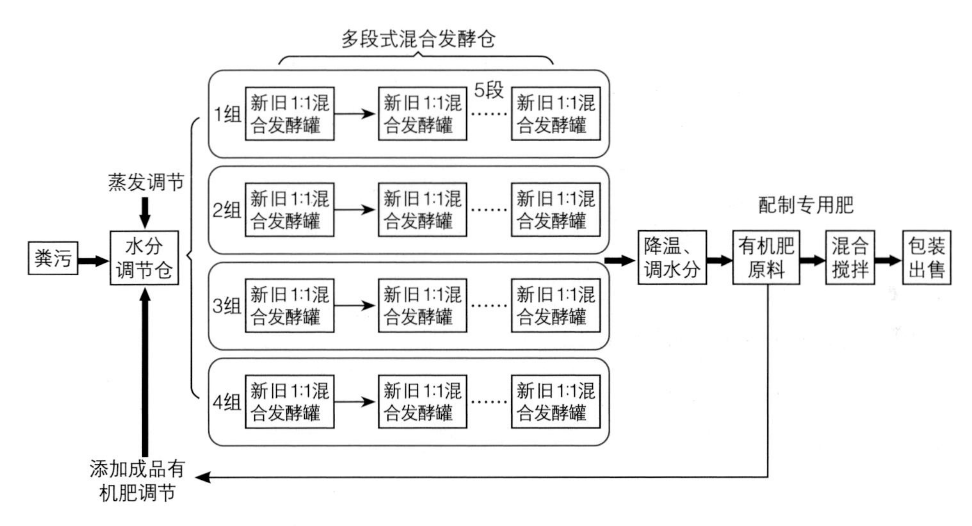


图 10-4　多段混合式有机肥发酵工艺

①新鲜粪污投入前端搅拌仓，按一定比例添加发酵好的较干有机肥原料，调节水分至 65% 左右，原料呈现蓬松状态，抓握成团，放开后散开即可。

②处理好的原料，提升至蒸发仓 1 号蒸发槽（1、2、3、4 号轮换使用）。

③开启犁式翻耙机，调整到推粪模式，调节犁头离槽底 5 cm 左右，往槽内铺设原料，直至铺满整个蒸发槽，如果原料较多可适当调高，如果较少可适当调低。

④正常蒸发时，每天翻抛 3 ～ 5 次，将犁式翻耙机调整到翻抛模式，设备退回到右侧起点，降到犁头接触到底部，开启翻抛滚轮，往左运行。将原料铲起，经过翻抛滚轮打碎往后翻抛。到头后，设备升起，退回右侧，等待。

⑤原料在蒸发仓蒸发 3 ～ 4 d 后，水分降到 40 ～ 50%，开启犁式翻耙机，调整到推粪模式。打开蒸发槽出料口，将犁头调整到 4 cm 高，往左推粪；到头后，设备升起，退回右侧，将犁头调整到 3 cm 高，往左推粪。如此最后降低到紧贴槽底，将原料全部推至出料口。

⑥多段混合式发酵过程，每组 5 个发酵罐进行发酵，从前往后 5 个罐分别为 a、b、c、d、e，每罐每次发酵 4 d。4 d 后，最后的 e 罐出 1/2 的肥料；d 罐出 1/2 原料到 e 罐发酵；c 罐出 1/2 原料到 d 罐发酵；……如此 a 罐出 1/2 原料到 b 罐发酵；最后放入调好水分的新鲜原料装填 1/2 a 罐，混合前面 a 罐中留下来的 1/2 罐发酵 4d 的原料。在 a 罐中剩余 1/2 时进行下一步。

⑦ e 罐出来的料进入水分调节降温仓。正常每天翻转 20 ～ 30 次，每次 3 ～ 5 min。

⑧根据生产有机肥的需要，配置打包机打包出售。

## 二、粪污饲料化利用

粪污饲料化利用模式，主要采用控水处理后的粪便进行蚯蚓、蝇蛆及黑水虻等的养殖，将发酵后的蚯蚓、蝇蛆及黑水虻等动物蛋白制作饲料，用于畜牧生产中的动物源性蛋白的供应。

该模式主要的优点：改变了传统利用益生菌进行粪便处理的理念，可以实现集约化管理，成本低，资源化效率高，无二次排放及污染。

该模式主要的缺点：动物蛋白饲养环境要求高，并要求配套相关的专业技术。

### （一）牛粪养殖蚯蚓

利用牛粪养殖蚯蚓实现牛场粪污的减排处理和资源化利用，是当前国内被大家所接受的“养殖—粪污处理—特种养殖—养殖”持续循环的一种发展途径。

（1）牛粪的收集和运输

传统养殖的牛场牛粪或垫床牛舍废弃垫料的收集按照《畜禽养殖业污染治理工程技术规范》（HJ 497—2009）的要求采用干清粪工艺进行，并及时将收集的原料粪运送到贮存或处理场所。采用机械刮粪收集的原料粪，运送到贮存或处理场所后用木糠、统糠、较干的牛粪等原料混合或采用干湿分离技术处理，调节水分至 70% 左右。

（2）运输过程参照《运行中变压器油质量》（GB/T 7595—2017）的相关要求进行。

（3）蚯蚓生活料的准备

蚯蚓生活料原料可就地取材，因地制宜。常见的原料及配比见表 10–2。

**表 10–2 蚯蚓生活料原料选择和配比**

| 配方 | 原料 | 比例 /% |
| --- | --- | --- |
| 配方一 | 牛粪 | 100 |
| 配方二 | 牛粪 | 50 |
| | 纸浆污泥 | 50 |
| 配方三 | 牛粪 | 20 |
| | 猪粪 | 20 |
| | 鸡粪 | 20 |
| | 稻草 | 40 |
| 配方四 | 牛粪 | 70 |
| | 稻草 | 30 |
| 配方五 | 牛粪 | 60 |
| | 米皮（或谷壳、甘蔗渣、锯末） | 40 |

稻草、秸秆等原料切短揉搓成长度小于或等于 5 cm 小片。混合后原料的碳氮比在 20∶1 ～ 30∶1 比较适宜，不在此范围的可用牛粪、氨水、尿素等原料进行调整。

发酵：蚯蚓生活料原料混合好后，将水分调整至 60% ～ 70%，按照堆宽 1.2 ～ 1.5 m、高 1.0 ～ 1.5 m 自然堆积并发酵，长度依量而定，覆盖薄膜进行发酵。

翻堆：蚯蚓生活料发酵 7 d 后进行第一次翻堆。翻堆时捣碎结块原料，重新堆积，适量喷水保障水分在 50% ～ 60%，盖膜重新发酵。以后每隔 5 ～ 7 d 翻堆 1 次，翻堆 2 ～ 3 次即可腐熟，此时料堆温度不再升高。参照 NY 884，蚯蚓生活料应质地松软，无恶臭、不黏滞。

调整 pH 值：利用熟石灰等调节蚯蚓生活料的 pH 值在 6.0 ～ 8.0 之间。

（4）场地选择与设施建设

a. 场地选择

蚯蚓养殖场地选择应满足距离原料近、交通水电便利、温暖潮湿、能灌能排等条件。

b. 养殖设施建设

平地养殖：平地养殖需要建设遮阳设施，雨季需要增加挡雨设施，场地周边要建设好排水沟。在旧厂房等设施内养殖亦可。对应养殖床的上方可均匀安装喷雾喷头。

工厂化养殖：一般采用多层架子，架子上放置饲养箱（高 15 ～ 25 cm，长 60 ～ 70 cm，宽 45 ～ 50 cm，以人员操作方便为宜），饲养箱堆放 12 ～ 13 cm 厚度的腐熟蚯蚓生活料。对应养殖箱的上方可安装喷雾喷头。

（5）养殖床的准备

传统平地养殖床：传统平地养殖床原料使用新鲜牛粪或蚯蚓生活料均可。养殖床高度 20 ～ 30 cm，宽度 80 ～ 100 cm，长度不超过 25 m 为宜。2 条养殖床作为 1 个单元，单元内两条养殖床间隔 20 ～ 30 cm，2 个单元之间留 70 ～ 90 cm 间隔。

高效平地养殖床：高效平地养殖床原料使用新鲜牛粪或蚯蚓生活料均可。选用直径为 10 cm 的 PVC 管，在管上半部分均匀布孔，孔直径为 0.8 ～ 1.2 cm，孔间距为 5.0 cm，下半部分保持完整，选用 80 ～ 120 目的纱布包裹 PVC 管。将管按蚯蚓养殖堆长轴方向摆放在中心位置，以管为中心堆好蚯蚓养殖床，在管的一头连接鼓风装置。养殖床高度 40 ～ 60 cm，宽度 80 ～ 100 cm，长度不超过 25 m 为宜，2 条养殖床作为 1 个单元，单元内 2 条养殖床间隔 20 ～ 30 cm，2 个单元之间留 70 ～ 90 cm 间隔。

工厂化养殖：饲养箱堆放 12 ～ 13 cm 厚度的腐熟蚯蚓生活料进行养殖。

（6）蚯蚓投放

蚯蚓品种：选择适应性广、耐寒耐热、抗病力强的蚯蚓品种，可选择使用赤子爱胜蚓（太平 2 号）、广西本地蚯蚓等。

蚯蚓投放养殖床的方法和密度：使用腐熟蚯蚓生活料做养殖床的平地养殖，可将蚯蚓直接投入养殖床内。使用新鲜粪便作为养殖床，则需要在养殖床中间位置挖直径 30 ～ 50 cm 的圆坑，圆坑间隔 80 ～ 100 cm，其中填放腐熟蚯蚓生活料。或者在养殖床的一边堆放同高、宽度在 15 cm 左右的腐熟蚯蚓生活料，再将蚯蚓投入其中。

养殖床的建设：需要建设遮阳设施，雨季需要增加挡雨设施，场地周边建设好排水沟。在旧厂房等设施内养殖亦可。对应养殖床的上方可均匀安装喷雾喷头。

养殖床蚯蚓投放密度：传统平地养殖床 2.5 ～ 3.0 $kg/m^2$，高效平地养殖床 4.0 ～ 5.0 $kg/m^2$。

工厂化养殖蚯蚓投放方法和密度：直接将蚯蚓投入蚯蚓饲养箱，每箱投入 300 ～ 500 条蚯蚓。

（7）蚯蚓的饲养管理

工厂化养殖饲养管理：养殖期间不再投蚯蚓和饲料，也不取粪，日常定期喷水维持湿度即可。蚯蚓产卵后立即分箱，分箱时将产卵的养殖箱分到 2 ～ 4 个新的养殖箱，添加腐熟的蚯蚓生活料至厚度 12 ～ 13 cm 继续养殖。

平地养殖投料方法：常见的有表面投料法、侧面投料法。

表面投料法：养殖床使用新鲜牛粪的，观察到原来养殖床全部变成蚯蚓粪之后，直接在蚯蚓养殖床上部投厚度 5 ～ 10 cm 的新料即可。新鲜牛粪覆盖蚯蚓床的面积不能超过表面的 2/3。

侧面投料法：养殖床使用腐熟蚯蚓生活料的，观察到原来养殖床全部变成蚯蚓粪之后，将原料集中到一边，空出的地方加入新的蚯蚓生活料。待蚯蚓全部进入新鲜料以后，将旧的蚯蚓粪取出。

温度控制：蚯蚓生长温度为 5 ～ 30℃，最适宜温度为 20℃；养殖床在夏季可通过遮阳的方式降温，冬季可通过适当增加养殖堆厚度的方式升温。

湿度控制：蚯蚓孵化期的适宜水分为 56% ～ 66%，生长发育期为 60% ～ 70%；定期浇水，夏季每天浇水 2 ～ 3 次，选择早晚浇水，水要干净无污染物，水流不能过大，浇水时要浇透，使上下层料能接上，周边和走道不能有水渗出。

养殖床的管理：蚯蚓养殖床不能混入杂物，保持疏松，保持过道干净，定期清理多余蚯蚓粪。需要翻动蚯蚓床时动作要轻。

蚯蚓疾病的防治和消毒：蚯蚓常见的疾病有细菌性疾病、病毒性疾病、真菌性疾病、生态型疾病和寄生虫疾病等。可通过改善养殖条件来防控疫病，包括控制好养殖区域的温湿度和通风，做好蚯蚓养殖原料的发酵等工作。

（8）蚯蚓的采收

常见的采收方法有强光分层采收法、引诱法、电击法。

强光分层采收法：在需要采收的原料旁铺宽 1 m 左右的薄膜，在上方安装并点亮较强的光源，用耙子逐层耙去上层蚯蚓粪，每次耙去 2 ～ 5 cm，以不耙到蚯蚓为宜。受到强光照射，蚯蚓会往下层钻。如此反复，薄膜上剩下的大部分是蚯蚓。此方法适用于全部采集完蚯蚓，重新建床养殖，对蚯蚓损伤较小。

引诱法：在需要采集的养殖床边或上面铺厚 2 ～ 5 cm 的酒糟等蚯蚓喜好的食物。待蚯蚓大量聚集在食物中采食时将蚯蚓直接收集起来。此种方法适用于养殖过程中部分采集蚯蚓。

电击法：将蚯蚓养殖堆挖断呈 1.0 ～ 1.5 m 长的堆，在周边铺设宽 1 m 左右的薄膜。在养殖堆两头插上电极，通上较小的高压脉冲电流，待蚯蚓从养殖堆中跑出，全部聚集在周边的薄膜上时直接收集起来。此方法适用于全部采集完蚯蚓，重新建床养殖，但对蚯蚓损伤较大。

广西牛养殖企业中，广西都安桂合泉生态农业开发有限公司通过多次探索与实践，总结出了一套“蚯蚓养殖 + 葡萄种植”循环模式。完善的蚯蚓养殖模式，促进了牛粪的腐熟，实现了牛粪“变废为宝”。

（二）牛粪养殖黑水虻

黑水虻幼虫具有食腐性，食性杂、食量大且抗逆性强。幼虫以动物粪便、腐烂的有机物为食，可以将食物高效地转化为自身营养物质，从而对粪便中的有害病菌进行消化和分解，降低对环境的危害。因此，黑水虻养殖在畜禽粪污资源化利用方面具有广阔前景。

（1）场地的选择

应选择远离生活区、光照良好、通风良好、交通方便、离饲料原料近等符合国家健康养殖选址相关标准要求的地方。通常选择在有大量农副产品下脚料的养殖场附近或养殖场内。黑水虻的养殖常采用大棚、厂房养殖，养殖场棚周围应建好防逃设施。

（2）养殖方式

黑水虻常见养殖方式有箱（盆）养、池（槽）养和桶养。小规模养殖可采用箱（盆）、桶养，该养殖方式需要的养殖场地小，方便管理。大规模的大棚或厂房养殖通常采用池（槽）养方式，养殖池（槽）可分为单层和多层养殖。

（3）养殖料床准备

养殖场产生的固体废弃物如新鲜的粪便或经干湿分离处理后的粪渣、垫料、饲料残余或残渣等都可以作为黑水虻养殖的料床，畜禽粪污经发酵后也可作为黑水虻养殖的料床。杨树义等研究发现，发酵猪粪与新鲜猪粪对黑水虻转化率的影响不显著。养殖料床直接晾晒或烘干调控水分，或在新鲜养料中添加麦麸、木糠等调节料床的水分，料床的湿度通常控制在60%～70%，最高湿度不宜超过80%。料床铺设厚度在5 cm左右，温度控制在25～35℃。

（4）饲养管理

幼虫饲养：幼虫期通常有15 d，幼虫的饲养按照孵化时间采用分池（箱）饲养，为方便管理，尽量将同一天孵化的幼虫投放在同一池子饲养。幼虫料床要保持一定的湿度，控制在60%左右，温度控制在25～35℃。幼虫的投放密度要适宜，密度过低或过高都不利于幼虫的生长。窦永芳等在餐厨垃圾中饲养黑水虻幼虫，发现幼龄幼虫饲养密度0.64只/$cm^3$、老熟幼虫饲养密度0.51只/$cm^3$较适宜，而大龄虫及蛹虫的饲养密度采用0.38只/$cm^3$较适宜，且自然光照时间要控制在7 h内。

蛹期管理：蛹期通常为15 d，蛹期管理主要是预防预蛹的死亡，要保证蛹虫饲养环境的温度和湿度，若出现气候干燥或气温较高时，蛹虫可能会因为缺水而出现死亡。在蛹期饲养期间，要定时对虫舍进行喷雾保湿，并做好控温举措。留作种用的蛹虫更要妥善管理和保存，在保留种蛹时可以在池内放置约 15 cm 厚的细沙，底层 5 cm 为湿的沙子，上面为干的沙子。蛹虫的前期和中期处于休眠状态，后期为羽化准备。羽化前将虫蛹放入容器内，注入清水，等待虫蛹羽化。

成虫饲养：黑水虻成虫期不吃食只需要一定的水分。黑水虻成虫会飞，因此成虫期要做好防逃措施。通常采用尼龙网或铁纱网进行立体养殖，网的大小可根据具体需要而定。养殖区域要保证充足的光照，太阳光照不足时应采用人工补光。成虫饲养舍内要放置接卵桌台，桌台上放置诱集收卵盘数个。收卵盘要保持湿度在 25% ～ 30%，可在接卵桌顶部安装自动喷雾设备，也可以采用人工定期喷雾，以保证收卵盘不干燥。

黑水虻可用于处理畜禽粪污，猪和家禽粪便中有机质含量较高，可以满足黑水虻生长的营养需要，而牛粪中有机质含量相对较低，通常需要额外添加营养基质来补充。陈兆强等研究结果显示，用 70% 的牛粪混合麸皮作为混合基质饲养黑水虻，可以取得最佳的生长速度。漆招用黑水虻处理猪粪，虫粪矿物元素含量：总氮 + 总磷 + 总钾 >5%，符合我国有机肥的标准。用黑水虻处理畜禽粪污具有较好的除臭效果。

**三、粪污能源化利用**

粪污能源化利用模式，主要是投资建设沼气工程将养殖场粪便和粪水进行厌氧发酵生产沼气，利用沼气发电或者当燃料使用，沼渣生产有机肥供农田利用，沼液供农田利用或深度处理达标排放。

该模式主要的优点是：对养殖场的粪便和粪水集中统一处理，专业化程度高，处理效率高，粪污处理绿色环保，能源化利用效率高。

该模式主要的缺点是：一次性投资较大，能源产品利用难度大，处理成本较高，需配套后续处理利用工艺。

具体工艺流程图如图 10–5 所示。

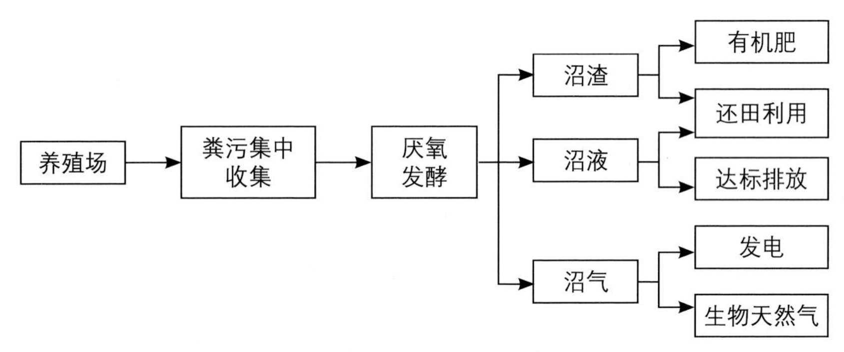


图 10-5　粪污能源化利用工艺流程图

桂林同盛生态养殖有限公司将粪污经益生菌发酵后进行干湿分离，液体粪污通过管道引流到沼气池中混合发酵，沼渣用于生产有机肥，沼液通过管道引流到牧草种植基地灌溉。桂林车田河牧业有限公司将马蹄渣与肉牛养殖进行有机结合，发展马蹄渣养牛产业，牛粪经发酵后产出沼气为淀粉加工厂提供热能，建立了“肉牛养殖—沼气—沼渣（有机肥）种植果蔬、牧草—肉牛饲草”的种养结合、生态循环的生态产业模式，实现资源的循环利用。

**四、粪污垫料化利用**

粪污垫料化利用模式，主要是将经晾晒控水处理后的畜禽粪便或粪污固液分离后的固体粪便，进行好氧发酵无害化处理后回收作为垫床垫料使用。

该模式主要的优点是：畜禽粪便替代沙子、土、谷壳、木糠等作为垫料，降低粪污后续处理难度。同时进行粪便的无害化循环利用，解决垫料来源紧张的问题。

该模式主要的缺点是：作为垫料如无害化处理不彻底，可能存在一定的生物安全风险。

邹季福等用经牛粪固液分离处理的含水量为 20%、未经发酵处理的牛粪作为奶牛舍的垫床，奶牛的产奶性能较木屑垫料组显著提高，但是奶牛乳房炎、肢体病患病率上升。杜云等在以滚筒好氧发酵生产牛粪再生垫料的研究中发现，发酵滚筒的温度是影响致病菌数量变化的最主要因素。牛粪再生垫料可应用在牛的养殖生产中，且经高温发酵无害化处理的牛粪，可有效抑制致病菌。

1. 原料准备与处理

（1）原料选择

①生物垫料制作原料可选择牛粪、使用过或废弃的生物垫料、废弃饲料、牛粪有机肥发酵后半成品等。

②连续使用两年以上的生物垫料不得再作为垫料原料使用。

③不得选择有毒有害物质作为垫料原料。

（2）原料处理

①将收集的原料混合，剔除石块等杂质，置于干燥避雨处铺 0.10 ～ 0.20 m 厚晾干。

②晾干期间每 2 d 进行一次翻堆，将结块的牛粪敲碎成长度小于或等于 3 cm 的小块。

③调节水分在 45% ～ 65%。

（3）发酵剂与发酵辅料

选择发酵床专用菌种，备好玉米粉。

2. 垫料发酵

①在生物垫料制作原料中按产品使用要求混入发酵床专用菌种，按原料重量 1% 混入玉米粉拌匀。

②控制垫料水分在 45% ～ 65%，薄膜覆盖发酵，发酵时间大于或等于 15 d。

3. 垫料的保存

制备好的垫料打堆存放，储存在阴凉、干燥、通风、空间大的棚舍或在原发酵堆中存放，确保防雨防渗。

**五、粪污基质化种养循环利用**

粪污基质化种养循环利用模式，主要是以畜禽粪污、菌渣和农作物秸秆等作为原料，经处理后堆积发酵，生产基质盘和基质土用于果蔬栽培等。

该模式主要的优点是：养殖与种植科学有机结合，实现农业生产链零废弃的生态循环，提高了资源的综合利用率和经济效益。

该模式主要的缺点是生产链较长，对管理和技术的要求更专业化和精细化。

粪污基质化种养模式主要有粪便果蔬栽培基质、粪便秸秆食用菌栽培基质以及粪便沼渣育苗栽培基质等。

1. 粪便果蔬栽培基质

粪便果蔬栽培基质利用，主要是将畜禽粪便和农作物秸秆、菌渣等物料混合后进行堆积发酵，经高温腐熟处理后获得腐殖质，再根据不同作物生长需要添加相应的辅料，制作符合要求的基质。粪便配合其他物料作为基质在果蔬栽培上得到了较好的应用。毛柯等将牛粪、蛭石、珍珠岩按照 6∶3∶1 的体积比，并添加适量鸡粪和柠檬酸配制的基质，替代草炭基质用于甜瓜幼苗培育。在选择基质主料时，有的作物选用猪粪做主料能获得更好的生长效果，有的选用鸡粪等能获得更好的基质养分，而有的选择用牛粪能更好地为作物的生长提供养分。因此，不同的果蔬在选择基质主料时应根据其营养需要选择合适的主料，选择合适的基质主料才能达到更好的种植效益。殷泽欣等用牛粪替代 50% 的泥炭用于辣椒育苗、用牛粪替代 25% 的泥炭用于番茄育苗，但不适用于茄子育苗。

2. 粪便秸秆食用菌栽培基质

粪便秸秆食用菌栽培基质利用，主要是以畜禽粪便等养殖场废弃物为主料，配合相应的辅料进行有氧发酵生产食用菌栽培的培养料。畜禽粪便中的有机质经食用菌转化利用，菌渣可再利用生产有机肥，甚至可经加工处理后作为生产草食动物的饲料来源，实现农业循环发展。邱成书等用牛粪、平菇栽培废料、麸皮按一定比例混合用于杏鲍菇栽培，实现资源再利用。此外，还可以利用牛粪制作基质进行巴西菇、双孢菇等的栽培。

牛粪中含有大量可供食用菌利用的营养元素，是生产食用菌的理想原料之一。将牛粪与石灰粉、锯末或秸秆粉等混合发酵，制备种植蘑菇的有机肥料，以达到循环利用牛粪的目的。

将牛粪晒干、打碎后备用；备足碳酸氢铵、磷酸二氢钾、生石灰、轻质碳酸钙等辅料。将牛粪、锯末按 1∶1 混合，加入 0.3% 碳酸氢铵、2% 磷酸二氢钾、约 2% 生石灰（生石灰的加入量，根据其质量而定，要求混合均匀后，pH 值为 7.5 ～ 8.0）、2% 轻质碳酸钙，混合均匀后加水，使水分含量达

68% ～ 70%，建高 1m、宽 1.2 m 的料堆并检测堆芯温度。温度上升到 75℃左右时进行第一次翻堆（时间约为 10 d）。每次翻堆前，给料堆表面喷少量的石灰水，在发酵过程中，若发现料堆的中下部有变黑的趋势，可用木棍适当打孔通气。整个过程翻堆 4 ～ 5 次，时间间隔为 10 d、9 d、8 d、7 d；若时间来不及，可翻堆 3 次。

3. 粪便沼渣育苗栽培基质

粪便沼渣育苗栽培基质利用，主要是将厌氧发酵后的沼渣经干燥脱水、脱碱、脱盐等处理后，与谷壳、秸秆等辅料混合制作基质用于育苗栽培。黄凌志等采用 87.5% 的黄心土、2.5% 的养猪场沼渣和 10% 的椰糠混合制作基质用于油茶嫁接幼苗的栽培，能有效促进油茶嫁接幼苗生长。

随着现代生态养殖技术的大范围推广，广西当前有较多的养殖企业以畜禽粪便为主料制作基质，用于生产有机蔬菜、水果以及有机水稻等，并完成了有机品牌认证，建立了种养结合有机循环发展的经济链，有效提高了企业的经济效益，实现了循环可持续发展。

**六、粪污堆肥利用**

粪污堆肥利用模式主要是将固体粪便经好氧堆肥无害化处理后，就地利用。

该模式主要的优点是：好氧发酵温度高，粪便无害化处理彻底，发酵周期短，处理成本低。

该模式主要的缺点是：易产生大量的臭气。

粪污堆肥利用分为传统静态堆肥法、条垛式堆肥法、槽式堆肥法和反应器堆肥法等 4 种方法。

1. 传统静态堆肥法

传统农业生产中的自然发酵，堆体底部可布置曝气系统，具有运行成本低、发酵周期长、占地面积大、产品质量不稳定等特点，在农村零星废弃物处理中应用较多。

具体要求如下。

（1）地点选择

选择离粪源近、背风向阳、地势平坦、交通方便的地方。

（2）堆制过程

堆肥场地要做好“防渗、防雨、防溢”措施，堆积前地面铺一层干粪、干细土或杂草以吸收渗下的液体。一般堆宽、堆高均 2.0 m，长度视粪便状况而定。先铺厚约 20 cm 的秸秆，再铺厚约 20 cm 的畜禽粪便，加适量水、石灰，反复堆至所需高度，用泥肥封顶。堆积一段时间后，堆温升高，需进行翻堆一次，使堆料上下均匀，一个月左右翻堆 1 次即可，直至腐熟为止。腐熟所需时间为 3 ～ 5 个月。

（3）注意事项

一是粒度（孔隙度），平均适宜粒度为 25 ～ 75 mm。二是 C/N 比，C/N 比以 30% ～ 35% 为理想状态。三是含水率应控制在 50% ～ 70%，过高会造成厌氧状态，过低则会使发酵速率降低。四是根据发酵不同时段通风供氧。五是发酵过程中不需要调节 pH 值，当 pH 值为 7 ～ 8 时堆肥结束。

2. 条垛式堆肥法

一种典型的开放式堆肥，其特征是将混合好的原料排成条垛，并通过机械周期性地翻抛进行发酵。翻堆频率为每周 3 ～ 5 次，整个发酵过程需要 40 ～ 60 d。

堆肥场地需做防渗漏、防雨处理，场地面积与处理粪便量相适宜。一般条垛适宜规格为宽 2 ～ 4 m、高 1.0 ～ 1.5 m，长度不限。条垛太大，翻堆时有臭气排放；条垛太小，则散热快，堆体保温效果不好。大规模条垛堆肥可采用多条平行的条垛。可采用人工或机械方法进行堆肥物料的翻倒和重新堆制。翻堆次数取决于条垛中益生菌的耗氧量，还受腐熟程度、翻堆设备、占地空间等因素的影响。翻堆的频率在堆肥初期高于堆肥后期，一般 2 ～ 3 d 翻堆 1 次，当堆内温度超过 70℃时要增加翻堆次数。

3. 槽式堆肥法

一般在长而窄的被称作“槽”的通道内进行。槽壁上方铺设轨道，在轨道上安装翻抛机，对物料进行翻搅；槽的底部铺设曝气管道，对堆料进行通风曝气。因此，槽式堆肥是一类将强制通风与定期翻堆相结合的堆肥系统。

发酵槽的尺寸一般根据处理物料的量及选用的翻抛设备决定。翻抛机搅拌的过程是对堆体进行破碎、混匀的过程，可避免发酵过程中堆体过分密实，提高堆体的疏松度，有利于对堆体进行充氧；同时通过翻抛的作用，可以使最底部物料和最上部物料都能经过高温过程，堆出的产品更加均匀。发酵槽底部安装有通风管道系统，通过强制通风来保证发酵过程所需的氧气。物料一般在入槽后 1 ～ 2 d 即可达到 45℃。发酵周期为 30 ～ 40 d。

4. 反应器堆肥法

将有机废弃物置于集进出料、曝气、搅拌和除臭于一体的密闭式反应器内进行好氧发酵的一种堆肥工艺。反应器有筒仓式、塔式、搅动箱式、隧道窑式等。常见的自动化堆肥设备有发酵仓、生物发酵塔、高温好氧发酵罐。

以筒仓式密闭反应器为例，反应器高度一般为 4 ～ 6 m，物料从仓顶加入、仓底出，用高压涡轮风机强制通风供氧，以维持仓内物料的好氧发酵。物料发酵周期为 7 ～ 12 d。

密闭式反应器堆肥工艺，主要用于中小规模养殖场就地处理有机固体废弃物。该工艺的主要优点是发酵周期短，占地面积小，无须辅料，保温节能效果好，自动化程度高，密闭系统臭气易控制。

广西中小规模的牛养殖场主要采用传统静态堆肥法和条垛式堆肥法进行牛场粪污处理。

## 第四节　病死尸处理

动物病死尸无害化处理是采用物理、化学等方法处理病死及病害动物和相关动物产品，以消灭其所携带的病原体。国家《病死及病害动物无害化处理技术规范》（2017）指出病死动物无害化处理物理方法主要有焚烧法、化制法、高温法、深埋法，化学方法主要有硫酸分解法。各种方法的使用都有相对应的适用对象以及使用局限，根据病死动物的不同情况选择最适宜的无害化处理方法，以达到最高效率的处理结果。在当前养殖环境条件下，有条件的区域建立病死动物集中无害化处理中心，将病死动物集中至无害化处理中心统一进行处理，无害化处理专业、高效、成本低，更能减少因分散处理病死动物及其相关产品而造成的负面影响。在没有设立统一无害化处理中心的地域，根据实际情况采用相对应的方法进行病死动物无害化处理。在养殖规模小、病死动物零星的农村地区或散养户区域，通常采用深埋法或化制法进行病死动物及其相关产品的处理。中小规模的养殖场通常采用化制法、焚烧法或深埋法等方法进行病死动物无害化处理。由于常规的无害化处理方法如深埋法、焚烧法等在进行动物无害化处理的过程中产生有害物质对环境造成污染，或处理后残余的垃圾较多且处理难度较大，这些传统的无害化处理方法在现代生态养殖中极少采用。在现代生态养殖中，通常采用的病死动物无害化处理方法有发酵法（生物降解）、化制法等。

## 一、发酵法

发酵法是指将病死动物及相关动物产品与相关辅料按要求混合，加入特定的生物制剂，发酵或分解动物尸体及相关动物产品的方法。发酵法可分为好氧发酵法和厌氧发酵法。

### （一）好氧发酵法

#### 1. 堆肥法

堆肥法是指将病死动物尸体及相关产品与辅料混合，添加特定的好氧菌，按要求堆沤发酵，利用发酵过程中产生的高温杀灭病原微生物，最终达到无害化处理的目的。近年来，国内外研发出专业的动物尸体无害化处理反应器，配备有强制通风系统、废气过滤吸附系统等一体化设施设备，能够有效地控制氧气输送量、温度、湿度等影响堆肥发酵效果的因素，提高堆肥发酵的质量，使得病死动物尸体堆肥无害化处理效果更好。

#### 2. 高温生物降解法

高温生物降解法是指将病死动物尸体及其相关产品，经前期粉碎、搅碎处理后，与相关辅料混合，添加特定的降解菌，经高温好氧发酵，将动物尸体及相关产品全部分解变成符合产品质量要求的有机肥。当前国内已研究出系统的高温生物降解法。如采用微波灭菌专用设备对畜禽尸体碎粒进行灭菌消毒处理，再经生化降解机密闭高温发酵处理，24 h 后病死畜禽尸体就可以完全转化为腐熟有机肥料。或将畜禽尸体速冻后粉碎，添加统糠、木屑、麦麸等辅料，再用特殊高效复合菌种降解，24 h 后即变成符合产品质量要求的有机肥料。采用高温生物降解法处理病死动物尸体及其相关产品，能够再次残值利用，且处理时间短、效率高，减少环境污染，具有较好的经济效益和生态效益。国内有团队研发出了较成熟的高温生物降解一体机，使得病死动物无害化处理更简便、更专业、更高效。

（二）厌氧发酵法

厌氧发酵法是指将病死动物及其相关产品放置于相对密闭、隔绝空气的空间如沉尸井、化尸池、生物降解池等，利用天然益生菌的分解完成病死动物的无害化处理，最终产物是尸水和硬质骨头。该法可用于无害化处理设施不健全的地区，其优点是方便处置病死尸，建造成本和管理成本低。但化尸窖处理病死尸的过程中，易产生恶臭气味，操作不当易引起疫病传播，生物安全性差。为了确保病死动物厌氧发酵彻底，并减少恶臭气体等污染的产生，通常要投放特定的厌氧菌，以提高池内的生物分解效率，使分解更彻底，产生的污染更少。

**二、化制法**

化制法是指在密闭高压容器内，通过向容器夹层或容器内通入高温饱和蒸汽，在干热、压力或高温、压力的作用下，处理动物尸体及相关动物产品的方法。畜禽尸体置于密闭的高压容器，借助高温饱和蒸汽及高压的作用进行化制灭菌，且可在化制产物中提取一些副产物。依据化制原理不同分为干化法和湿化法。该法对环境污染小，效率高，是使用较为广泛的一种病死尸体处理方法。化制产物中提取的油质，可作为工业用油、饲料用油和生物柴油的原材料，残渣粉末可作为制作蛋白饲料或有机肥的添加剂。国内基于化制法的原理研发出相应的仪器设备，并投入使用。董永毅等自主研发出“动物无害化处理全自动高温干化机及配套设备”，是国内首次采用导热油工艺，实现了病死畜禽无害化处理全密闭全自动操作；同时，使动物病死尸干化时间由传统化制工艺的 2 ～ 3 d 缩短到 40 min。

# 第十一章　牛产品生产与加工

牛产品生产是建立在其选育、繁殖和饲养基础之上，牛品种多样性是经过地方长期选育而形成的种质资源。牛肉风味除了受基因影响，饲料牧草的多样性、功能性和生态养殖方法等也是重要影响因素。雪花牛肉是人们对牛肉“舌尖品味上”的新定义，也是本土化的称呼。

在现代生态养牛模式和数字经济背景下，牛相关商品的需求日趋多元化，出现了集约化犊白牛、白条牛、地方小黄牛、短期育肥牛和雪花牛等不同阶段的商品牛。牛肉产品包括犊白牛肉、白条牛肉、带皮牛肉、普通牛肉和雪花牛肉等。市场多见陕西秦宝—白条牛肉、大连雪龙—雪花牛肉、内蒙古科尔沁和广西带皮牛肉等品牌。我国烹饪牛肉产品包括卤牛肉、牛干巴和烤制牛肉等。

一般牛产品分为犊白牛、断奶小牛、育成牛、成年牛，按牛龄分初生犊牛、90 d 犊白牛、断奶小牛、6 月龄、12 月龄、18 月龄、24 月龄和成年牛。随着屠宰技术革新，牛肉屠宰分割样品和部位定性数量超过 200 个，其中里脊、西冷、眼肉、上脑的脂肪沉积量与等级水平是衡量雪花牛肉的标志。一般牛肉可分为初生犊牛肉、90 日龄犊白牛肉、40 日龄至 12 月龄的小牛肉或带皮牛肉、育肥牛和雪花牛的屠宰分割牛肉、雪花牛肉等。

## 一、犊牛肉生产与加工

公犊牛是指出生后不需要种用的 1 ～ 2 日龄的公犊牛（奶公牛居多），不饲喂初乳，立即进行屠宰加工的系列产品和商品牛肉（图 11–1）。

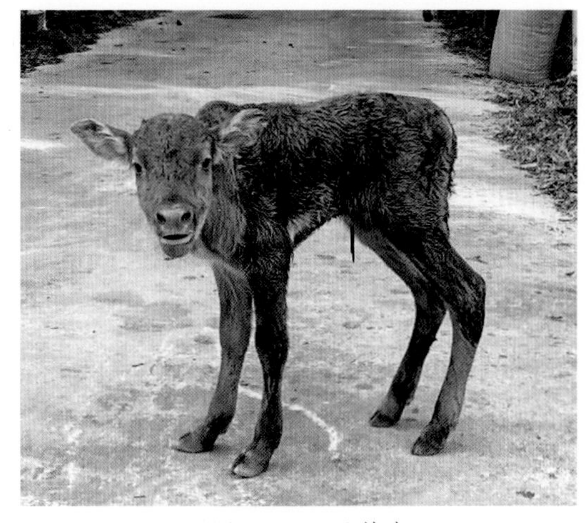

图 11–1　公犊牛

（一）犊牛血清提取与加工

1 ～ 2 日龄犊牛采血样，经检测无布氏杆菌病、结核杆菌病、五号病以及其他国标规定的传染性疾病，符合屠宰理化指标要求。屠宰前 24 h 内禁止饲喂初乳和常奶。屠宰前，将使用的工具和容器灭菌；犊牛颈静脉中部剃毛和消毒，消毒范围“长 × 宽”为“15 cm × 10 cm”。采用电击麻醉法，电伏小于或等于 36 V，从颈静脉提取犊牛的全血，经过实验室仪器提取血清或者生产高端血清产品。

（二）犊牛肉屠宰与分割

一般犊牛取尽全血，80℃热水烫体脱毛，用火烧尽余毛，开膛取尽内脏，清除胃肠内容物。分割产品包含蹄、四肢；牛脑、牛舌、牛骨头；牛尾、内脏、胴体、牛排和带皮肉。犊牛烹饪产品包含内脏（胃肠、肝、心、肺、肾）爆炒，全骨（头骨、全身骨）黄豆中药汤，爆炒童子牛肉、牛扣等。

**二、犊白牛肉生产**

（一）犊白牛养殖

一般选择无须种用的公犊牛（奶公牛居多），犊牛出生体重为 35 ～ 50 kg，犊牛出生 2 h 内哺喂初乳，初乳饲喂时长为 7 d。首餐饲喂量为 1 ～ 1.5 kg，随着餐数和日龄增加，按 20% 逐日增加喂奶量；7 d 后可喂母乳或代乳粉。过渡期为 5 d，牛奶和代乳粉（代乳粉：灭菌水为 1 ：8 还原或鲜牛乳：还原乳为 1 ：1）日饲喂两餐，2.5 kg/ 餐，自由饮水（灭菌的 30℃温水，按 5 kg 水加电解多维 5 g、食盐 3 g、神曲中药 3 g 和酵母片）。犊白牛饲喂至 90 日龄，活牛体重 60 ～ 75 kg，日增重 250 ～ 300 g，胴体重约 60%，简称犊白牛，其牛肉称为犊白牛肉。犊白牛肉色泽为浅淡色，肉质细嫩汁多，无腥味；较其他牛肉，其肉质理化指标丰富。犊白牛如图 11-2 所示。

图 11-2　犊白牛

（二）犊白牛肉加工

犊白牛禁食 12 ～ 24 h，采血样，经检测无布氏杆菌、结核杆菌病、五号病以及其他国标规定的传染性疾病，符合屠宰理化指标要求。屠宰前，将工具和容器灭菌；犊牛颈静脉中部剃毛、消毒，消毒范围“长 × 宽为 15 cm × 10 cm”。采用电击麻醉法，电伏小于或等于 36 V，从颈静脉提取犊白牛的全血（放血），采用热水烫体脱毛法，水温为 80℃，烫后剃尽体毛，余毛采用火烧，直至牛皮体表为焦黄色。洗净体表，垂吊牛体，开膛取尽内脏并清除胃肠内容物，胴体一分为二；犊白牛肉分割产品包含牛脑、头骨、颈骨、蹄、尾及其他骨产品、内脏、胴体、牛排和带皮牛肉。牛肉保存分热鲜肉和冷鲜肉（排酸 24 h），牛肉包装分普通包装和真空包装。

（三）犊白牛肉烹饪产品

包括内脏（胃肠、肝、心、肺、肾）爆炒与沸水火锅，骨汤（头骨、全身骨）黄豆中药复合保健汤，爆炒童子牛肉、牛扣等。

（四）犊白牛血产品

提取全血，经过实验室仪器提取血清或者生产高端血清产品，或犊白牛血烹饪产品。犊白牛肉蛋白含量比一般牛肉高 60%，脂肪低 96.5%。

**三、带皮牛肉**

我国部分地区以屠宰 1 ～ 2 周岁地方黄牛为主，屠宰方法分带皮或剥皮。带皮牛肉屠宰前牛不禁饮水，禁食 12 ～ 24 h，活牛体重 150 ～ 200 kg，此阶段黄牛皮薄肉嫩，脂肪含量少。

带皮牛肉（图 11–3）以热鲜肉销售为主，屠宰分割产品包括腿肉、颈部肉、牛腩（各份肉带皮）。副产品包含内脏、牛血、牛排、牛骨、牛蹄、牛尾。

烹饪产品包含牛扣、牛腩、爆炒系列、红焖、炖制品。

各地方食用带皮牛肉产品包括清水牛杂、凉拌牛皮、红油牛百叶、水煮牛舌、清水牛肉等。

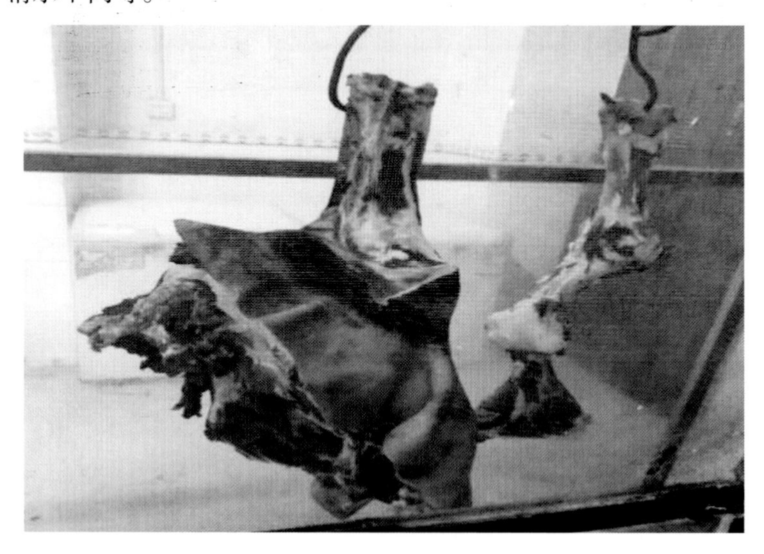

图 11–3　带皮牛肉

## 四、雪花牛生产

### （一）雪花牛肉的概念

雪花牛肉（图 11–4）与大理石纹牛肉在概念上有差异。脂肪分布在肉中间叫大理石纹牛肉。雪花牛肉在大理石纹牛肉基础上，要求脂肪白色，且含有大量不饱和脂肪酸，方能称得上雪花牛肉。大量不饱和脂肪酸使得雪花牛肉的脂肪熔点低，烹饪需要的温度低，具有软化血管等保健作用。

随着人们生活水平的提高，国民的饮食习惯也在变化，雪花牛肉鲜嫩汁多，逐步成为我国高端牛肉的“舌尖上的奢侈品”。雪花牛肉的优质部位有眼肉、里脊、上脑等，脂肪颜色以白色为佳。烹饪方式有干锅煎、涮肉、牛扒等。

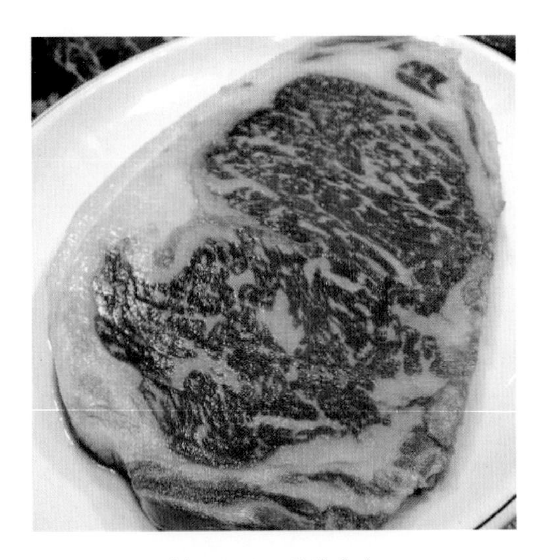

图 11-4　雪花牛肉

（二）雪花牛生产品种

1. 不同品种雪花牛生产的现状与相关研究

我国引进的大型牛品种有 30 多种，其具有生长发育快、屠宰率和净肉率高、眼肌面积大等优点。但受自身骨组织与肌肉生长基因特性制约，具有肌肉纤维数量少、分布间隙大、肌纤维韧性强、肉质硬粗等缺陷，脂肪渗透和大理石花纹级别低，难以达到雪花牛标准。目前市面上生产雪花牛肉优秀品种以和牛为代表，其次为安格斯和我国部分本地牛。

从黄牛的饲养月龄上看，外来品种 24 ～ 28 月龄；中型牛 28 ～ 32 月龄；小型牛 32 ～ 36 月龄，部分地方黄牛饲养周期大于 36 月龄。成年牛体重分级，外来大型品种牛体重 800 ～ 1000 kg；中型牛 600 ～ 800 kg；小型牛 500 ～ 600 kg；地方小黄牛 350 ～ 500 kg。从雪花牛的影响因子分析，牛的遗传基因占主导，饲料营养和养殖管理水平起决定性作用。对大理石花纹评级基因相关的微卫星位点（BM1258、BM9138、BMS468、ILSTS026、BMS2780、BR2936 和 BMS779）DNA 多态性与品种间大理石花纹评级之间关系的研究表明，性状同质的品种可以组合生产出高端雪花牛肉。H-FABP 基因是脂肪酸结合蛋白基因，主要在心脏、骨骼肌细胞和乳腺细胞表达，对肌间脂肪含量影响较显著，是培育雪花牛肉的主要候选基因。国内相关雪花牛研究成果证实，富有优质雪花牛肉的品种有纯种和牛、混血系杂交和牛、安格斯牛以及我国地方良种黄牛品种，包括秦川牛、鲁西牛、南阳牛、延边牛、蒙古牛、渤海黑牛和广西黄牛等品种，这些黄牛品种符合雪花牛的骨、肉生长频率，脂肪沉积规律。

通过对不同品种黄牛骨肉比指标分析骨骼肌细胞与肌间脂肪沉积对雪花牛肉的影响，发现磷脂复合产品、建曲等保健功能性中草药能有效溶解牛皮下大分子脂肪，并转化入肌间，降低皮下脂肪沉积。可提供好的养殖环境以确保雪花牛安心静养，发挥心脏平衡功能促进雪花肉的形成。药饲功能性饲料的挖掘、高精饲料投饲对雪花牛肌体适应能力、胃酸调控具有重要作用。

2. 日本和牛与涠洲黄牛杂交效果研究

涠洲黄牛作为广西本地优秀的黄牛品种，具有耐热和耐粗饲、适应性强等优点，现主要作为地方肉用牛培育。但与外来优秀的肉用黄牛品种相比，涠洲黄牛存在个体相对较小，生长速度慢、产肉率低等缺点。本研究利用日本和牛杂交改良涠洲黄牛，进行生长性能及屠宰性能测定，为进一步保护和利用本地黄牛品种，开展优质特色肉牛生产的研究工作提供参考。测定结果见表 11–1 至表 11–4。和牛与涠洲黄牛杂交牛生长曲线如图 11–5 所示。

**表 11–1　不同日龄和牛与涠洲黄牛杂交公牛体重及体尺测定结果**

| 测定月龄 | 体重 /kg | 体高 /cm | 体斜长 /cm | 胸围 /cm | 管围 /cm |
|---|---|---|---|---|---|
| 0 | 30.0 ± 1.4 | 72.5 ± 0.8 | 68.6 ± 1.2 | 73.1 ± 1.5 | 10.8 ± 0.2 |
| 6 | 135.6 ± 24.4 | 98.7 ± 2.1 | 92.1 ± 2.9 | 124.8 ± 3.1 | 11.7 ± 0.3 |
| 12 | 248.5 ± 25.2 | 106.6 ± 1.3 | 113.5 ± 4.5 | 157.4 ± 8.2 | 15.8 ± 0.2 |
| 18 | 346.1 ± 22.4 | 120.2 ± 3.8 | 133.1 ± 5.2 | 167.8 ± 8.9 | 16.0 ± 0.1 |
| 24 | 432.9 ± 18.6 | 133.1 ± 4.7 | 145.2 ± 6.4 | 182.1 ± 10.1 | 17.0 ± 0.1 |

表 11-2　不同日龄和牛与涠洲黄牛杂交母牛体重及体尺测定结果

| 测定月龄 | 体重 /kg | 体高 /cm | 体斜长 /cm | 胸围 /cm | 管围 /cm |
|---|---|---|---|---|---|
| 0 | 29.0 ± 1.4 | 71.5 ± 0.5 | 61.5 ± 0.7 | 71.7 ± 0.2 | 10.7 ± 0.3 |
| 6 | 121.8 ± 25.0 | 96.0 ± 0.6 | 98.7 ± 3.1 | 124.2 ± 3.2 | 13.3 ± 0.1 |
| 12 | 177.3 ± 28.3 | 103.7 ± 2.7 | 116.4 ± 5.1 | 135.0 ± 13.2 | 13.8 ± 0.2 |
| 18 | 270.5 ± 20.3 | 107.6 ± 3.2 | 128.7 ± 7.5 | 151.5 ± 10.2 | 14.3 ± 0.2 |
| 24 | 343.2 ± 19.5 | 117.0 ± 5.4 | 138.8 ± 6.9 | 168.3 ± 9.4 | 14.9 ± 0.1 |

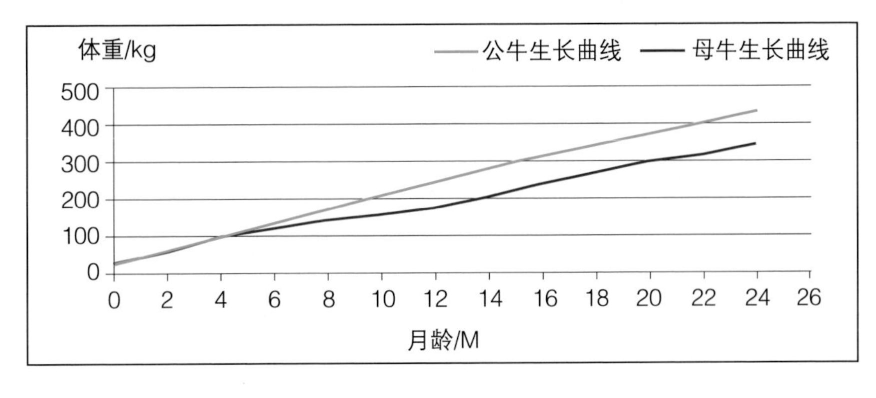


图 11-5　和牛与涠洲黄牛杂交牛生长曲线

结合测定数据及和牛与涠洲黄牛杂交牛生长曲线可以看出，公牛整个生长期均匀增重；而母牛在 8 ～ 14 月龄增重缓慢，其他生长期均匀增重。

表 11-3　24 月龄和牛与涠洲黄牛杂交牛屠宰测定结果

| 性别 | 宰前活重 /kg | 胴体重 /kg | 屠宰率 /% | 净肉率 /% | 背膘厚 /cm | 眼肌面积 /cm² | 肉骨比 |
|---|---|---|---|---|---|---|---|
| 公 | 422.3 ± 10.2 | 236.8 ± 6.5 | 56.07 ± 2.13 | 43.47 ± 3.58 | 2.49 ± 0.25 | 105.84 ± 8.51 | 5.23 ± 3.14 |
| 母 | 355.7 ± 9.6 | 208.4 ± 5.7 | 58.59 ± 2.57 | 38.49 ± 4.21 | 2.96 ± 0.29 | 71.41 ± 5.32 | 4.76 ± 2.98 |

表 11-4 24 月龄和牛与涠洲黄牛杂交牛屠宰肉质测定结果

| 性别 | 肉色等级 | 脂肪色等级 | 大理石纹等级 | 肉电导率/（us/cm） | 剪切力/N | pH 值 |
|---|---|---|---|---|---|---|
| 公 | 6 | 2 | 2 | 4.52 ± 0.47 | 16.27 ± 1.80 | 6.45 ± 0.06 |
| 母 | 7 | 2 | 5 | 3.30 ± 0.12 | 14.10 ± 0.84 | 6.55 ± 0.06 |

注：评分标准参照《牛肉等级规格》（NY/T 676—2010）。

和牛与本地涠洲黄牛杂交，在常规的饲养条件下已经出现了较好的雪花牛肉生产潜力，尤其是杂交母牛，雪花表现更好；同时带有本地牛特有的风味，综合了和牛雪花性状和本地牛肉风味优势，相比纯粹的雪花牛肉更具优点。其他没有雪花的牛肉，其风味、脂肪含量、嫩度等相比普通牛肉要优越很多。所以利用本地牛或本地杂交牛生产雪花牛肉具有较广阔的空间。

（三）雪花牛生产用的饲料与育肥原则

1. 色素的控制

雪花牛生产要求脂肪纯白，因此在牛的养殖过程中，特别是后期的强制育肥中不能使用含有大量色素的饲料原料和维生素等。如后期应控制黄玉米的用量，可以用白玉米、大麦、豆腐渣等原料替代黄玉米，用稻草代替麦秸。同时雪花牛生产需要定制专用的预混料，要严格控制维生素 A 等有较强着色能力的维生素、微量元素等物质的用量。

2. 本地饲料的应用

雪花牛生产虽然可获得较好的经济效益，但是饲料成本控制永远是企业的工作重心。不控制饲料成本，养殖雪花牛的企业也可能出现亏损的情况。可以大量选用不会对雪花牛肉品质造成影响的当地原料，以降低饲养成本。

3. 维持瘤胃功能、调节酸碱平衡

雪花牛生产中需要沉积大量脂肪，饲养过程中需要补充大量的精饲料，特别是在后期的强制育肥中。因此，要注重在饲粮中添加能够预防酸中毒的原料，提供拥有优质纤维的干草，同时适当增加碳酸氢钠的供给。

（四）雪花牛育肥技术

1. 不同阶段的养殖原则与去势

雪花牛生产是以获得更多、更优质雪花牛肉为目的，让更多脂肪沉积到肌肉中去，因此需要让肌肉与脂肪共同生长。在雪花牛培育的过程中，应先让动物长骨，让肌肉推迟生长、脂肪提前生长，实现肌肉和脂肪同时生长，以获得雪花牛肉。动物脂肪沉积次序：第一阶段沉积在空肠、肾脏周围；第二阶段沉积在背膘、皮下；第三阶段沉积在肌间脂肪、肌肉间隙；第四阶段沉积到肌肪即牛腩部位。脂肪进入肌纤维之间，形成雪花牛肉的大理石纹，直接反映了脂肪沉积在肌肉内部的程度和分布特点，脂肪沉积的部位多位于结缔组织和肌纤维的毛细血管，脂肪沉积的牛龄多在 12 ～ 28 月龄。

前期过快的肌肉生长会导致脂肪难以沉积到肌肉中形成“雪花”，出现大量的脂肪包裹肌肉、牛肉中间的“雪花”不理想的情况。实际生产中，雪花牛培育用的公牛去势应在 6 月龄前后进行，此时去势可以降低肌肉的生长速度，并获得更好的脂肪沉积效果。

前期（0 ～ 12 月龄）饲养时，可让骨骼快速生长，肌肉生长适当进行控制。原则上应采用含高钙、高磷，中等蛋白质、中等脂肪的饲粮进行饲喂，同时用优质粗纤维锻炼牛的瘤胃，促使牛维持中等膘情，有良好的骨架和消化系统。

中期（12 ～ 22 月龄），可让肌肉、脂肪进行中度生长，并让牛完成第一阶段、第二阶段脂肪沉积，初步形成相对均匀的脂肪沉积趋势。

后期（22 ～ 28 月龄出栏），饲喂高能量、中等蛋白质的饲粮，让牛开始沉积大量的脂肪，并与肌肉一起快速生长形成漂亮的“雪花”。

2. 雪花牛强度育肥

生产雪花牛肉，可根据不同品种牛生长特点和脂肪沉积情况确定最终上市时间，一般在 24 ～ 36 月龄之间上市，上市时间太早，脂肪沉积不够，不能形成较好的“雪花”；上市时间太晚，牛生长时间过长，牛肉变老，口感与品质下降，同时增加成本。

实际生产中，不同牛场的不同品种，也可以试探性地在不同月龄进行屠宰，最终确定该品种或群体的最终上市时间，以获得更好的肉品质和最低的成本。同时，雪花牛的生产不是 100% 能生产出高质量的雪花牛肉，需要各场不断尝试，形成最佳的雪花牛养殖方案。

（1）驱虫健胃

雪花牛强度育肥开始前，对育肥牛群进行驱虫健胃处理。驱虫可用常规驱虫药，健胃可适当应用中草药、有机酸、益生菌等。

（2）精饲料与饲草料投喂

强度育肥阶段，逐渐增加饲粮的投喂量，使牛尽可能多地采食干物质，摄入远高出营养需要量的饲粮，以获得大量的能量摄入，增加脂肪的沉积。整个过程是逐步增加精料的采食量，降低青绿饲料、青贮料的使用，最终在强度育肥阶段达到以精饲料为主，以满足牛群快速沉积脂肪的需要。此时的精料以大麦等不会给脂肪着色的原料为主，配合其他精饲料原料或农副产品。

精料喂量由原来体重的 1/100 增加到体重的 4/100 ～ 5/100。在稻草等优质干草匹配条件下，牛常出现厌食精饲料状况，可在精饲料中添加糖蜜等进行诱食；也可采用定时、定量和定餐饲喂方式减少牛群厌食情况。选择 6: 00 至 7: 00、17: 00 至 18: 00、20: 00 至 22: 00 进行饲喂，采食时长为 1 ～ 1.5 h。采食结束迅速清洁食槽，避免饲料受到污染，食槽日消毒 1 次。

（3）食槽、水槽分开，自由饮水，夏季常温水，冬季饮用水水温为 30℃（每日饮用新鲜水或配置水）。水质对牛肉品质也有较大的影响，有条件的牛场可以考虑优质山泉水、深井水或净水器净化水等。

（4）栏舍环境与温湿度控制

环境的冷热应激对雪花牛的强度育肥有极大影响，栏舍适宜温度为 10 ～ 25℃。冷应激多出现于冬季，栏舍温度低于 5℃，应启动封闭模式或采取供暖保暖等措施；夏季热应激环境下，气温为 25 ～ 40℃，应通过增设通风装置或水帘降温、隔热瓦屋面、屋面喷淋和单层瓦上层铺设稻草夹等措施降温，环境湿度控制在 65% ～ 75%。北方冷应激和南方热应激，时长均为 90 ～ 120 d。

采光对雪花牛影响。一般栏舍隔热夹心泡沫瓦面积占屋顶面积的 70% ～ 80%，采光瓦屋面占 20% ～ 30%；室外适宜气温 15 ～ 25℃和午后阳光充裕的情况下，雪花牛进行 5 ～ 8 h 的阳光浴，利于促进肌体和骨组织钙转化、钙质吸收和脂肪沉积。南方地区热应激时段多为 9: 00 至 17: 00，需要每天按时启动降温设施和通风设施。

雪花牛需要适当运动，饲养面积一般是普通育肥牛的 1.5 ～ 3.0 倍，可使牛群处于相对舒适的环境。

# 参考文献

［1］SKOPEC M M，LEWINSOHN J，SANDOVAL T，et al. Managed grazing is an effective strategy to restore habitat for the endangered autumn buttercup（Ranunculus aestivalis）［J］. Restoration Ecology，2018，26（4）：629–635.

［2］PARKER R B. Pobioties，the other half of the antibiotics story［J］. Animal Nutrition and Health，1974，29：4–8.

［3］FULLER R. Probiotics in man and animals［J］. The Journal of Applied Bactenriology，1989，66（5）：365–378.

［4］MISSOTTEN J A，MICHIELS J，DEGROOTE J，et al. Fermented liquid feed for pigs：an ancient technique for the future［J］. Journal of Animal Science and Biotechnology，2015，6（1）：4.

［5］谢金玉，陈兴乾，唐积超，等. 桂西北地区不同地表处理方式改良草地的效果比较［J］. 当代畜牧，2017，46（11）：39–41.

［6］谢金玉，陈兴乾，唐积超，等. 桂中地区地表处理方式对草地改良效果的比较研究［J］. 广西畜牧兽医，2018，34（1）：12–14.

［7］唐积超. 天然草地改良的现状与措施探讨——以广西为例［J］. 养殖与饲料，2019，18（2）：1–3.

［8］肖正中，周晓情，吴柱月，等. 广西生物垫料生态牛舍设计建设与管理要点［J］. 广西畜牧兽医，2018，34（4）：221– 222.

［9］卢亚洲，吴海智，张和芳. 安徽改良天然草地发展草牧业技术与成效［J］. 中国畜牧业，2021（14）：72–74.

［10］赵强. 新生犊牛肺炎的中西医疗法［J］. 中兽医学杂志，2019，（1）：28.

［11］潘丽. 中草药治疗牛流行性感冒的措施［J］. 中兽医学杂志，2021（9）：63–64.

［12］郭志宏，彭毛，沈秀英，等．通扬球精等 3 种药物对牦牛球虫病的治疗效果［J］．中国动物检疫，2016，33（6）：77–79.

［13］夏晓春．中草药治疗牛肝片吸虫病［J］．中兽医学杂志，2016（1）：42.

［14］毕艳红．新生犊牛孱弱症的发病特点和防治措施［J］．畜禽业，2018，29（6）：121.

［15］杨前平，李晓锋，熊琪，等．奶牛场粪污产生量及性能参数测定［J］．湖北农业科学，2019，58（24）：106–108.

［16］栾冬梅，李士平，马君，等．规模化奶牛场育成牛和泌乳牛产排污系数的测算［J］．农业工程学报，2012，28（16）：185–189.

［17］张嫚，翟中葳，张克强，等．利用固液分离技术对规模化奶牛场的粪污治理［J］．中国乳业，2021（11）：105–111.

［18］畜禽养殖废弃物资源化利用主推技术模式［J］．猪业观察，2019（Z1）：54–59.

［19］杨树义，李卫娟，刘春雪，等．发酵猪粪对黑水虻转化率的影响及黑水虻幼虫和虫沙营养成分测定［J］．安徽农业科学，2016，44（21）：69–70，73.

［20］窦永芳．养殖密度、光照条件及餐厨垃圾类型对黑水虻（*Hermetia illucens* L.）生长和体成分的影响［D］．咸阳：西北农林科技大学，2020.

［21］陈兆强，缪菲，孙铮，等．黑水虻幼虫在不同比例牛粪与麸皮混合基质中生长规律的研究［J］．热带农业工程，2018，42（2）：7–10.

［22］漆招．虫粪返饲和益生菌对黑水虻处理猪粪尿效果的研究［D］．长沙：湖南农业大学，2019.

［23］余峰，夏宗群，管业坤，等．黑水虻处理鸭粪效果初探［J］．江西畜牧兽医杂志，2018（2）：15–17.

［24］邹季福，毛家真，高慧，等．木屑垫料和牛粪垫料对奶牛泌乳性能及健康的影响［J］．中国畜牧杂志，2022，58（1）：252–256.

［25］杜云，王盼柳，王斌圣，等．牛粪再生垫料生产过程中物料特性

及致病菌变化［J］. 农业工程学报，2020，36（18）：197-203.

［26］毛柯，田巧玲，余丰秋，等. 牛粪基质对甜瓜幼苗生长、光合的影响［J］. 中国农学通报，2021，37（32）：73-77.

［27］殷泽欣，张璐，郝丹，等. 牛粪堆肥替代泥炭用于3种茄科植物育苗的可行性［J］. 浙江农业学报，2021，33（9）：1700-1709.

［28］邱成书，李河，李传华. 牛粪、平菇栽培废料和麸皮不同配方栽培杏鲍菇的研究［J］. 上海农业学报，2019，35（4）：16-21.

［29］黄凌志，李金怀，唐健，等. 育苗基质添加沼渣对油茶嫁接苗生长的影响［J］. 福建林业科技，2022，49（1）：90-94.

［30］李淑杰. 畜禽粪便堆肥利用技术［J］. 吉林畜牧兽医，2020，41（12）：103，105.

［31］高亮，李福欣，褚斌. 病死动物无害化处理一体机的试制研究［J］. 家畜生态学报，2020，41（12）：73-78.

［32］马鸣超，姜昕，曹凤明，等. 生物有机肥生产菌种安全分析及管控对策研究［J］. 农产品质量与安全. 2019（6）：57-61.

［33］高燕云，刘健，齐强，等. 奶牛粪便养殖蚯蚓的研究进展［J］. 内蒙古农业大学学报，2019，40（1）：96-100.

［34］张佐忠，萨仁高娃，要利仙，等. 基于堆肥温度条件下的粪污发酵剂成分及堆肥效果分析［J］. 畜牧兽医科学（电子版），2021（2）：1-4.

［35］安志民，孙照勇，刘忠珊，等. 益生菌发酵床生态养牛技术简介［J］. 畜牧兽医科技信息，2019，35（12）：12-13.

［36］于迪，王振，张皓淳，等. 病死动物腐败过程中优势菌种的筛选与分离鉴定［J］. 现代畜牧兽医，2014（8）：34-36.

［37］陈立华. 生物饲料在畜牧业生产中的应用［J］. 畜牧与饲料科学，2014，35（7）：28-29.

［38］罗玲，韩奇鹏，曲湘勇. 微生物发酵饲料在动物生产上的应用研究进展［J］. 饲料与畜牧（新饲料），2016（2）：45-50.

［39］宋雅芸，罗仓学，邵明亮. 马铃薯渣发酵生产活性蛋白饲料的研

究[J]. 食品工业科技，2016，37（24）：186-192.

[40] 邓雪娟，于继英，刘晶晶，等. 我国生物发酵饲料研究与应用进展[J]. 动物营养学报，2019，31（5）：1981-1989.

[41] 李如珍，施啸奔，俞建良，等. 微生物发酵饲料菌株专利分析[J]. 当代化工，2017，46（10）：2011-2013，2017.